网站开发案例课堂

CSS 3 + DIV 网页样式与布局案例课堂

刘玉红　编著

清华大学出版社

北　京

内 容 简 介

本书作者根据自己在长期教学中积累的丰富的网页设计教学经验，完整、详尽地介绍了 CSS 3 + DIV 网页样式与布局的技术。

全书共分为 24 章，前 19 章分别介绍了开发网站的准备工作、HTML 5 技术、CSS 样式入门、CSS 样式基本语法、CSS 3 的高级特性、控制网页字体和段落样式、控制网页图片样式、控制网页背景和边框样式、美化网页浏览效果、控制表格与表单样式、控制列表样式、使用 CSS 3 滤镜美化网页元素、CSS 定位与 DIV 布局核心技术、CSS + DIV 盒子的浮动与定位、固定宽度网页布局剖析与制作、自动缩放网页布局剖析与制作、CSS 3 与 JavaScript 的搭配应用、CSS 与 XML 的综合应用、CSS 与 Ajax 的综合应用。最后 5 章介绍了 5 个综合性网站的例子。通过学习案例，使读者进一步巩固所学的知识，提高实战能力。

本书内容丰富、全面，图文并茂，步骤清晰，通俗易懂，专业性强，使读者能理解 CSS 3 + DIV 网页样式与布局的技术，并能解决实际生活或工作中的问题，真正做到知其然更知其所以然。通过重点章节，条理清晰、系统地介绍了读者希望了解的网页设计技巧。

本书涉及面广泛，几乎囊括了 CSS 3 + DIV 网页样式与布局的所有重要知识，适合所有的网页设计初学者快速入门，同时也适合想全面了解 CSS 3 + DIV 网页样式与布局的设计人员阅读。

图书在版编目(CIP)数据

CSS 3 + DIV 网页样式与布局案例课堂/刘玉红编著. --北京：清华大学出版社，2015（2015.12 重印）
（网站开发案例课堂）

ISBN 978-7-302-38615-5

Ⅰ. ①C…　Ⅱ. ①刘…　Ⅲ. ①网页制作工具　Ⅳ. ①TP393.092

中国版本图书馆 CIP 数据核字(2014)第 276790 号

责任编辑：张彦青
装帧设计：杨玉兰
责任校对：马素伟
责任印制：宋　林

出版发行：清华大学出版社
　　　　网　　　址：http：//www.tup.com.cn，http：//www.wqbook.com
　　　　地　　　址：北京清华大学学研大厦 A 座　　　邮　　　编：100084
　　　　社 总 机：010-62770175　　　　邮　　　购：010-62786544
　　　　投稿与读者服务：010-62776969，c-service@tup.tsinghua.edu.cn
　　　　质 量 反 馈：010-62772015，zhiliang@tup.tsinghua.edu.cn
印 刷 者：清华大学印刷厂
装 订 者：北京市密云县京文制本装订厂
经　　销：全国新华书店
开　　本：190mm×260mm　　　印　　张：31.75　　　字　　数：769 千字
　　　　（附 DVD1 张）
版　　次：2015 年 1 月第 1 版　　　印　　次：2015 年 12 月第 2 次印刷
印　　数：3001～4000
定　　价：65.00 元

产品编号：058005-01

前　言

伴随着 Web 2.0 潮流的盛行，传统的表格布局模式正逐渐被网页标准化 CSS + DIV 的设计方式取代，对最新 CSS 3 的学习也成为网页设计师的必修功课。本书专门针对网页样式与布局的初学者，帮助他们快速提高实战水平。

1. 本书特色

(1) 知识全面：由浅入深，涵盖了所有的 CSS 3 + DIV 知识点，帮助读者快速掌握网页设计方面的技能。

(2) 图文并茂：在介绍案例的过程中，每一个操作均有对应的插图。图文结合的方式使读者在学习过程中能够直观、清晰地看到操作的过程及效果，便于更快地理解和掌握。

(3) 易学易用：颠覆传统"看"书的观念，变成一本能"操作"的图书。

(4) 案例丰富：把知识点融会于系统的案例实训中，并且结合经典案例进行讲解和拓展，进而实现"知其然，并知其所以然"的效果。

(5) 贴心提示：本书对读者在学习过程中可能会遇到的疑难问题以"提示"和"注意"等形式进行说明，以免读者在学习的过程中走弯路。

(6) 超值赠送：除了本书的素材和结果外，还附赠封面所述的大量的资源，读者可以全面掌握网页设计方方面面的知识。

2. 读者对象

本书不仅适合网页设计初级读者入门学习，也可作为中、高级用户的参考手册。书中大量的实例模拟真实的网页设计案例，对读者的工作有现实的借鉴作用。

3. 作者团队

本书作者刘玉红长期从事网站设计与开发工作。胡同夫、梁云亮、王攀登、王婷婷、陈伟光、包慧利、孙若淞、肖品、王维维和刘海松等人参与了本书的编写工作。

本书虽然倾注了编者的努力，但由于水平有限，书中难免存在疏漏之处，恳请读者批评指正。读者如果遇到问题或有意见和建议，敬请与我们联系，我们将全力提供帮助。

编　者

目　　录

第1章
制作网页的准备工作

　　随着 Internet 的发展与普及，越来越多的人开始在网上通信、工作、购物、娱乐，甚至在网络上建立自己的网站。网站代表了企业和个人的形象，正确的布局可以让网站的结构更加合理，使网站变得更加美观。

1.1　认识网页和网站

现在，网站已经成为越来越重要的信息发布途径。拥有自己的网站，可以说是每个网页创作者的梦想。要学习网站建设，首先应当认识一下网页和网站，了解它们的相关概念。

1.1.1　什么是网页

网页是 Internet 中最基本的信息单位，是把文字、图形、声音及动画等各种多媒体信息相互链接起来而构成的一种信息表达方式。

通常情况下，网页中有文字和图像等基本信息，有些网页中还有声音、动画和视频等多媒体内容。

网页一般由站标、导航栏、广告栏、信息区和版权区等部分组成，如图 1-1 所示。

在访问一个网站时，首先看到的网页一般称为该网站的首页。有些网站的首页具有欢迎访问者的作用。首页只是网站的开场页，单击页面上的文字或图片，即可打开网站主页，而首页也随之关闭，如图 1-2 所示。

图 1-1　网页的外观　　　　　　　　　　图 1-2　网站的首页

网站主页与首页的区别在于：主页设有网站的导航栏，是所有网页的链接中心。但多数网站的首页与主页通常合为一个页面，即省略了首页而直接显示主页，在这种情况下，它们指的是同一个页面，如图 1-3 所示。

图 1-3　网站主页与首页合二为一

1.1.2 什么是网站

网站就是在 Internet 上通过超级链接的形式构成的相关网页的集合。简单地说，网站是一种通信工具，人们可以通过网页浏览器来访问网站，获取自己需要的资源或享受网络提供的服务。例如，人们可以通过淘宝网站查找自己需要的信息，如图 1-4 所示。

图 1-4　淘宝网站

1.2　网页中需要包含的要素

在互联网中，网页是一个文件，存储在某一台与互联网相连的计算机或服务器中，使用统一资源定位符(URL)来识别和访问，本节就来介绍网页中需要包含的要素。

1.2.1 需要 HTML 文件

HTML(Hypertext Marked Language)，即超文本标记语言，是一种用来制作超文本文档的简单标记语言，是应用非常广泛的网页格式，也是用来显示 Web 页面的语言之一。

网页中所有定义的色彩、文字、表格，甚至是视频等元素的网页相关代码，都是编写在 HTML 文件中的，可以说 HTML 就是网站展示声音、图片、文字等元素的平台。图 1-5 展示了淘宝网首页的 HTML 相关代码。

图 1-5　淘宝网首页的 HTML 相关代码

1.2.2 需要 DIV 层

<div>标记是一个区块容器标记，在<div></div>标记中，可以放置其他的一些 HTML 元素，例如段落<p>、标题<h1>、表格<table>、图片<img>和表单等。然后使用 CSS 3 相关的属性把 div 容器标记中的元素作为一个独立的对象进行修饰，这样就不会影响到其他 HTML 元素了。

形象地讲，在 HTML 网页文件中，DIV 就相当于一个"圈地者"，它将网页分成若干个小区域，每一个 DIV 在网页上占据了一定的位置，在这个位置上，用户可以放置特定的内容。图 1-6 中的"手机数码"区域，就是先用 DIV 圈出一块地方，然后在上面放置"手机数码"的分类信息，其他区域也是这样来放置网页元素的，最后合在一起，就整合出了一个完美的网页了。

图 1-6　网页上的"手机数码"区域及其他区域

1.2.3 需要 CSS 定义的网页样式

在网页中，设计者将 DIV 元素都放置好了，要想给浏览者呈现出一个丰富多彩的网页效果，还需要利用 CSS 来定义网页样式。

在设计网页的过程中，CSS 扮演了一个"美术家"的角色，利用 CSS，可以定义网页文字、图片以及视频等元素的显示方式，使其能够更贴切地接近我们的要求。如图 1-7 所示的网页中就使用了 CSS 来定义网页样式。

图 1-7　使用了 CSS 来定义网页样式

提示　CSS 样式一般是作用在 DIV 上的，它需要与 DIV 一起构成网页上的一个模块，而网页又是由多个 DIV 构成的，因此，从狭义上讲，HTML + DIV + CSS 组合起来，就能构成一个网站。

1.2.4　需要 JavaScript 设置网页动画

JavaScript 是一种为了使网页能够具有交互性，能够包含更多活跃的元素，而嵌入在网页中的技术，它使我们的网页能够表现得内容更加生动，使网页的效果更加醒目。

JavaScript 作为一种可以给网页增加交互性的脚本语言，拥有近 20 年的发展历史。它的简单、易学易用特性，使其立于不败之地。使用 JavaScript 可以很容易地制作出很多网页动画效果，如漂亮的时钟、广告效果的跑马灯等。

图 1-8 中，网页里的广告图片会自动地切换，而且单击图片左右两侧的箭头时，广告也会切换。这种效果就是用 JavaScript 脚本控制的。

图 1-8　网页里的广告图片效果

1.2.5　需要域名与服务器空间

一个网站开发完成后，要想运营，需要给网站申请一个域名。申请域名的方法很多，用户可以登录域名服务商的网站，根据提示申请域名。域名有免费域名和收费域名两种，用户可以根据实际的需要进行选择。

域名注册成功之后，还需要申请网站空间，应根据不同的网站类型选择不同的空间。网站空间有免费空间和收费空间两种。对于个人网站的用户来说，可以先申请免费空间使用。免费空间只需向空间的服务提供商提出申请，在得到答复后，按照说明上传主页即可，主页的域名和空间都不用操心。对于商业网站而言，用户需要考虑空间和安全性等因素，为此可以选择收费网站。

注意　使用免费空间美中不足的是：网站的空间有限，提供的服务一般，空间不是非常稳定，域名不能随心所欲地选择。

域名与网站是一一对应的关系，用户只需要在浏览器里输入某个域名，就能进入到对应的站点中。例如，在浏览器的地址栏中输入"www.baidu.com"这个域名，就能进入百度网站，如图 1-9 所示。

图 1-9　进入百度网站

1.3　一个简单网页的基本构成

任何一个网页的内容都包含在<html>和</html>这对标签之内，在这对标签中，通常包含三个要素，分别是 head 部分、body 部分以及注释部分。

1.3.1　head 部分

头标记 head 用于说明文档头部的相关信息，一般包括标题信息、元信息、定义 CSS 样式和脚本代码等。HTML 的头部信息以<head>开始，以</head>结束，语法格式如下：

```
<head>
...
</head>
```

 <head>元素的作用范围是整篇文档，定义在 HTML 语言头部的内容往往不会在网页上直接显示。在 head 标记中，一般可以设置 title 和 meta 等标记的内容。

1.3.2　body 部分

网页所要显示的内容都放在网页的主体标记内，主体标记以<body>开始，以</body>标记结束，语法格式如下。

```
<body>
...
</body>
```

主体标记是 HTML 文件的重点所在，HTML 的所有标记都将放在这个标记内。然而它并不仅仅是一个形式上的标记，它本身也可以控制网页的背景颜色或背景图像。

注意，在构建 HTML 结构时，标记不允许交错出现，否则会造成错误。例如，下列代码中出现了交错：

```
<html>
<head>
<title>html 标记</title>
```

```
<body>            <!--<body>开始标记出现在<head>标记内-->
</head>
</body>
</html>
```

代码中的第 4 行<body>开始标记和第 5 行的</head>结束标记出现了交叉，这是错误的。HTML 中的所有代码都不允许交错出现。

1.3.3 注释部分

注释是在 HTML 代码中插入的描述性文本，用来解释该代码或提示其他信息。注释只出现在代码中，浏览器对注释代码不进行解释，并且在浏览器的页面中不显示注释。

在 HTML 源代码中适当地插入注释语句是一种非常好的习惯，对于设计者日后的代码修改、维护工作很有好处。如果将有注释的代码交给其他设计者，其他人也能很快地读懂前者所撰写的内容。

注释的语法格式如下：

```
<!--注释的内容-->
```

注释语句元素由前后两半部分组成，前半部分由一个左尖括号、一个半角感叹号和两个连字符头组成，后半部分由两个连字符和一个右尖括号组成。例如：

```
<html>
<head>
<title>标记测试</title>
</head>
<body>
<!-- 这里是页内标题-->
<h1>网页</h1>
</body>
</html>
```

页面注释不但可以对 HTML 中一行或多行代码进行解释说明，而且能够注释掉某些代码。如果希望某些 HTML 代码在浏览器中不显示，可以将这部分内容放在<!--和-->之间。例如，修改上述代码，如下所示：

```
<html>
<head>
<title>标记测试</title>
</head>
<body>
<!--
<h1>网页</h1>
-->
</body>
</html>
```

修改后的代码，将<h1>标记作为注释内容处理，在浏览器中将不会显示这部分内容。

网站开发案例课堂

1.4　制作网页的总体流程

对于一个网站来说，除了网页内容外，还要对网站进行整体规划设计。格局凌乱的网站的内容再精彩，也不能说是一个好网站。

要设计出一个精美的网站，前期的规划是必不可少的。

1.4.1　网页规划

规划站点就像设计师设计大楼一样，图纸设计好了，才能建成一座漂亮的楼房。规划站点就是对站点中所使用的素材和资料进行管理和规划，对网站中栏目的设置、颜色的搭配、版面的设计、文字图片的运用等进行规划。

一般情况下，将站点中所用的图片和按钮等图形元素放在 images 文件夹中，HTML 文件放在根目录下，而动画和视频等放在 flash 文件夹中。对站点中的素材进行详细的规划，便于日后管理。

1.4.2　搜集资料

确定了网站风格和布局后，就要开始搜集素材了。常言道："巧妇难为无米之炊"，要让自己的网站有声有色、能吸引人，就要尽量搜集素材，包括文字、图片、音频、动画及视频等，搜集到的素材越充分，制作网站就越容易。素材既可以从图书、报刊、光盘及多媒体上得来，也可以从网上搜集，还可以自己制作，然后把搜集到的素材去粗取精，选出制作网页所需的素材。如图 1-10 所示就是百度图库里面的精彩图片。

图 1-10　搜索素材图片

不过，在搜集图片素材时，一定要注意图片的大小，因为在网络中传输时，图片的容量越小，传输的速度就越快，所以应尽量搜集容量小、画面精美的图片。

1.4.3 使用 Photoshop 设计网页的总体效果

制作网页是一个复杂而细致的过程，一定要按照先大后小、先简单后复杂的顺序来制作。所谓先大后小，就是在制作网页时，先把大的结构设计好，然后再逐步完善小的结构设计。所谓先简单后复杂，就是先设计出简单的内容，然后再设计复杂的内容，以便出现问题能及时修改。使用 Photoshop 可以设计网页的总体效果。如图 1-11 所示，就是使用 Photoshop 制作出的网页效果。

图 1-11 使用 Photoshop 制作出的网页总体效果

1.4.4 通过切图，得到网页素材文件

在得到网页的总体效果后，还需要通过切图，得到网页素材文件，最常用的切图工具仍然是 Photoshop。切图并保存素材文件的操作步骤如下。

step 01 打开 Photoshop 软件，在工作界面中选择"文件"→"打开"菜单命令，在打开的对话框中选择制作好的网页总体效果图，如图 1-12 所示。

step 02 在工具箱中单击"切片工具"按钮，根据需要，在网页中选择需要切割的图片，如图 1-13 所示。

图 1-12 打开网页效果图

图 1-13 选择切片

step 03 选择"文件"→"存储为 Web 所用格式"菜单命令,弹出"存储为 Web 和设备
所用格式"对话框,在其中选中所有切片图像,如图 1-14 所示。

step 04 单击"存储"按钮,即可打开"将优化结果存储为"对话框,单击"切片"后
面的下三角按钮,从弹出的下拉列表中选择"所有切片"选项,如图 1-15 所示。

图 1-14　"存储为 Web 和设备所用格式"对话框　　　图 1-15　　"将优化结果存储为"对话框

step 05 单击"保存"按钮,即可将所有切片中的图像保存起来,如图 1-16 所示。

图 1-16　开始进行切片并保存

　　　在切图过程中,如果有格式一致的重复项,我们只需切一次,其他重复项我们通
过调整 table 表格,使它正常,这样做的好处有两点,一是避免重复劳动,二是保证
每个重复项表格图片大小统一或一致。

1.4.5　搭建网页 DIV 层

开发网站的首要任务就是搭建网页 DIV 层,搭建 DIV 的方法是在 HTML 里的 body 部
分,先用一些空白的 DIV 层说明某个位置应该放某个特定的模块。

如图 1-17 所示,我们通过 Photoshop 得到了网页的整体效果后,下面就可以在 HTML 页

面中用 DIV 搭建起其中的"产品分类"、"联系我们"、"友情链接"等模块，最后再向 DIV 层添加相应的内容，来实现效果了。

图 1-17　DIV 效果演示

1.4.6　定义 CSS 和 JavaScript 效果

搭建好网页的 DIV 层后，就能在网页中通过 HTML 标签来定义页面的效果了。在搭建的过程中，需要使用 CSS 来定义样式，用 JavaScript 来定义动态的效果。

CSS 的作用主要是定义网页中的各个部分以及元素的样式，比如图片的大小、文字的显示方式、边框的样式等。

JavaScript 的作用主要是定义网页动态效果，通过 JavaScript 的设置，可以使网页变得更加灵活、亲切，能够吸引更多的眼球。如图 1-18 所示，这是在某页面中添加了 JavaScript 脚本，实现的效果就是图片自动循环切换。

图 1-18　某页面添加 JavaScript 脚本实现的效果

1.4.7　测试网页

网页制作完毕，上传到网站之后，要在浏览器中打开网站，逐一对站点中的网页进行测试，发现问题要及时修改，然后重新上传。

1. 文字、图片的测试

网页的主要元素就是文字与图片，在网页中，适当的图片和动画既能起到广告宣传的作用，又能起到美化页面的作用。一个网页的元素可以包括图片、动画、边框、颜色、字体、背景、按钮等。测试的内容主要包括以下几个部分：
- 要确保图形有明确的用途，图片或动画不要胡乱地堆在一起，以免浪费传输时间。
- 验证所有页面字体的风格是否一致，以及文字表述信息是否有误。
- 背景颜色应该与字体颜色和前景颜色相搭配。
- 图片的大小和质量也是一个很重要的因素，一般采用 JPG 或 GIF 压缩。

2. 测试链接

一个网页中，一般存在有多个超级链接，测试链接的主要内容可分为三个方面：
- 测试所有链接是否按指示的那样确实链接到了该链接的页面。
- 测试所链接的页面是否存在。
- 保证 Web 应用系统上没有孤立的页面。所谓孤立页面，是指没有链接指向该页面，只有知道正确的 URL 地址才能访问。

3. 浏览器兼容性测试

浏览器是 Web 客户端最核心的构件，来自不同厂商的浏览器对 Java、JavaScript、ActiveX、plug-ins 或不同的 HTML 规格有不同的支持。例如，ActiveX 是 Microsoft 的产品，是为 Internet Explorer 而设计的，JavaScript 是 Netscape 的产品，Java 是 Sun 的产品等。另外，框架和层次结构风格在不同的浏览器中也有不同的显示，甚至根本不显示。不同的浏览器对安全性和 Java 的设置也不一样。

测试浏览器兼容性的一个方法是创建一个兼容性矩阵。在这个矩阵中，测试不同厂商、不同版本的浏览器对某些构件和设置的适应性。

1.5 网站种类与网页布局方式

当用户在网络中遨游时，一个个精彩的网页会呈现在我们面前。网页的精彩因素有哪些呢？色彩的搭配、文字的变化、图片的处理等，这些当然是不可忽略的因素，除了这些，还有一个重要的因素，那就是网页的布局设计。

1.5.1 网站的种类

按照内容形式的不同，网站可以分为门户网站、职能网站、专业网站和个人网站。

1. 门户网站

门户网站是指涉及领域非常广泛的综合性网站，如国内著名的三大门户网站：网易、搜狐和新浪。如图 1-19 所示为网易网站的首页。

2. 职能网站

职能网站是指一些公司为展示其产品或对其所提供的售后服务进行说明而建立的网站。如图 1-20 所示为联想集团的中文官方网站。

图 1-19　网易网站的首页

图 1-20　联想集团的中文官方网站

3. 专业网站

专业网站指的是专门以某个主题为内容而建立的网站，这种网站都是以某一题材作为网站内容的。如图 1-21 所示为赶集网站，该网站主要为用户提供租房、二手货交易等同城相关服务。

4. 个人网站

个人网站是由个人开发建立的网站，在内容形式上具有很强的个性，通常用来宣传自己或展示个人的兴趣爱好。如现在比较流行的淘宝网，在淘宝网上注册一个账户，开家自己的小店，在一定程度上就宣传了自己和展示了个人的兴趣与爱好，如图 1-22 所示。

图 1-21　赶集网

图 1-22　淘宝网上的个人小店

1.5.2　网页布局方式

常见的网页布局有"同"字型、"厂"字型、标题正文型、分栏型、封面型和 Flash 型等。

1. "同"字型

"同"字型是大型网站常用的页面布局，特点是内容丰富、链接多、信息量大。网页的上部是徽标和导航栏，下部分为 3 列，两边区域是图片或文字链接和小图片广告，中间是网站的主要内容，最下面是版权信息等，如图 1-23 所示。

2．"厂"字型

"厂"字型布局的特点是内容清晰、一目了然，网页顶端是徽标和导航栏，左侧是文本和图片链接，右边是正文信息区，如图 1-24 所示。

图 1-23 "同"字型网站   图 1-24 "厂"字型网站

3．标题正文型

标题正文型布局的特点是内容简单，网页上部是网站徽标和标题，下部是网页正文，如图 1-25 所示。

4．分栏型

分栏型布局一般分为左右(或上下)两栏或者多栏。一栏是导航链接，一栏是正文信息，如图 1-26 所示。

图 1-25 标题正文型网站   图 1-26 分栏型布局网站

5．封面型

封面型布局更接近于平面设计艺术，主要应用于首页上，一般为设计精美的图片或动画，多用于个人网页，如果处理得好，会给人带来赏心悦目的感觉，如图 1-27 所示。

6. Flash 型

Flash 型布局采用 Flash 技术完成，页面所表达的信息极富感染力，其视觉效果与听觉效果与传统页面不同，能给浏览者以很大的冲击，很受年轻人的喜爱，如图 1-28 所示。

图 1-27　封面型布局网站

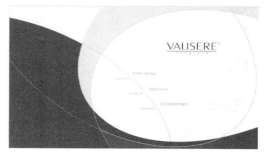

图 1-28　Flash 型布局网站

1.6　综合示例——在 Photoshop CS6 中构建网页结构

设计网页之前，设计者可以先在 Photoshop 中勾画出框架，那么后来的设计就可以在此框架基础上进行布局了，具体的操作步骤如下。

step 01　打开 Photoshop CS6，如图 1-29 所示。

step 02　选择"文件"→"新建"菜单命令，打开"新建"对话框，在其中设置文档的宽度为 1024 像素、高度为 768 像素，如图 1-30 所示。

图 1-29　Photoshop 工作界面

图 1-30　"新建"对话框

step 03　单击"确定"按钮，创建一个 1024×768 像素的文档，如图 1-31 所示。

step 04　选择左侧工具框中的"矩形工具"，并调整为路径状态，画出一个矩形框，如图 1-32 所示。

图 1-31　创建空白文档

图 1-32　绘制矩形框

step 05　使用文字工具，创建一个文本图层，输入"网页的头部"，如图 1-33 所示。

step 06　依次绘出中左、中右和底部，网页的结构布局最终如图 1-34 所示。

图 1-33　输入文字

图 1-34　网页布局效果

1.7　上机练习——使用 Photoshop 制作纵向导航条

制作垂直导航条的具体操作步骤如下。

step 01　新建一个宽"300px"，高"500px"的文件，将它命名为"垂直导航条"，如图 1-35 所示。

step 02　单击"确定"按钮，创建一个空白文档，如图 1-36 所示。

step 03　在工具箱中单击"前景色"按钮，打开"拾色器(前景色)"对话框，设置前景色为灰色(R229，G229，B229)，如图 1-37 所示。

step 04　单击"确定"按钮，按下 Alt+Delete 键，填充颜色，如图 1-38 所示。

step 05　新建"图层 1"，使用矩形选区工具绘制区域，填充为白色，如图 1-39 所示。

step 06　双击"图层 1"，打开"图层样式"对话框，给该图层添加投影、内阴影、渐变叠加以及描边样式。然后单击"确定"按钮，即可看到添加图层样式后的效果，如图 1-40 所示。

图 1-35　"新建"对话框

图 1-36　创建的空白文档

图 1-37　"拾色器"对话框

图 1-38　填充颜色

图 1-39　绘制形状

图 1-40　添加图层样式

step 07 选择"工具箱"中的"横排文字工具"，输入导航条上的文字，并设置文字的颜色、大小等属性，如图 1-41 所示。

step 08 选择"工具箱"中的"自定义形状"按钮，在上方出现的工具栏选项中选择自己喜欢的形状，如图 1-42 所示。

step 09 新建"路径 1"，绘制大小合适的形状，再右击"路径 1"，在弹出的快捷菜单中选择"建立选区"命令。新建"图层 3"，在选区内填充上与文字一样的颜色，重复对齐操作，效果如图 1-43 所示。

step 10 合并除背景图层之外的所有图层，然后复制合并之后的图层，并调整其位置，至此，就完成了垂直导航条的制作，最终的效果如图1-44所示。

图1-41　输入文字

图1-42　选择自定义形状

图1-43　定义形状样式

图1-44　导航条的最终效果

1.8　专家答疑

疑问1：网页设计中，图像如何使用？

图像内容应有一定的实际作用，切忌虚饰浮夸。图画可以弥补文字的不足，但并不能够完全取代文字。很多用户把浏览软件设定为略去图像，以求节省时间。即他们只看文字。因此，制作主页时，必须注意将图像所连接的重要信息或链接其他页面的指示用文字重复表达几次，同时要注意避免使用过大的图像，如果不得不放置大的图像在网站上，应该把图像的缩小版本的预览效果显示出来，这样用户就不必浪费金钱和时间去下载他们根本不想看的大图像了。

疑问2：如何使用动画？

人们都喜欢用 GIF 动画来装饰网页，它的确很吸引人，但在选择时，应确定是否必须用 GIF 动画，如果答案是否定的，那么就应该选择静止的图片，因为它的容量要小得多。同样尺寸的 Logo，GIF 动画的容量有 5KB，而静止的 Logo 只有 3KB。虽然只有 2KB 之差，但同样会影响下载的速度，所以应该尽量选择最小容量的。

疑问 3: 网页设计对 HTML 代码编写能力有要求吗?

为了成功地设计网站，必须理解 HTML 是如何工作的。建议新手应从 HTML 的书中去寻找答案，用记事本制作网页。因为用 IITML 设计网站时可以控制设计的整个过程。

第 2 章
网页实现技术
——HTML 5

　　用 HTML 编写的超文本文档称为 HTML 文档，它能独立于各种操作系统平台 (如 Windows 和 Unix 等)。自 1990 年以来，HTML 就一直被用作 World Wide Web(万维网)的信息表示语言，用于描述主页的格式设计和与其他主页的连结信息。HTML 具有简单、跨平台等特征。

2.1 HTML 5 的基本概念

HTML 用标记来表示文本文档中的文本及图像等元素，并规定浏览器如何显示这些元素，及如何响应用户的行为。它是标准通用语言(Standard Generalized Markup Language，SGML)的一种应用。

2.1.1 HTML 5 简介

HTML(Hypertext Marked Language)称为超文本标记语言，是制作超文本文档的标记语言，由多种标记组成，标记不区分大小写，大部分标记是成对出现的。用 HTML 编写的超文本文档称为 HTML 文档，它能独立于操作系统，在各种浏览器上运行。

HTML 5 最大的优势是语法结构非常简单。它具有以下特点。

(1) HTML 5 编写简单。即使用户没有任何编程经验，也可以轻易使用 HTML 来设计网页，HTML 5 的使用只需将文本加上一些标记(Tags)即可。

(2) HTML 标记数目有限。在 W3C 所建议使用的 HTML 5 规范中，所有的控制标记都是固定的且数目也是有限的。所谓固定，是指控制标记的名称固定不变，且每个控制标记都已被定义过，其所提供的功能和相关属性的设置都是固定的。

(3) HTML 语法较弱。在 W3C 制定的 HTML 5 规范中，对于 HTML 5 在语法结构上的规格限制是较松散的，如<HTML>、<Html>或<html>在浏览器中具有同样的功能，是不区分大小写的。另外，也没有严格要求每个控制标记都要有相对应的结束控制标记，如标记<tr>就不一定需要它的结束标记</tr>。

2.1.2 HTML 5 文件的基本结构

在一个 HTML 文档中，必须包含<HTML></HTML>标记，并且放在一个 HTML 文档中的开始和结束位置。即每个文档以<HTML>开始，以</HTML>结束。<HTML></HTML>之间通常包含两个部分，分别是<HEAD></HEAD>和<BODY></BODY>，HEAD 标记包含 HTML 头部信息，例如文档标题、样式定义等。BODY 包含文档主体部分，即网页内容。需要注意的是，HTML 标记不区分大小写。

为了便于读者从整体上把握 HTML 文档结构，在此通过一个 HTML 页面来介绍 HTML 页面的整体结构，示例代码如下：

```
<!DOCTYPE HTML>
<HTML>
<HEAD>
    <TITLE>网页标题</TITLE>
</HEAD>
<BODY>
    网页内容
</BODY>
</HTML>
```

从上面的代码可以看出，一个基本的 HTML 页面由以下几部分构成。

- <!DOCTYPE>声明：必须位于 HTML 5 文档中的第一行，也就是位于<html>标记之前。该标记告知浏览器文档所使用的 HTML 规范。<!DOCTYPE>声明不属于 HTML 标记；它是一条指令，告诉浏览器编写页面所用的标记的版本。由于 HTML 5 版本还没有得到浏览器的完全认可，后面介绍时还采用以前的通用标准。

- <HTML></HTML>：说明本页面使用设置 HTML 标记语言编写，使浏览器软件能够准确无误地解释和显示。

- <HEAD></HEAD>：是 HTML 的头部标记，头部信息不显示在网页中，此标记内可以包含其他标记。用于说明文件标题和整个文件的一些公用属性。可以通过<style>标记定义 CSS 样式表，通过<script>标记定义 JavaScript 脚本文件。

- <TITLE></TITLE>：TITLE 是 HEAD 中的重要组成部分，它包含的内容显示在浏览器的窗口标题栏中。如果没有 TITLE，浏览器标题栏显示本页的文件名。

- <BODY></BODY>：BODY 包含 HTML 页面的实际内容，显示在浏览器窗口的客户区中。例如页面中文字、图像、动画、超链接以及其他 HTML 相关的内容都是定义在 body 标记里面。

2.1.3　认识 HTML 5 标记

HTML 文档由标记组成，如 HTML 标记，BODY 标记等。标记是 HTML 语言的最基本单位，每一个标记都是由“<”开始，以“>”结束，例如<BODY>标记。

HTML 语言标记通常都是成对出现的，例如<BODY></BODY>，一般情况下，成对出现的标记都是由首标记<标记名>和尾</标记名>(即在标记前加一个斜杠“/”)组成的，其作用域只是在这对标记中的文档。除了成对出现的标记外，还可能出现单独的标记，例如
，单独标记在相应位置插入元素就可以了。

HTML 标记分为两种类型，一种是标识标记，一种是描述标记。标识标记表示某种格式的开始或结束，如 TITLE 标记，表示网页的标题，P 表示网页中的段落，是一种标识标记。描述标记也可以称为标记的属性，其示例如下：

```
<BODY bgcolor=red>
```

在该标记中，bgcolor 标记就属于描述标记，也可以称为标记的属性，用来设置网页背景色，“red”表示该属性的值，即当前页面背景为红色。

　　　在 HTML 语言中，注释由开始标记“<!--”和结束标记“-->”组成，两个标记之间的内容会被浏览器解释为注释，而不在浏览器上显示。

2.2　HTML 5 文件的编写方法

有两种方式来产生 HTML 文件：一种是自己写 HTML 文件，事实上这并不非常困难，也不需要特别的技巧；另一种是使用 HTML 编辑器，它可以辅助使用者来做编写工作。

2.2.1 使用记事本手工编写 HTML 文件

使用记事本编写 HTML 5 文件，具体操作步骤如下。

step 01 单击 Windows 桌面上的"开始"按钮，选择"所有程序"→"附件"→"记事本"命令，打开一个记事本，在记事本中输入 HTML 代码，如图 2-1 所示。

step 02 编辑完 HTML 文件后，选择"文件"→"保存"命令或按 Ctrl+S 快捷键，在弹出的"另存为"对话框中，选择"保存类型"为"所有文件"，然后将文件扩展名设为.html 或.htm，如图 2-2 所示。

图 2-1 编辑 HTML 代码　　　　　　　　图 2-2 "另存为"对话框

step 03 单击"保存"按钮，保存文件。打开网页文档，在浏览器中预览效果，如图 2-3 所示。

图 2-3 网页的浏览效果

2.2.2 使用 Dreamweaver CS6 编写 HTML 文件

使用 Dreamweaver CS6 编写 HTML 文件的具体操作步骤如下。

step 01 启动 Dreamweaver CS6，如图 2-4 所示，在欢迎屏幕的"新建"栏中选择"HTML"选项。或者选择菜单栏中的"文件"→"新建"命令(快捷键为 Ctrl+N)。

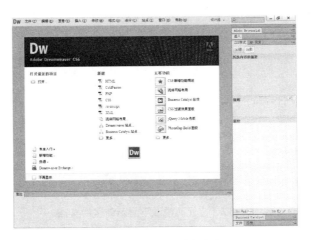

图 2-4　包含欢迎屏幕的主界面

step 02　弹出"新建文档"对话框，如图 2-5 所示，在页面类型选项中，选择"HTML"。

图 2-5　"新建文档"对话框

step 03　单击"创建"按钮，创建 HTML 文件，如图 2-6 所示。

图 2-6　在设计视图下显示创建的文档

step 04　在文档工具栏中，单击"代码"按钮，切换到代码视图，如图 2-7 所示。

图 2-7　在代码视图下显示创建的文档

step 05 修改 HTML 文档标题，将代码中<title>标记里的"无标题文档"修改成"我的第一个网页"。然后在<body>标记中键入"今天我使用 Dreamweaver CS6 编写了第一个简单网页，感觉非常高兴。"。

完整的 HTML 代码如下：

```
<!DOCTYPE html PUBLIC "-//W3C//DTD XHTML 1.0 Transitional//EN"
 "http://www.w3.org/TR/xhtml1/DTD/xhtml1-transitional.dtd">
<html xmlns="http://www.w3.org/1999/xhtml">
<head>
<meta http-equiv="Content-Type" content="text/html; charset=utf-8" />
<title>第一个网页</title>
</head>
<body>
今天我使用 Dreamweaver CS6 编写了第一个简单网页，感觉非常高兴。
</body>
</html>
```

step 06 保存文件。从菜单栏中选择"文件"→"保存"命令或按下 Ctrl+S 快捷键，弹出"另存为"对话框。在对话框中，选择保存位置，并输入文件名，单击"保存"按钮，如图 2-8 所示。

step 07 单击文档工具栏中的 图标，选择查看网页的浏览器，或按下功能键 F12 使用默认浏览器查看网页，预览效果如图 2-9 所示。

图 2-8　保存文件

图 2-9　浏览器的预览效果

2.3　HTML 5 的基本标记

　　HTML 文档是由标记组成的文档，要熟练掌握 HTML 文档的编写，首先就是了解 HTML 的常用标记。我们知道，<html>、<head>、<body>三种标记构成了 HTML 文档的主体，除了这三个基本标记外，还有其他一些常用标记，例如字符标记、超级链接标记和列表标记。

2.3.1　字符标记

　　在 HTML 5 文档中，不管其内容如何变化，文字始终是最小的单位。每个网页都在显示和布局这些文字，文本字符标记通常用来指定文字显示方式和布局方式。

　　常用文本字符标记如表 2-1 所示。

表 2-1　文本字符标记

标　记	标记名称	功能描述
br	换行标记	另起一行开始
hr	标尺标记	形成一个水平标尺
center	居中对齐标记	文本在网页中间显示。HTML 5 标准已抛弃此标记，但相当长时间段内仍然可以用
blockquote	引用标记	引用名言
pre	预定义标记	以源代码的格式呈现在浏览器上
hn	标题标记	网页标题，有 6 个，分别为 h1~h6
font	字体标记	修饰字体大小，颜色，字体名称。HTML 5 标准已抛弃此标记，但相当长时间段内仍然可以用
b	字体加粗标记	文字样式以加粗显示
i	斜体标记	文字样式以斜体显示
sub	下标标记	文字以下标形式出现
u	底线标记	文字以带底线形式出现
sup	上标标记	文字以上标形式出现
address	地址标记	文字以斜体形式表示地址

　　【例 2.1】 (示例文件 ch02\2.1.html)

```
<!DOCTYPE HTML>
<HTML>
  <HEAD>
    <TITLE>HTML 学习</TITLE>
  </HEAD> <BODY>
    <h1 align=center>质能方程</h1>
    <hr color=black align=center width=100%>
    <p>以 E=mc^2 谈论越光速</p>
    <p><font align=center size=6>质能等价理论</font>是爱因斯坦 狭义相对论的最重要
```

的推论, 即著名的方程式:E=mc^2; (能量=质量×光速的平方), 式中 E 为能量, m 为质子加中子减原子核的质量(由于质量亏损, 原子核的质量总小于组成该原子核的质子和中子的质量的和), C 为光速; 也就是说, 一切物质都潜藏着质子加中子减原子核的质量乘以光速平方的能量。 由此可以解释为什么物体的运动速度不可能超过光速。

```
<p>
<p>
    <pre>
要避免这样的佯谬, B 吸收能量 E 后比 A 多具有质量 m, 使在调位置时, m 向左移动 d 距离时, <br>
全管 M 向右移动 x 距离。质心不动, 即要求 Mx = md, 这移动 x 恰好抵消上述发射吸收间移动 vt,
所以 (md)/M = x = vt = (Ed)/Mc,
整理得:
    E=mc^2
    </pre>
    </p>
 <p>2<sup>2</sup>结果。</p>
 <hr color=orange align=center width=100%>
 详细信息请查询<address><b>http://baidu.com</b></address>。
  </BODY>
</HTML>
```

在 IE 9.0 中浏览, 效果如图 2-10 所示, 可以看到字体以标题、预定义文本显示, 标尺 hr 以不同颜色显示。

图 2-10　字符标记显示窗口

从上面代码可以看出, 标尺标记 hr 有描述标记。其中 align 表示该标尺的对齐方式, 居中、居左、居右。size 表示该标记的宽度, color 表示该标记的颜色, noshade 表示标记是否带有阴影。

同样 font 标记也具有相应的描述标记, size 表示字体大小, color 表示字体颜色, face 表示字体名称。p 为段落标记, 这些会在后面的章节中介绍。

2.3.2　超级链接标记

链接是指从一个网页指向一个目标的链接关系。这个目标可以是一个网页; 也可以是本网页的不同位置; 还可以是一个图片; 一个电子邮件地址、一个文件, 甚至是一个应用程序。而在一个网页中作为超链接的对象, 可以是一段文本或者是一个图片。

一个链接的基本格式如下：

```
<A HREF="资源地址">热点(链接文字或图片)</A>
```

标记<A>表示一个链接的开始，</A>表示链接的结束；描述标记(属性)"HREF"定义了这个链接所指的地方，通过单击热点，就可以到达指定的网页，例如：

```
<A HREF="http://www.sohu.com">搜狐</A>
```

按照链接路径的不同，网页中超链接一般分为内部链接、锚点链接和外部链接。

外部链接表示不同网站网页之间的链接，内部链接表示同一个网站之间的网页链接。内部链接的链接资源的地址分为绝对路径和相对路径。锚点链接通常指同一文档内的链接。

按照使用对象的不同，网页中的链接又可以分为文本链接、图像链接、E-mail 链接、多媒体文件链接和空链接等。

【例 2.2】

(示例文件 ch02\2.2_1.html)

```
<!DOCTYPE HTML>
<HTML>
<HEAD>
<TITLE>HTML 超级链接</TITLE>
</HEAD>
<BODY>
<h1 align=center>主页</h1>
进入<a href="2.2_2.html">新闻中心</a>
</BODY>
</HTML>
```

(示例文件 ch02\2.2_2.html)

```
<!DOCTYPE HTML>
<HTML>
<HEAD>
<TITLE>HTML 学习</TITLE>
</HEAD>
<BODY>
  <h1 align=center>新闻中心</h1>
  <a href=2.2_1.html>返回首页</a>
</BODY>
</HTML>
```

在 Firefox 5.0 中，浏览效果如图 2-11 所示，可以看到"主页"和"新闻中心"两个超级链接，通过它们，页面之间可以互相跳转。

图 2-11　页面跳转显示

2.3.3 列表标记

列表标记，可以在网页中以列表形式排列文本元素，列表有三种：有序列表、无序列表、自定义列表。列表标记如表 2-2 所示。

表 2-2　列表标记

标　记	描　述
<ul>	无序列表
<ol>	有序列表
<dl>	定义列表
<dt>、<dd>	定义列表的标记
<li>	列表项目的标记

【例 2.3】(示例文件 ch02\2.3.html)

```
<!DOCTYPE HTML>
<HTML>
    <HEAD>
        <TITLE>HTML 列表标记</TITLE>
    </HEAD>
    <BODY>
    水果
        <ul type=a>
            <li>苹果</li>
            <li>梨</li>
            <li>香蕉</li>
            <li>桃</li>
        </ul>
    蔬菜
        <ol>
            <li>西红柿</li>
            <li>茄子</li>
            <li>黄瓜</li>
            <li>冬瓜</li>
        </ol>
        <dl>
            <dt>色相</dt>
            <dd>色彩的相貌、名称</dd>
            <dd>赤橙黄绿青蓝紫</dd>
            <dd>色相是一个环</dd>
            <dt>饱和度</dt>
            <dd>颜色的纯度</dd>
        </dl>
    </BODY>
</HTML>
```

在 IE 9.0 中浏览，效果如图 2-12 所示，可以看到，显示了三种不同的列表：无序列表、有序列表和自定义列表。

图 2-12 列表显示窗口

2.3.4 制作纯文本网页

结合前面所学的知识，来制作一个简单的纯文本旅游网网页。

【例 2.4】(示例文件 ch02\2.4.html)

```
<!DOCTYPE html>
<html>
<head>
<title>旅游网网页</title>
</head>
<body>
<h1>塞外江南：伊犁哈萨克自治州</h1>
<h3>地理位置重要</h3>
<p>伊犁哈萨克自治州地处祖国西北边陲，成立于 1954 年，辖塔城、阿勒泰两个地区和 10 个直属县
市，是全国唯一的既辖地区、又辖县市的自治州。西部紧邻欧亚国家哈萨克斯坦，这里有中国陆路最大
的通商口岸(霍尔果斯口岸)。</p>
<h3>生物资源丰富</h3>
<p>森林面积 88 万公顷，活立木总蓄积量 1.6 亿立方米，占全疆的 74%；保存着 60 多种珍稀动物，
700 多种植物，是世界上少有的生物多样性天然基因库，具有很高的科学研究和开发利用价值。</p>
<h3>旅游资源独特</h3>
<p>地理、水体、生物景观和文物古迹、民俗风情、休闲健身等六大旅游资源类型一应俱全。有美丽的
草原风光，浓郁的民俗风情，独特的草原文化，悠久的历史古迹，是中国西部最理想的旅游目的地。
</p>
</body>
</html>
```

以.html 的格式保存文件，然后使用 IE 9.0 打开文件，预览效果如图 2-13 所示。

图 2-13 旅游网的网页效果

2.4　HTML 5 的段落和图片标记

一个网页就是一个整体，各部分需要摆放整齐，其中可以将大量文字作为一个段落，其标记是<p>；图像是网页制作的不可或缺的一个元素，在 HTML 语言中，专门提供了一个用来处理图像的<img>标记。

2.4.1　常用段落和图片标记

段(Paragraph)标记把文本格式化成普通段落。段落<p>标记的一个基本属性是 ALIGN(对齐)，可以有 LEFT(左)、CENTER(中间)、RIGHT(右)几个值，默认值是 LEFT。

【例 2.5】(示例文件 ch02\2.5.html)

```
<html>
<head>
    <title>段落标记</title>
</head>
<body>
    <p align="left">左对齐段落。
    <p align="center">居中段落。
    <p align="right">右对齐段落。
</body>
</html>
```

在 IE 9.0 中浏览，效果如图 2-14 所示，可以看到，段落以不同的对齐方式显示，例如左对齐、右对齐和居中对齐。

在网页中显示的一张图片或看到的一个 GIF 动画，是通过 img 标记来实现的。img 标记是单个出现的标记，表示在当前文档内引入一个图片，有两个常用的描述标记 src 和 alt，src 表示该图片所在位置，alt 表示显示该图片时的提示信息。

其常用格式如下：

```
<img src="index.gif" alt="这是一张图片">
```

【例 2.6】(示例文件 ch02\2.6.html)

```
<HTML>
    <HEAD>
        <TITLE>图像标记</TITLE>
    </HEAD>
    <BODY>
        <h3>请欣赏下面图像</h3>
        <img src="2.gif" alt="请登录该网站" border="2">
    </BODY>
</HTML>
```

在 IE 9.0 中浏览，效果如图 2-15 所示。

可以看到，图像在网页中显示，并且带有边框。

图 2-14　段落对齐显示　　　　　　　　　　图 2-15　显示图片

2.4.2　文字和图片混合排版

【例 2.7】在浏览网页时，通常会发现在 HTML 文档中，会存在文字和图片，二者图文并茂地介绍事物，会使读者能够快速掌握网页表达的含义。本例将结合前面介绍的知识，全面地介绍一下文字和图片排版，即对齐方式。具体操作步骤如下。

step 01　分析需求。

在一个网页中，文字结合图片显示时，图片可以作为背景图片，在段落开始显示、在段落结束显示、在段落中间显示。段落使用 p 标记，图片使用 img 标记。本例完成后，效果如图 2-16 所示。

step 02　分析整体和局部并构建 HTML。

在网页中，根据需求分为三个部分，有段落开始显示图片的，有段落结束显示图片的，还有段落中间显示图片的。这里创建一个 HTML 文档，其基本结构如下：

```
<html>
<head><title>图文混排</title></head>
<body>
</body>
</html>
```

在 IE 9.0 浏览器中浏览，效果如图 2-17 所示，可以看到网页上无内容显示。

图 2-16　文字和图片混排方式　　　　　　图 2-17　空文档显示

step 03　设置各个对齐方式。

下面就可以在网页中设置图像和文字的对齐方式，其代码如下：

```
<p>
<img src ="2.gif" align ="left">
```

```
带有图像的一个段落。图像的 align 属性设置为 "left"。图像将浮动到文本的左侧。
</p>
<p>
<img src ="2.gif" align ="right">
带有图像的一个段落。图像的 align 属性设置为 "right"。图像将浮动到文本的右侧。
</p>
<p>图像底部与 <img src="2.gif" align="bottom">文本对齐</p>
<p>图像中部与<img src ="2.gif" align="middle"> 文本对齐</p>
<p>图像上部与 <img src ="2.gif" align="top">文本对齐</p>
```

在 IE 9.0 中浏览，效果如图 2-18 所示，可以看到文档中显示了图片，并以底部、中部和顶部对齐。

图 2-18　图片显示结果

2.5　HTML 5 的表单标记

表单可以在客户机和服务器之间传递信息，是收集客户信息的最好方式。例如用户注册、登录和用户调查等。表单是 HTML 5 中比较重要的标记之一。

2.5.1　常用的表单控件

一个表单一般应该包含文本框、密码框、按钮等，表单很像容器，它能够容纳各种各样的控件。一个完整的 HTML 表单通常包括两个部分，即表单标记和表单控件标记。

表单标记常用的格式为：

```
<FORM action="http://www.sohu.com" method="post" target="_top">...</FORM>
```

表单中控件的命令格式为<input type="">，不同类型的表单控件具有不同的描述标记，描述标记如表 2-3 所示。

表 2-3　表单控件标记

名　称	说　明
TYPE	指定表单元素类型。可用选项有 TEXT、PASSWORD、CHECKBOX、RADIO、SUBMIT、RESET、FILE、HIDDEN 和 BUTTON。默认值为 TEXT
NAME	指定表单元素名称。例如，如果表单上有几个文本框，可以按照名称来标识它们，即 TEXT1、TEXT2，或用户选择的任何名称

名 称	说 明
VALUE	可选属性，指定表单元素初始值
SIZE	指定表单元素显示的长度。可用于文本输入的表单元素，即 TEXT 或 PASSWORD
MAXLENGTH	指定在 TEXT 或 PASSWORD 表单元素中，可以输入的最大字符数。默认值为无限的
CHECKED	是一个 Boolean 属性，指定按钮是否被选中。 当输入类型为 RADIO 或 CHECKBOX 时，使用此属性
SRC	SRC="URL"。当使用 IMAGE 作为输入类型时使用此属性，用于标识图像的位置

【例 2.8】(示例文件 ch02\2.8.html)

```
<HTML>
<HEAD>
<TITLE>表单标记</TITLE>
</HEAD>
<BODY bgColor="#ccccff" Text="#000099">
    <center>
    <FORM ACTION="" METHOD="POST">
        <H2 align="center">计算机优秀图书评选</H2>
        <P>
        <INPUT TYPE="RADIO" NAME="ts" VALUE="1">Java 实践教程
        <INPUT TYPE="RADIO" NAME="ts" VALUE="2">JSP 大全
        <INPUT TYPE="RADIO" NAME="ts" VALUE="3">十天精通 JAVA
        </P>
        <P>
        <B>优秀出版社名称：</B>
        <INPUT TYPE="TEXT" NAME="name1" SIZE="30" MAXLENGTH="30">
        </P>
        <P>
        <INPUT TYPE="SUBMIT" NAME="Submit" VALUE="评选">
        <INPUT TYPE="RESET" NAME="Reset" VALUE="重置"></P>
    </FORM>
    <center>
</BODY>
</HTML>
```

在 IE 9.0 中浏览，效果如图 2-19 所示，可见，表单居中显示，并显示了单选按钮、输入框和提交按钮等。

图 2-19　表单显示窗口

2.5.2 多行文本标记和下拉列表

(1) <textarea></textarea>标记可以创建多行文本框，此标记用于<form></form>标记之间。<textarea>具有 name、cols 和 rows 属性：

- name 表示多行文本框的名称。
- cols 和 rows 用来设置多行文本框的列数和行数，需要注意的是，列与行是以字符数为单位的。

(2) <select></select>标记创建一个下拉列表框，或可以复选的列表框。此标记也用于<form></form>标记之间。<select>具有 multiple、name 和 size 属性：

- multiple 属性不用赋值，直接加入标记中即可使用，表示列表框是多选的。
- name 表示列表框的名字，它与上面介绍的 name 作用是一样的。
- size 用来设置列表宽度，缺省时值为 1，若没有设置(加入)multiple 属性，显示的是一个弹出式列表框。

(3) <option>标记指定列表框中的一个选项，它放在<select></select>标记之间。此标记具有 selected 和 value 属性：

- selected 用来指定默认选项，表示该选项被选中。
- value 属性给<option>指定选项赋值，此值是要传送到服务器上的。

【例 2.9】(示例文件 ch02\2.9.html)

```html
<html>
<head>
<title>表单标记</title>
</head>
<body>
    <center>
        <H2>个人兴趣调查</H2>
        <form method="Post" align="center">
            <p>
            选择喜欢的运动项目：
            <select size="1" name="yd">
                <option value=0>请选择</option>
                <option value=1>篮球</option>
                <option value=2>足球</option>
                <option value=3>游泳</option>
                <option value=4>乒乓球</option>
            </select><br>
            备注：  <textarea rows="4" cols="25"></textarea>
            </p>
            <p>
                <input type="submit" value="确认">
                <input type="reset" value="取消">
            </p>
        </form>
    </center>
</body>
</html>
```

在 IE 9.0 中浏览，效果如图 2-20 所示。网页中显示了下拉列表框和多行文本框。

图 2-20　显示了下拉列表框和多行文本框

2.5.3　用户注册页面

【例 2.10】在每个大型网站中，通常都有会员注册页面，用来收集客户的相应信息。例如淘宝网会员注册页面、搜狐博客注册页面等。不同的网站，其注册页面也不一样，但其实质都是使用 HTML 表单来完成。本例将结合本节所介绍的知识点，创建一个简单的注册页面。

具体操作步骤如下。

step 01　分析需求。

注册页面主要用来收集客户信息，例如客户名称、性别、密码、住址、联系方式、兴趣爱好等。注册选项的种类很多，这里只是最简单的选项，完成后，效果如图 2-21 所示。

step 02　分析整体和局部并创建 HTML 页面。

一个注册页面包含两个部分，一部分是表单及名称，一部分是表单控件。创建 HTML 页面的基本代码如下：

```
<html>
<head>
<title>注册页面</title>
</head><body></body>
</html>
```

在 IE 9.0 中浏览，效果如图 2-22 所示，可以看到网页中无任何内容显示。

图 2-21　注册页面的效果

图 2-22　空文档显示

step 03　创建表单及名称。

在正文部分创建表单的名称，代码如下所示：

```
<form name="form1" method="post" action="">
    <h1 align=center>用户注册</h1>
</form>
```

在 IE 9.0 中浏览，效果如图 2-23 所示，可以看到名称居中显示。

step 05 创建表单控件。

下面就可以在表单中创建各个表单控件了，代码如下：

```
用 户 名: <input type="text" name="name"><br>
密    码: <input type="password" name="psd"><br>
确认密码: <input type="password" name="psd1"><br>
性    别:
    <input type="radio" name="rb" value="1" checked>男
    <input type="radio" name="rb" value="0">女<br>
爱    好:
    <input type="checkbox" name="cb" value="1">运动
    <input type="checkbox" name="cb2" value="2">写作
    <input type="checkbox" name="cb3" value="3">旅游<br>
E - Mail: <input type="text" name="email"><br>
    <input type="submit"  value="提交">
    <input type="reset"  value="重置">
```

在 IE 9.0 中浏览，效果如图 2-24 所示，可以看到，表单中显示了表单元素，包括文本输入框、单选按钮、复选框和按钮等。

图 2-23　显示表单的名称

图 2-24　显示表单元素

2.6　HTML 5 的表格标记

在网页中，表格以行和列方式显示数据，是网页设计者通常采用的方法之一。同时还可以使用表格进行网页布局，尤其是在 CSS 样式表和 DIV 布局流行之前，使用表格排版网页，可以使网页更美观、条理更清晰、更易于维护和更新。

2.6.1　表格标记

HTML 的表格是一个二维表格，由行和列组成，其中单元格用来显示数据。在 HTML 中，通常使用<table>标记来实现表格，table 标记包含一些其他的标记，如表 2-4 所示。

表 2-4　table 的常用标记

标记和属性	说　明
<table>	表格标记，成对出现，标记内必须有 tr 行标记和 td 单元格标记
<tr>	表格行标记
<td>	表格单元格标记
<caption>	表格标题，默认黑体居中效果
<th>	表格列标题
<border>	边框宽度，边框值必须大于 1 像素才有效
<bgcolor>	表格的背景色
align	设置对齐方式，默认是左对齐
cellpadding	设置单元格边框和内部内容之间的间隔大小
cellspacing	设置单元格之间的间隔大小
width	表格宽度
height	表格高度
colspan	列合并标记
rowspan	行合并标记

【例 2.11】(示例文件 ch02\2.11.html)

```
<HTML>
<HEAD>
<TITLE>表格标记</TITLE>
</HEAD>
<BODY>
<TABLE border=2 align=center width=80%>
  <CAPTION align=top>员工信息表</CAPTION>
  <TR>
    <TH>姓名</TH>
    <TH align="center">性别</TH>
    <TH align="right">职位</TH>
  </TR>
  <TR>
    <TD>张三</TD>
    <TD align="center">男</TD>
    <TD align="right">部门经理</TD>
  </TR>
  <TR>
    <TD>李四</TD>
    <TD align="center" bgcolor=red>女</TD>
    <TD align="right">普通职员</TD>
  </TR>
</TABLE>
</BODY>
</HTML>
```

在 IE 9.0 中浏览，效果如图 2-25 所示，可以看到，网页中，信息在表格中显示，其中性别为"女"的单元格背景显示红色。

图 2-25　表格的显示

2.6.2　制作季度报表

【例 2.12】很多软件项目，通常使用表格来汇总数据，例如汇总月报表、周报表和季度报表。报表制作的诀窍是合并行和列，将数据以指定形式显示。结合上面所学的知识，下面创建一个简单的季度报表，体会表格行列合并的诀窍。具体操作步骤如下。

step 01　分析需求。

实现一个表格，需要知道其数据显示方式，即数据以何种形式显示，可能是行列合并的。如果不知道数据以何种方式显示，则无法制作表格。

step 02　分析整体和局部并创建 HTML 网页：

```
<html>
<head>
<title>表格合并</title>
</head>
<body></body>
</html>
```

在 IE 9.0 中浏览，效果如图 2-26 所示，可以看到网页无内容显示。

step 03　实现表格及题目。

创建 HTML 表格，并使用 caption 设置表格标题，其代码如下：

```
<table width="350" border="1" cellspacing="0" cellpadding="2"
 align="CENTER" bgcolor="#FFC4E1" bordercolor="orange">
   <caption>季度报表</caption>
</table>
```

在 IE 9.0 中浏览，效果如图 2-27 所示，可以看到显示了表格标题。

图 2-26　空文档显示

图 2-27　表格标题显示

step 04 实现表格中的行和列。

下面就可以根据数据显示要求来设置显示格式，其代码如下：

```html
<tr>
    <td>名称/时间</td>
    <td colspan="2">第一季度</td>
</tr>
<tr>
    <td rowspan=2>资产支出</td>
    <td>购买轿车23万</td>
    <td>购买钢材100万</td>
</tr>
<tr>
    <td>购买衣服5万</td>
    <td>招待费支出15万</td>
</tr>
<tr>
    <td colspan=3>签字：张三</td>
</tr>
```

在 IE 9.0 中浏览，效果如图 2-28 所示，可以看到显示了表格，其中存在行合并、列合并，其背景色显示粉色，边框为黄色。

图 2-28　显示表格

2.7　综合示例——制作网站首页

网站首页担负着网站形象大使的责任，从首页就基本能看出网站的定位和服务对象，一个好的首页能够吸引读者流连忘返。由于网站功能定位的差异化，决定了不同类型网站首页肩负的职责表现形式的差异性，即首页功能、表达形式、传递信息内容、设计风格、页面布局必须有所区别。

在本实战案例中，将结合前面学习的 HTML 标记，动手创建一个简单的 HTML 首页。具体操作步骤如下。

step 01 分析需求。

创建一个首页时，需要结构清晰，给人一种鲜明的感觉。读者打开网页后，可以直接找到所感兴趣的话题，即首页通常情况下需要存在一个页面导航，此导航可以链接到下一个页面。首页需要有吸引人关注的信息，这样读者在看一眼后，才有可能继续停留，所以正文部分是至关重要的。首页末尾一般都是页面创建时间和联系方式等。本例完成之后，其效果如图 2-29 所示。

图 2-29　网站首页

step 02　分析整体与局部，创建 HTML 基本架构。

从上面的分析可以知道，首页需要包含三个部分，一个是页面导航部分，一个是正文部分，一般都是重要信息，本例使用了一个图片代替，最后一个部分是首页底部，放置编者信息。创建 HTML 文档，其基本架构如下：

```
<HTML>
<HEAD>
<TITLE>风景之家</TITLE>
</HEAD>
<BODY>
<CENTER>
</CENTER>
</BODY>
</HTML>
```

step 03　创建 HTML 表格。

在正文中间创建表格，用来对首页进行布局，此处需要设置整个表格宽度，代码如下：

```
<TABLE width="768" border="1" align="center" cellpadding="0"
  cellspacing="0">
    <TR>
      <TD>
        <TABLE border=1 cellpadding=0 cellspacing=0 width="100%">
          <TR valign=top>
            <TD colspan=9 height=38></TD>
          </TR>
          <TR>
            <TD colspan=9 height=2></TD>
          </TR>
          <TR>
            <TD colspan=9 height=2></TD>
          </TR>
          <TR>
            <TD height=191 colspan=9></TD>
          </TR>
          <TR>
            <TD colspan=7></TD>
```

```
                <TD width="17%"></TD>
                <TD width="19%"></TD>
            </TR>
            <TR>
                <TD colspan=9>
                    <HR noShade SIZE=1 width="100%" color=#B467F6>
                </TD>
            </TR>
        </TABLE>
    </TD>
</TR>
</TABLE>
```

在 IE 9.0 中浏览，效果如图 2-30 所示，网页中显示了一个表格，里面没有任何内容。

图 2-30　显示表格

step 04　实现首页导航。

页面导航是网页的灵魂，没有了导航，页面就是一堆枯燥的文字。通过导航，可以查看感兴趣的话题，本网站导航非常简单，其代码如下所示：

```
| <A href="#">本站首页</A> | <A href="">心情驿站</A>| <A href="">蝴蝶天空 </A>
| <A href="#">蝴蝶随笔</a> | <A href="#">关于我们</A>| <A href="#">和我联系</A> |
```

在 IE 9.0 中浏览，效果如图 2-31 所示，可以看到网页中，在表格里显示了导航链接。

step 05　实现联系方式。

联系方式是用来反馈问题的。其代码如下：

```
联系电话：13012345678 E-MAIL:zs9462@sohu.com<BR>COPYRIGHT 2009-2012 &copy;
```

在 IE 9.0 中浏览，效果如图 2-32 所示，可以看到表格中显示了联系方式。

图 2-31　显示导航链接

图 2-32　显示联系方式

step 06 实现表格正文，并设置全局。

正文是一个图片，这里就不再重复介绍了，读者可以直接查看下面代码：

```
<TABLE width="768" border="0" align="center" cellpadding="0"
  cellspacing="0">
<TR>
<TD>
<TABLE border=0 cellpadding=0 cellspacing=0 width="100%">
<TR valign=top>
<TD colspan=9 height=38></TD>
</TR>
<TR>
<TD colspan=9 height=2> </TD>
</TR>
<TR>
<TD colspan=9 height=2> <HR noShade SIZE=1 width="100%" color=#B467F6>
<center><FONT color="#0099FF">| <A href="#" >本站首页</A> | <A href="">心情驿
站</A>| <A href="">蝴蝶天空 </A> | <A href="#">蝴蝶随笔</a> | <A href="#">关于
我们</A>| <A href="#">和我联系</A> |</FONT></center>
</TD></TR>
<TR>
<TD height=191 colspan=9> <DIV align="center"><BR><A href=""><IMG
src="8.jpg" width="410" height="200"> </a> <BR><BR><FONT size="2">
<FONT color=#999999>：：：请你点击上面的图片进入本站首页：：：</FONT><BR>
  联系电话：13012345678 E-MAIL:zs9462@sohu.com<BR>COPYRIGHT 2009-2012 &copy;
<BR></FONT></DIV></TD> </TR>
<TR>
<TD colspan=7></TD> <TD width="17%"></TD><TD width="19%"></TD>
</TR>
<TR>
<TD colspan=9> <HR noShade SIZE=1 width="100%" color=#B467F6></TD>
</TR>
</TABLE>
<FONT color=#999999><MARQUEE scrollamount="3" width="100%"
style=color:#997FC8;FONT-size:10Pt><b><FONT color=#999999>
<span style="color:#997FC8;FONT-size:10Pt">成功的门往往虚掩着，只要你勇敢去推，它
就会豁然洞开。</span></FONT><BR></b></MARQUEE></FONT></TD>
</TR>
</TABLE>
```

在 IE 9.0 中浏览，效果如图 2-33 所示，网页中显示了图片，并且表格边框设置为 0。

图 2-33　显示图片

44

2.8　上机练习——简单的 HTML 5 网页

下面制作一个简单的 HTML 5 网页，具体操作步骤如下。

step 01 打开记事本文件，在其中输入下述代码：

```
<!DOCTYPE html>
<html>
<head>
<title>简单的 HTML5 网页</title>
</head>
<body>
  <h1>清明</h1>
  <P>
  清明时节雨纷纷,<br>
  路上行人欲断魂。<br>
  借问酒家何处有,<br>
  牧童遥指杏花村。<br>
  </P>
<img src="qingming.jpg">
</body>
</html>
```

step 02 保存网页，在 IE 9.0 中预览，效果如图 2-34 所示。

图 2-34　网页预览效果

2.9　专 家 答 疑

疑问 1：HTML 文档页面上边为何总是留出一段空白，如何避免？

body 默认有个上边距，设置这个值的属性 topmargin=0 就可以了。有时还需要设置 leftmargin、rightmargin 和 bottommargin 属性值。

疑问 2: td 中所有内容自动居中吗?

根据经验来看,当没有具体设置 td 的 align 属性值时,在本地测试时内容默认居左,而在客户端访问的时候,内容却默认居中。此时需要明确 td 的 align 属性值,避免带来麻烦。

疑问 3: 表格嵌套时,将外层的表格撑大了,怎么办?

由两种原因引起,其中一个是 cellspacing 和 cellpadding 引起的。默认值都是 1px。第二个是 border 引起。这三个属性的宽度都包含在表格宽度之内,在 IE 浏览器中是这样,可能不同的浏览器有不同的默认包含关系。解决方法是设置 cellspacing=0、cellpadding=0、border=0,如果必须设置这三个属性的值,则要合理计算并设置其值。

第 3 章
CSS 3 样式入门

　　一个美观大方且简约的页面以及高访问量的网站，是网页设计者的追求。然而，仅通过 HTML 5 来实现是非常困难的，HTML 语言仅仅定义了网页的结构，对于文本样式并没有过多涉及。这就需要一种技术对页面布局、字体、颜色、背景和其他图文效果的实现提供更加精确的控制，这种技术就是 CSS。

3.1　CSS 概述

CSS 指层叠样式表(Cascading Style Sheets)，对于设计者来说，CSS 是一个非常灵活的工具，使用户不必再把复杂的样式定义编写在文档结构中，而是将有关文档的样式内容全部脱离出来。这样做的最大优势，就是在后期维护中只需要修改样式代码即可。

3.1.1　CSS 的功能

随着 Internet 的不断发展，对精美页面效果的诉求越来越强烈，只依赖 HTML 这种结构化标记来实现样式，已经不能满足网页设计者的需求了。表现在如下几个方面。

(1) 维护困难，为了修改某个特殊标记格式，需要花费很多时间，尤其对整个网站而言，后期修改和维护成本较高。

(2) 标记不足，HTML 本身的标记十分少，很多标记都是为网页内容服务的，而关于内容样式的标记，例如文字间距、段落缩进，很难在 HTML 中找到。

(3) 网页过于臃肿，由于没有统一对各种风格样式进行控制，HTML 页面往往体积过大，占用掉很多宝贵的带宽。

(4) 定位困难，在整体布局页面时，HTML 对于各个模块的位置调整显得捉襟见肘，过多的 table 标记将会导致页面的复杂和后期维护的困难。

在这种情况下，就需要寻找一种可以将结构化标记与丰富的页面表现相结合的技术。CSS 样式技术就产生了。

CSS(Cascading Style Sheet)称为层叠样式表，也可以称为 CSS 样式表或样式表，其文件扩展名为.css。CSS 是用于增强或控制网页样式并允许将样式信息与网页内容分离的一种标记性语言。

引用样式表的目的，是将"网页结构代码"和"网页样式风格代码"分离开，从而使网页设计者可以对网页布局进行更多的控制。利用样式表，可以将整个站点上的所有网页都指向某个 CSS 文件，设计者只需要修改 CSS 文件中的某一行，整个网页上对应的样式都会随之发生改变。

3.1.2　浏览器与 CSS

CSS 制定完成之后，具有了很多新的功能，即新样式。但这些新样式在浏览器中不能获得完全支持，主要是因为各个浏览器对 CSS 3 很多细节处理上存在差异，例如一种标记的某个属性由一种浏览器支持，而另外一种浏览器不支持，或者虽然两种浏览器都支持，但显示效果不一样。

各主流浏览器为了自己产品的利益和推广，定义了很多私有属性，以便加强页面显示样式和效果，导致现在每个浏览器都存在大量的私有属性。虽然使用私有属性可以快速构建效果，但是对网页设计者是一个很大麻烦，设计一个页面，就需要考虑在不同浏览器上显示的效果，稍有疏忽，就会导致同一个页面在不同浏览器上显示效果不一致。甚至有的浏览器不同版本之间也具有不同的属性。

如果所有浏览器都支持 CSS 样式，那么网页设计者只需要使用一种统一标记，就能在不同浏览器上显示统一的样式效果。

当 CSS 被所有浏览器接受和支持的时候，整个网页设计将会变得非常容易，其布局更加合理，样式更加美观，到那个时候，整个 Web 页面显示会焕然一新。虽然现在 CSS 还没有完全普及，各个浏览器对 CSS 的支持还处于发展阶段，但 CSS 是一个新的、具有很高发展潜力的技术，在样式修饰方面，是其他技术无可替代的。所以网页设计者现在都应该学习 CSS 3 技术，这样才能保证技术不落伍。

3.1.3 CSS 的发展历史

万维网联盟(W3C)，是一个非营利的标准化联盟，在 1996 年制定并发布了一个网页排版样式标准，即层叠样式表，用来对 HTML 有限的表现功能进行补充。

随着 CSS 的广泛应用，CSS 技术越来越成熟。CSS 现在有三个不同层次的标准，即 CSS 1、CSS 2 和 CSS 3。

CSS 1(CSS Level 1)是 CSS 的第一层次标准，它正式发布于 1996 年 12 月 17 日，后来在 1999 年 1 月 11 日进行了修改。该标准提供简单的样式表机制，使得网页的编者通过附属的样式可以对 HTML 文档的表现进行描述。

CSS 2(CSS Level 2)于 1998 年 5 月 12 日被正式作为标准发布，CSS 2 基于 CSS 1，包含了 CSS 1 的所有特色和功能，并在多个领域进行了完善。CSS 2 支持多媒体样式表，使得我们能够根据不同的输出设备，给文档指定不同的表现形式。

2001 年 5 月 23 日，W3C 完成了 CSS 3 的工作草案，在该草案中制订了 CSS 3 的发展路线图，详细列出了所有模块，并计划在未来逐步进行规范。在后来的时间内，W3C 还逐渐发布了不同的模块。

CSS 1 主要定义了网页的基本属性，如字体、颜色、空白边等。CSS 2 在此基础上添加了一些高级功能，如浮动和定位；以及一些高级的选择器，如子选择器、相邻选择器和通用选择器等。CSS 3 开始遵循模块化开发，这将有助于理清模块化规范之间的不同关系，减少完整文件的大小。以前的规范是一个完整的模块，实在是太庞大，而且比较复杂，所以，新的 CSS 3 规范将其分为多个模块。

3.2 CSS 3 的常用单位

CSS 中常用的单位包括颜色单位和长度单位两种，利用这些单位，可以完成网页元素的搭配与网页布局的设定，如网页图片颜色的搭配、网页表格长度的设定等。

3.2.1 颜色单位

通常，颜色用于设定字体以及背景的显示，在 CSS 3 中，颜色设置的方法很多，有命名颜色、RGB 颜色、十六进制颜色、网络安全色，与以前的版本相比，CSS 3 新增了 HSL 色彩模式、HSLA 色彩模式、RGBA 色彩模式。

(1) 命名颜色

CSS 中可以直接用英文单词命名与之相应的颜色，这种方法的优点是简单、直接、容易掌握。此处，预设了 16 种颜色以及这 16 种颜色的衍生色，这 16 种颜色是 CSS 3 规范推荐的，而且一些主流的浏览器都能够识别它们，如表 3-1 所示。

表 3-1　CSS 推荐颜色

颜　色	名　称	颜　色	名　称
aqua	水绿	navy	深蓝
black	黑	olive	橄榄
blue	蓝	purple	紫
fuchsia	紫红	red	红
gray	灰	silver	银
green	绿	teal	深青
lime	浅绿	white	白
maroon	褐	yellow	黄

这些颜色最初来源于基本的 Windows VGA 颜色，而且浏览器还可以识别这些颜色。例如，在 CSS 定义字体颜色时，便可以直接使用这些颜色的名称：

```
p{color:red}
```

直接使用颜色的名称，简单、直接而且不容易忘记。但是，除了这 16 种颜色外，还可以使用其他的 CSS 预定义颜色。多数浏览器大约能够识别 140 多种颜色名，其中包括 orange、PaleGreen 等。

 在不同的浏览器中，命名颜色种类也是不同的，即使使用了相同的颜色名，它们的颜色也有可能存在差异，所以，虽然每一种浏览器都命名了大量的颜色，但是这些颜色大多数在其他浏览器上却是不能识别的，而真正通用的标准颜色只有 16 种。

(2) RGB 颜色

如果要使用十进制数表示颜色，则需要使用 RGB 颜色。十进制颜色的最大值为 255，最小值为 0。要使用 RGB 颜色，必须使用 rgb(R,G,B)，其中 R、G、B 分别表示红、绿、蓝的十进制值，通过这三个值的变化结合，便可以形成不同的颜色。例如，rgb(255,0,0)表示红色，rgb(0,255,0)表示绿色，rgb(0,0,255)则表示蓝色。黑色表示为 rbg(0,0,0)，则白色可以表示为 rgb(255,255,255)。

RGB 设置方法一般分为两种：百分比设置和直接用数值设置，例如对 p 标记设置颜色，有两种方法：

```
p{color:rgb(123,0,25)}
p{color:rgb(45%,0%,25%)}
```

这两种方法里，都是用三个值表示"红"、"绿"和"蓝"三种颜色。这三种基本色的取值范围都是 0~255。通过选择这三种基本色分量，可以定义出各种各样的颜色。

(3) 十六进制颜色

当然，除了 CSS 预定义的颜色外，设计者为了使页面色彩更加丰富，可以使用十六进制颜色和 RGB 颜色。十六进制颜色的基本格式为#RRGGBB，其中 R 表示红色，G 表示绿色，B 表示蓝色。而 RR、GG、BB 的最大值为 FF，表示十进制中的 255，最小值为 00，表示十进制中的 0。例如，#FF0000 表示红色，#00FF00 表示绿色，#0000FF 表示蓝色。#000000 表示黑色，白色的表示就是#FFFFFF，而其他颜色分别是通过这三种基本色的组合而形成的。例如，#FFFF00 表示黄色，#FF00FF 表示紫红色。

对于浏览器不能识别的颜色名称，可以使用颜色的十六进制值或 RGB 值。如表 3-2 所示，列出了几种常见的预定义颜色值的十六进制值和 RGB 值。

表 3-2 颜色对照表

颜 色 名	十六进制值	RGB 值
红色	#FF0000	rgb(255,0,0)
橙色	#FF6600	rgb(255,102,0)
黄色	#FFFF00	rgb(255,255,0)
绿色	#00FF00	rgb(0,255,0)
蓝色	#0000FF	rgb(0,0,255)
紫色	#800080	rgb(128,0,128)
紫红色	#FF00FF	rgb(255,0,255)
水绿色	#00FFFF	rgb(0,255,255)
灰色	#808080	rgb(128,128,128)
褐色	#800000	rgb(128,0,0)
橄榄色	#808000	rgb(128,128,0)
深蓝色	#000080	rgb(0,0,128)
银色	#C0C0C0	rgb(192,192,192)
深青色	#008080	rgb(0,128,128)
白色	#FFFFFF	rgb(255,255,255)
黑色	#000000	rgb(0,0,0)

(4) HSL 色彩模式

CSS 3 新增加了 HSL 颜色表现方式。HSL 色彩模式是业界的一种颜色标准，它通过对色调(H)、饱和度(S)、亮度(L)三个颜色通道的改变以及它们相互之间的叠加来获得各种颜色。这个标准几乎包括了人类视力可以感知的所有颜色，在屏幕上可以重现 16777216 种颜色，是目前运用最广的颜色系统之一。

在 CSS 3 中，HSL 色彩模式的表示语法如下：

```
hsl(<length>, <percentage>, <percentage>)
```

hsl()函数的三个参数如表 3-3 所示。

表 3-3　HSL 函数属性说明

属性名称	说　　明
length	表示色调(Hue)。Hue 衍生于色盘，取值可以为任意数值，其中 0(或 360，或-360)表示红色，60 表示黄色，120 表示绿色，180 表示青色，240 表示蓝色，300 表示洋红，当然可以设置其他数值来确定不同的颜色
percentage	表示饱和度(Saturation)，表示该色彩被使用了多少，即颜色的深浅程度和鲜艳程度。取值为 0%~100%之间的值，其中 0%表示灰度，即没有使用该颜色；100%的饱和度最高，即颜色最鲜艳
percentage	表示亮度(Lightness)。取值为 0%~100%之间的值，其中 0%最暗，显示为黑色，50%表示均值，100%最亮，显示为白色

其使用示例如下：

```
p{color:hsl(0,80%,80%);}
p{color:hsl(80,80%,80%);}
```

(5)　HSLA 色彩模式

HSLA 也是 CSS 3 新增的颜色模式，HSLA 色彩模式是 HSL 色彩模式的扩展，在色相、饱和度、亮度三要素的基础上增加了不透明度参数。使用 HSLA 色彩模式，设计师能够更灵活地设计不同的透明效果。其语法格式如下：

```
hsla(<length>, <percentage>, <percentage>, <opacity>)
```

其中前 3 个参数与 hsl()函数的参数的意义和用法相同，第 4 个参数<opacity>表示不透明度，取值在 0 到 1 之间。

使用示例如下：

```
p{color:hsla(0,80%,80%,0.9);}
```

(6)　RGBA 色彩模式

RGBA 也是 CSS 3 新增的颜色模式，RGBA 色彩模式是 RGB 色彩模式的扩展，在红、绿、蓝三原色的基础上增加了不透明度参数。其语法格式如下：

```
rgba(r, g, b, <opacity>)
```

其中 r、g、b 分别表示红色、绿色和蓝色三种原色所占的比重。r、g、b 的值可以是正整数或者百分数，正整数值的取值范围为 0~255，百分数值的取值范围为 0.0%~100.0%，超出范围的数值将被截至其最接近的取值极限。注意，并非所有浏览器都支持使用百分数值。第四个参数<opacity>表示不透明度，取值在 0~1 之间。

使用示例如下：

```
p{color:rgba(0,23,123,0.9);}
```

(7)　网络安全色

网络安全色由 216 种颜色组成，被认为在任何操作系统和浏览器中都是相对稳定的，也就是说，显示的颜色是相同的，因此，这 216 种颜色被称为"网络安全色"。这 216 种颜色都是由红、绿、蓝三种基本色从 0、51、102、153、204、255 这 6 个数值中取值，组成的 6×6×6(=216)种颜色。

3.2.2 长度单位

为保证页面元素能够在浏览器中完全显示，又要布局合理，就需要设定元素间的间距及元素本身的边界等，这都离不开长度单位的使用。在 CSS 3 中，长度单位可以被分为两类：绝对单位和相对单位。

(1) 绝对单位

绝对单位用于设定绝对位置。主要有下列 5 种绝对单位。

① 英寸(in)

英寸对于中国设计者而言，使用得比较少，它主要是国外常用的度量单位。1 英寸等于 2.54 厘米，而 1 厘米等于 0.394 英寸。

② 厘米(cm)

厘米是常用的长度单位。它可以用来设定距离比较大的页面元素框。

③ 毫米(mm)

毫米可以用来比较精确地设定页面元素间的距离或大小。10 毫米等于 1 厘米。

④ 磅(pt)

磅一般用来设定文字的大小。它是标准的印刷量度，广泛应用于打印机、文字程序等。72 磅等于 1 英寸，也就是说，等于 2.54 厘米。

⑤ pica(pc)

pica 是另一种印刷量度。1pica 等于 12 磅，该单位也不经常使用。

(2) 相对单位

相对单位是指在度量时需要参照其他页面元素的单位值。使用相对单位所度量的实际距离可能会随着这些单位值的改变而改变。CSS 3 提供了三种相对单位：em、ex 和 px。

① em

在 CSS 3 中，em 用于给定字体的 font-size 值，例如，一个元素字体大小为 12pt，那么 1em 就是 12pt，如果该元素字体大小改为 15pt，则 1em 就是 15pt。简单地说，无论字体大小是多少，1em 总是字体的大小值。em 的值总是随着字体大小的变化而变化的。

例如，分别设定页面元素 h1、h2 和 p 的字体大小为 20pt、15pt 和 10pt，各元素的左边距为 1em，样式规则如下：

```
h1{font-size:20pt}
h2{font-size:15pt}
p{font-size:10pt}
h1,h2,p{margin-left:1em}
```

对于 h1，1em 等于 20pt；对于 h2，1em 等于 15pt；对于 p，1em 等于 10pt，所以 em 的值会随着相应元素字体大小的变化而变化。

另外，em 值有时还相对于其上级元素的字体大小。例如，上级元素字体大小为 20pt，设定其子元素字体大小为 0.5em，则子元素显示出的字体大小为 10pt。

② ex

ex 是以给定字体的小写字母"x"高度作为基准，对于不同的字体来说，小写字母"x"高度是不同的，所有 ex 单位的基准也不同。

③ px

px 也叫像素，这是目前来说使用最为广泛的一种单位，1 像素也就是屏幕上的一个小方格，这通常是看不出来的。由于显示器有多种不同的大小，它的每个小方格大小是有所差异的，所以像素单位的标准也不都是一样的。在 CSS 3 的规范中是假设 90px=1 英寸，但是，在通常的情况下，浏览器都会使用显示器的像素值来做标准。

3.3　编辑和浏览 CSS

CSS 文件是纯文本格式文件，在编辑 CSS 时，就有了多种选择，可以使用一些简单的纯文本编辑工具，例如记事本等，同样可以选择专业的 CSS 编辑工具，例如 Dreamweaver 等。记事本编辑工具适合于初学者，不适合大项目的编辑。但专业工具软件通常占用空间较大，打开不太方便。

3.3.1　手工编写 CSS

【例 3.1】使用记事本编写 CSS，与使用记事本编写 HTML 文档的方法基本一样。首先需要打开一个记事本窗口，然后在里面输入相应的 CSS 代码即可。具体步骤如下。

step 01 打开记事本，输入 HTML 代码，如图 3-1 所示。

step 02 添加 CSS 代码，修饰 HTML 元素。在 head 标记中间，添加 CSS 样式代码，如图 3-2 所示。从窗口中可以看出，在 head 标记中间，添加了一个 style 标记，即 CSS 样式标记。在 style 标记中间，对 p 样式进行了设定，设置段落居中显示并且颜色为红色。

图 3-1　用记事本开发 HTML

图 3-2　添加样式

step 03 运行网页文件。网页编辑完成后，使用 IE 9.0 打开，如图 3-3 所示，可以看到段落在页面中间以红色字体显示。

图 3-3　CSS 样式显示效果

3.3.2　用 Dreamweaver 编写 CSS

除了使用记事本手工编写 CSS 代码外，还可以使用专用的 CSS 编辑器，例如 Dreamweaver 的 CSS 编辑器和 Visual Studio 的 CSS 编辑器，这些编辑器有语法着色，带输入提示，甚至有自动创建 CSS 的功能，因此深受开发人员喜爱。

【例 3.2】使用 Dreamweaver 创建 CSS 的步骤如下。

step 01　创建 HTML 文档。使用 Dreamweaver 创建 HTML 文档，此处创建了一个名称为 3.2.html 文档，如图 3-4 所示。

图 3-4　创建 HTML 文档

step 02　添加 CSS 样式。在设计模式中，选中"忽如一夜春风来……"段落后，右击并在弹出的快捷菜单中选择"CSS 样式"→"新建"命令，弹出"新建 CSS 规则"对话框，如图 3-5 所示。在"为 CSS 规则选择上下文选择器类型"下拉列表中，选择"标签(重新定义 HTML 元素)"选项。

step 03　选择完成后，单击"确定"按钮，打开"p 的 CSS 规则定义"对话框，在其中设置相关的类型，如图 3-6 所示。

step 04　单击"确定"按钮，即可完成 p 样式的设置。设置完成，HTML 文档内容发生了变化，如图 3-7 所示。从代码模式窗口中可以看到，在 head 标记中增加了一个 style 标记，用来放置 CSS 样式。其样式用来修饰段落 p。

step 05　在 IE 9.0 浏览器中预览该网页，显示结果如图 3-8 所示，可以看到字体颜色设置为浅红色，大小为 12px，字体较粗。

图 3-5　新建 CSS 规则对话框

图 3-6　p 的 CSS 规则定义窗口

图 3-7　设置完成后的显示

图 3-8　CSS 样式显示

3.4　在 HTML 5 中调用 CSS 的方法

CSS 样式表可以控制 HTML 5 页面，达到好的样式效果，其方式通常包括行内样式、内嵌样式、链接样式和导入样式。

3.4.1　行内样式

行内样式是所有样式中比较简单、直观的方法，就是直接把 CSS 代码添加到 HTML 5 的标记中，即作为 HTML 5 标记的属性标记存在。通过这种方法，可以很简单地对某个元素单独定义样式。

使用行内样式方法，是直接在 HTML 5 标记中使用 style 属性，该属性的内容就是 CSS 的属性和值，例如：

```
<p style="color:red">段落样式</p>
```

【**例 3.3**】(示例文件 ch03\3.3.html)

```
<!DOCTYPE html>
<html>
<head>
<title>行内样式</title>
</head>
<body>
<p style="color:red;font-size:20px;text-decoration:underline;
  text-align:center">此段落使用行内样式修饰</p>
<p style="color:blue;font-style:italic">正文内容</p>
</body>
</html>
```

在 IE 9.0 中浏览，效果如图 3-9 所示，可以看到两个 p 标记中都使用了 style 属性，并且设置了 CSS 样式，各个样式之间互不影响，分别显示自己的样式效果。第 1 个段落设置红色字体，居中显示，带有下划线。第二个段落设置蓝色字体，以斜体显示。

图 3-9　行内样式的显示效果

注意　　尽管行内样式简单，但这种方法不常使用，因为这样添加无法完全发挥样式表"内容结构和样式控制代码"分离的优势。而且这种方式也不利于样式的重用，如果需要为每一个标记都设置 style 属性，后期维护成本高，网页容易过于臃肿。

3.4.2　内嵌样式

内嵌样式就是将 CSS 样式代码添加到<head>与</head>之间，并且用<style>和</style>标记进行声明。这种写法虽然没有实现页面内容和样式控制代码完全分离，但可以设置一些比较简单的样式，并统一页面样式。

其格式如下：

```
<head>
  <style type="text/css">
    p
    {
      color:red;
      font-size:12px;
    }
  </style>
</head>
```

有些较低版本的浏览器不能识别<style>标记，因而不能正确地将样式应用到页面显示上，而是直接将标记中的内容以文本的形式显示。为了解决此类问题，可以使用HMTL 注释将标记中的内容隐藏起来。如果浏览器能够识别<style>标记，则标记内被注释的 CSS 样式定义代码依旧能够发挥作用。

```
<head>
  <style type="text/css" >
  <!--
    p
    {
      color:red;
      font-size:12px;
    }
  -->
  </style>
</head>
```

【例 3.4】(示例文件 ch03\3.4.html)

```
<!DOCTYPE html>
<html>
<head>
<title>内嵌样式</title>
<style type="text/css">
p{
    color:orange;
    text-align:center;
    font-weight:bolder;
    font-size:25px;
}
</style>
</head>
<body>
<p>此段落使用内嵌样式修饰</p>
<p>正文内容</p>
</body>
</html>
```

在 IE 9.0 中浏览，效果如图 3-10 所示，可以看到，两个 p 标记中都被 CSS 样式修饰，其样式保持一致，段落居中、加粗并以橙色字体显示。

图 3-10　内嵌样式显示

在上面例子中，所有 CSS 编码都在 style 标记中，方便了后期维护，页面与行内样式相比大大瘦身了。但如果一个网站，拥有很多页面，对于不同页面 p 标记都希望采用同样风格时，内嵌方式就显示有点麻烦。此种方法只适用于特殊页面设置单独的样式风格。

3.4.3　链接样式

链接样式是 CSS 中使用频率最高，也是最实用的方法。它很好地将"页面内容"和"样式风格代码"分离成两个文件或多个文件，实现了页面框架中 HTML 5 代码和 CSS 3 代码的完全分离，使前期制作和后期维护都十分方便。

链接样式是指在外部定义 CSS 样式表，并形成以.css 为扩展名的文件，然后在页面中通过<link>链接标记链接到页面中，而且该链接语句必须放在页面的<head>标记区，如下所示：

```
<link rel="stylesheet" type="text/css" href="1.css" />
```

- rel：指定链接到样式表，其值为 stylesheet。
- type：表示样式表类型为 CSS 样式表。
- href：指定了 CSS 样式表所在的位置，此处表示当前路径下名称为 1.css 的文件。

这里使用的是相对路径。如果 HTML 文档与 CSS 样式表没有在同一路径下，则需要指定样式表的绝对路径或引用位置。

【例 3.5】

(示例文件 ch03\3.5.html)

```
<!DOCTYPE html>
<html>
<head>
<title>链接样式</title>
<link rel="stylesheet" type="text/css" href="3.5.css" />
</head>
<body>
<h1>CSS3 的学习</h1>
<p>此段落使用链接样式修饰</p>
</body>
</html>
```

(示例文件 ch03\3.5.css)

```
h1{text-align:center;}
p{font-weight:29px;text-align:center;font-style:italic;}
```

在 IE 9.0 中浏览，效果如图 3-11 所示，可以看到，标题和段落以不同的样式显示，标题居中显示，段落以斜体居中显示。

图 3-11　链接样式显示

链接样式最大的优势就是将 CSS 3 代码和 HTML 5 代码完全分离，并且同一个 CSS 文件能被不同的 HTML 所链接使用。

提示　　在设计整个网站时，可以将所有页面链接到同一个 CSS 文件，使用相同的样式风格。如果整个网站需要修改样式，只修改 CSS 文件即可。

3.4.4　导入样式

导入样式与链接样式基本相同，都是创建一个单独的 CSS 文件，然后再引入到 HTML 5 文件中，只不过语法和运作方式有差别。采用导入样式的样式表，在 HTML 5 文件初始化时，会被导入到 HTML 5 文件内，作为文件的一部分，类似于内嵌效果。而链接样式是在 HTML 标记需要样式风格时才以链接方式引入。

导入外部样式表是指在内部样式表的<style>标记中，使用@import 导入一个外部样式表，例如：

```
<head>
  <style type="text/css">
  <!--
  @import "1.css"
  -->
  </style>
</head>
```

导入外部样式表相当于将样式表导入到内部样式表中，其方式更有优势。导入外部样式表必须在样式表的开始部分，位于其他内部样式表上面。

【例 3.6】

(示例文件 ch03\3.6.html)

```
<!DOCTYPE html>
<html>
<head>
<title>导入样式</title>
<style>
@import "3.6.css"
</style>
</head>
<body>
<h1>CSS 学习</h1>
<p>此段落使用导入样式修饰</p>
</body>
</html>
```

(示例文件 ch03\3.6.css)

```
h1{text-align:center;color:#0000ff}
p{font-weight:bolder;text-decoration:underline;font-size:20px;}
```

在 Firefox 5.0 中浏览，效果如图 3-12 所示，可见标题和段落以不同样式显示，标题居中显示颜色为蓝色，段落以 20px 大小并加粗显示。

导入样式与链接样式相比，最大的优点就是可以一次导入多个 CSS 文件，其格式如下：

```
<style>
@import "3.6.css"
```

```
@import "test.css"
</style>
```

图 3-12　导入样式显示

3.5　调用方法的优先级问题

如果同一个页面采用了多种 CSS 使用方式，例如使用行内样式、链接样式和内嵌样式，当这几种样式共同作用于同一个标记时，就会出现优先级问题，即究竟哪种样式设置有效果。例如，内嵌样式设置字体为宋体，链接样式设置为红色，那么二者会同时生效，而如果都设置字体颜色，则情况就会复杂。

3.5.1　行内样式和内嵌样式比较

例如，有这样一种情况：

```
<style>
.p{color:red}
</style>
<p style="color:blue">段落应用样式</p>
```

在样式定义中，段落标记<p>匹配了两种样式规则，一种使用内嵌样式定义颜色为红色，一种使用 p 行内样式定义颜色为蓝色，而在页面代码中，该标记使用了类选择符。那么，标记内容最终会以哪一种样式显示呢？

【例 3.7】(示例文件 ch03\3.7.html)

```
<!DOCTYPE html>
<html>
<head>
<title>优先级比较</title>
<style>
.p{color:red}
</style>
</head>
<body>
<p style="color:blue">优先级测试</p>
</body>
</html>
```

在 IE 9.0 中浏览，效果如图 3-13 所示，段落以蓝色字体显示，从而可以知道，行内优先级大于内嵌优先级。

图 3-13　优先级显示

3.5.2　内嵌样式和链接样式比较

以相同例子测试内嵌样式和链接样式的优先级,将设置颜色的样式代码单独放在一个CSS 文件中,使用链接样式引入。

【例 3.8】

(示例文件 ch03\3.8.html)

```
<!DOCTYPE html>
<html>
<head>
<title>优先级比较</title>
<link href="3.8.css" type="text/css" rel="stylesheet">
<style>
p{color:red}
</style>
</head>
<body>
<p>优先级测试</p>
</body>
</html>
```

(示例文件 ch03\3.8.css)

```
p{color:yellow}
```

在 IE 9.0 中浏览,效果如图 3-14 所示,段落以红色字体显示。

图 3-14　优先级测试

从上面的代码中可以看出,内嵌样式和链接样式同时对段落 p 修饰,段落显示红色字体。可以知道,内嵌样式优先级大于链接样式。

3.5.3　链接样式和导入样式

现在进行链接样式和导入样式的测试,分别创建两个 CSS 文件,一个作为链接,一个作为导入。

【例 3.9】

(示例文件 ch03\3.9.html)

```
<!DOCTYPE html>
<html>
<head>
<title>优先级比较</title>
<style>
@import "3.9_2.css"
</style>
<link href="3.9_1.css" type="text/css" rel="stylesheet">
</head>
<body>
<p>优先级测试</p>
</body>
</html>
```

(示例文件 ch03\3.9_1.css)

```
p{color:green}
```

(示例文件 ch03\3.9_2.css)

```
p{color:purple}
```

在 IE 9.0 中浏览，效果如图 3-15 所示，段落以绿色显示。从结果中可以看出，此时链接样式优先级大于导入样式优先级。

图 3-15　优先级比较

3.6　综合示例——制作学生信息统计表

本例用于说明前面介绍的在 HTML 5 中使用 CSS 3 的方法中的优先级问题，我们来制作一个学生统计表。具体的操作步骤如下。

step 01 打开记事本，在其中输入如下代码：

```
<!DOCTYPE HTML>
<html>
<head>
<title>学生信息统计表</title>
<style type="text/css">
<!--
    #dataTb
    {
```

```
        font-family:宋体, sans-serif;
        font-size:20px;
        background-color:#66CCCC;
        border-top:1px solid #000000;
        border-left:1px solid #FF00BB;
        border-bottom:1px solid #FF0000;
        border-right:1px solid #FF0000;
    }
    table
    {
        font-family:楷体_GB2312, sans-serif;
        font-size:20px;
        background-color:#EEEEEF;
        border-top:1px solid #FFFF00;
        border-left:1px solid #FFFF00;
        border-bottom:1px solid #FFFF00;
        border-right:1px solid #FFFF00;
    }
    .tbStyle
    {
        font-family:隶书, sans-serif;
        font-size:16px;
        background-color:#EEEEEF;
        border-top:1px solid #000FFF;
        border-left:1px solid #FF0000;
        border-bottom:1px solid #0000FF;
        border-right:1px solid #000000;
    }
//-->
</style>
</head>
<body>
  <form name="frmCSS" method="post" action="#">
    <table width="400" align="center" border="1" cellspacing="0"
      id="dataTb" class= "tbStyle">
        <tr>
            <th>学号</th>
            <th>姓名</th>
            <th>班级</th>
        </tr>
        <tr>
            <td>001</td>
            <td>张三</td>
            <td>信科 0401</td>
        </tr>
        <tr>
            <td>002</td>
            <td>李四</td>
            <td>电科 0402</td>
        </tr>
        <tr>
            <td>003</td>
            <td>王五</td>
            <td>计科 0405</td>
```

```
        </tr>
      </table>
    </form>
  </body>
</html>
```

step 02 保存网页，在 IE 9.0 中预览，效果如图 3-16 所示。

图 3-16　最终效果

3.7　专家答疑

疑问 1：CSS 在网页制作中一般有 4 种用法，具体在使用时该采用哪种用法呢？

当有多个网页要用到同一种 CSS 时，采用外连 CSS 文件的方式，这样网页的代码可以大大减少，修改起来非常方便；只在单个网页中使用的 CSS 则采用文档头部方式；只在一个网页中一两个地方才用到的 CSS 可用行内插入方式。

疑问 2：CSS 的行内样式、内嵌样式和链接样式可以在一个网页中混用吗？

三种用法可以混用，且不会造成混乱。这就是它为什么称为"层叠样式表"的原因，浏览器在显示网页时是这样处理的：先检查有没有行内插入式 CSS，有就执行了，针对本句的其他 CSS 就不去管它了；其次检查内嵌方式的 CSS，有就执行了；在前两者都没有的情况下再检查外连文件方式的 CSS。因此可看出，三种 CSS 的执行优先级由高到低依次是：行内样式→内嵌样式→链接样式。

第 4 章
CSS 样式的
基本语法

通过 CSS 可以轻松地设置网页元素的显示位置和格式，还可以产生滤镜、图像淡化、网页淡入淡出等渐变效果，这将大大提升网站的美观程度，本章就来介绍 CSS 样式的基本语法知识。

4.1 CSS 基础语法

在网页中加入 CSS 样式的目的，是将网页结构代码与网页格式风格代码分离开来，从而使网页设计者可以对网页的布局进行更多的控制。

4.1.1 CSS 构造规则

CSS 样式表是由若干条样式规则组成的，这些样式规则可以应用到不同的元素或文档，来定义它们显示的外观。每一条样式规则由三部分构成：选择符(selector)、属性(property)和属性值(value)，基本格式如下：

```
selector{property: value}
```

(1) selector：选择符可以采用多种形式，可以为文档中的 HTML 标记，例如<body>、<table>、<p>等，但是，也可以是 XML 文档中的标记。

(2) property：属性则是选择符指定的标记所包含的属性。

(3) value：指定了属性的值。如果定义选择符的多个属性，则属性和属性值为一组，组与组之间用分号(;)隔开。基本格式如下：

```
selector{property1: value1; property2: value2;...}
```

这里给出一条样式规则，如下所示：

```
p{color:red}
```

该样式规则的选择符是 p，即为段落标记<p>提供样式，color 为指定文字颜色属性，red 为属性值。此样式表示标记<p>指定的段落文字为红色。

如果要为段落设置多种样式，则可以使用如下语句：

```
p{font-family:"隶书"; color:red; font-size:40px; font-weight:bold}
```

4.1.2 CSS 的注释

CSS 注释可以帮助用户对自己写的 CSS 文件进行说明，如说明某段 CSS 代码所作用的地方、功能、样式等，以便以后维护时具有一看即懂的方便性，同时在团队开发网页的时候，合理适当的注释有利于团队看懂 CSS 样式是对应 HTML 哪里的，以便顺利、快速地开发 DIV + CSS 网页。

CSS 的注释举例如下：

```
/* body 定义 */
body{text-align:center; margin:0 auto;}

/* 头部 CSS 定义 */
#header{width:960px; height:120px;}
```

4.2　CSS 的常用选择器

选择器(selector)也被称为选择符，所有 HTML 5 语言中的标记都是通过不同的 CSS 3 选择器进行控制的。选择器不只是 HMTL 5 文档中的元素标记，它还可以是类、ID 或是元素的某种状态。根据 CSS 选择符的用途，可以把选择器分为标签选择器、类选择器、全局选择器、ID 选择器和伪类选择器等。

4.2.1　标签选择器

HTML 5 文档是由多个不同标记组成的，而 CSS 3 选择器就是声明哪些标记采用样式。例如 p 选择器，就是用于声明页面中所有<p>标记的样式风格。同样也可以通过 h1 选择器来声明页面中所有<h1>标记的 CSS 风格。

标签选择器最基本的形式如下：

```
tagName{property:value}
```

 　　其中 tagName 表示标记名称，例如 p、h1 等 HTML 标记；property 表示 CSS 3 属性；value 表示 CSS 3 属性值。

【例 4.1】(示例文件 ch04\4.1.html)

```
<!DOCTYPE html>
<html>
<head>
<title>标签选择器</title>
<style>
p{color:blue;font-size:20px;}
</style>
</head>
<body>
<p>此处使用标签选择器控制段落样式</p>
</body>
</html>
```

在 IE 9.0 中浏览，效果如图 4-1 所示，可以看到段落以蓝色字体显示，大小为 20px。

图 4-1　标签选择器显示

如果在后期维护中，需要调整段落颜色，只需要修改 color 属性值即可。

> **提示** CSS 3 语言对于所有属性和值都有相对严格的要求，如果声明的属性在 CSS 3 规范中没有，或者某个属性值不符合属性要求，都不能使 CSS 语句生效。

4.2.2 类选择器

在一个页面中，使用标签选择器，会控制该页面中所有此标记的显示样式。如果需要为此类标记中的某一个标记重新设定，此时仅使用标签选择器是不能达到效果的，还需要使用类(class)选择器。

类选择器用来为一系列标记定义相同的呈现方式，常用的语法格式如下：

.classValue{property:value}

classValue 是选择器的名称，具体名称由 CSS 制定者自己命名。

【**例 4.2**】(示例文件 ch04\4.2.html)

```html
<!DOCTYPE html>

<html>
<head>
<title>类选择器</title>
<style>
.aa{
   color:blue;
   font-size:20px;
}
.bb{
   color:red;
   font-size:22px;
}
</style>
</head>
<body>
<h3 class=bb>学习类选择器</h3>
<p class="aa">此处使用类选择器 aa 控制段落样式</p>
<p class="bb">此处使用类选择器 bb 控制段落样式</p>
</body>
</html>
```

在 IE 9.0 中浏览，效果如图 4-2 所示，可以看到，第一个段落以蓝色字体显示，大小为20px，第二个段落以红色字体显示，大小为 22px，标题同样以红色字体显示，大小为 22px。

图 4-2 类选择器的显示

4.2.3　ID 选择器

ID 选择器与类选择器类似，都是针对特定属性的属性值进行匹配。ID 选择器定义的是某一个特定的 HTML 元素，一个网页文件中只能有一个元素使用某一 ID 的属性值。

定义 ID 选择器的基本语法格式如下：

```
#idValue{property:value}
```

在上述语法格式中，idValue 是选择器名称，可以由 CSS 定义者自己命名。

【例 4.3】(示例文件 ch04\4.3.html)

```
<!DOCTYPE html>
<html>
<head>
<title>ID 选择器</title>
<style>
#bb{
    color:blue;
    font-weight:bold;
}
#aa{
    color:red;
    font-size:22px;
}
</style>
</head>
<body>
<h3 id=aa>学习 ID 选择器</h3>
<p id=aa>此处使用 ID 选择器 aa 控制段落样式</p>
<p id=bb>此处使用 ID 选择器 bb 控制段落样式</p>
</body>
</html>
```

在 IE 9.0 中的浏览效果如图 4-3 所示，可以看到，第一个段落以红色字体显示，大小为 22px，第二段落以蓝色字体显示，大小为 22px，标题同样以红色字体显示，大小为 20px。

图 4-3　ID 选择器的显示

4.2.4　选择器的声明

在 CSS 中，除了常规的选择器声明外，还有"集体声明"和"嵌套声明"两种方式，在"集体声明"中，我们可以为多个 HTML 标签声明同一个 CSS 样式，如下面的代码，就是同时为 h1、h2、p 三个标签声明了相同的样式：

```
h1,h2,p{
    color:red;
    font-size:20px;
    font-weight:bolder;
}
```

此外，还有"嵌套声明"方式，即对指定位置的 HTML 标记进行修饰，例如当<p>与</p>之间包含<a></a>标记时，就可以使用这种嵌套声明方式对 HMTL 标记进行修饰。

【例 4.4】(示例文件 ch04\4.4.html)

```
<!DOCTYPE html>
<html>
<head>
<title>多重嵌套声明</title>
<style>
p{font-size:20px;}
p a{color:red;font-size:30px;font-weight:bolder;}
</style></head><body>
<p>这是一个多重嵌套<a href="">测试</a></p>
</body>
</html>
```

在 IE 9.0 中浏览，效果如图 4-4 所示，可以看到，在段落中，超级链接显示红色字体，大小为 30px，其原因是使用了嵌套声明。

图 4-4　多重嵌套声明

4.3　综合示例——制作炫彩网站 Logo

使用 CSS，可以给网页中的文字设置不同的字体样式，下面就来制作一个网站的文字 Logo。具体步骤如下。

step 01 分析需求。

本例要求简单，使用标记 h1 创建一个标题文字，然后使用 CSS 样式对标题文字进行修饰，可以从颜色、尺寸、字体、背景、边框等方面入手。完成后，其效果如图 4-5 所示。

step 02 构建 HTML 页面。

创建 HTML 页面，完成基本框架并创建标题。其代码如下所示：

```
<html>
<head>
<title>炫彩 Logo</title>
</head>
```

```
<body>
<body>
<h1>
<span class=c1>缤</span>
<span class=c2>纷</span>
<span class=c3>夏</span>
<span class=c4>衣</span></h1>
</body>
</html>
```

在 IE 9.0 中浏览，效果如图 4-6 所示，可以看到，标题 h1 显示时没有任何修饰。

图 4-5　五彩标题显示

图 4-6　标题显示

step 03　使用内嵌样式。

如果要对 h1 标题进行修饰，需要添加 CSS，此处使用内嵌样式，在<head>标记中添加 CSS，其代码如下所示：

```
<style>
h1 {}
</style>
```

在 IE 9.0 中浏览，效果如图 4-7 所示，可以看到，此时没有任何变化，只是在代码中引入了<style>标记。

step 04　改变颜色、字体和尺寸。

添加 CSS 代码，改变标题样式，其样式在颜色、字体和尺寸上面设置。代码如下：

```
h1 {
font-family: Arial, sans-serif;
font-size: 50px;
color: #369;
}
```

在 IE 9.0 中浏览，效果如图 4-8 所示，可以看到字体大小为 50 像素，颜色为浅蓝色，字形为 Arial。

图 4-7　引入 style 标记

图 4-8　添加文本修饰标记

step 05　加入灰色底线。

为 h1 标题加入底线，其代码如下所示：

```
padding-bottom: 4px;
border-bottom: 2px solid #ccc;
```

在 IE 9.0 中浏览，效果如图 4-9 所示，可以看到"缤纷夏衣"文字下面添加了一个边框，边框和文字距离是 4 像素。

step 06　增加背景图。

使用 CSS 样式为标记<h1>添加背景图片，其代码如下所示：

```
background: url(01.jpg) repeat-x bottom;
```

在 IE 9.0 中浏览，效果如图 4-10 所示，可以看到"缤纷夏衣"文字下面，添加了一个背景图片，图片在水平(X)轴方向进行平铺。

图 4-9　添加边框样式

图 4-10　添加背景

step 07　定义标题宽度。

使用 CSS 属性，将标题变小，使其正好符合 4 个字符的宽度。其代码如下。

```
width:250px;
```

在 IE 9.0 中浏览，效果如图 4-11 所示，可以看到"缤纷夏衣"文字下面背景图缩短，正好与文字的宽度相同。

step 08　定义文字颜色。

在 CSS 样式中，为每个字定义颜色，其代码如下：

```
.c1{
    color:#B3EE3A;
}
.c2{
    color:#71C671;
}
.c3{
    color:#00F5FF;
}
.c4{
    color:#00EE00;
}
```

在 IE 9.0 中浏览，效果如图 4-12 所示，可以看到，每个字都显示出不同的颜色。

图 4-11　定义宽度

图 4-12　定义文字颜色

4.4　专家答疑

疑问 1: CSS 定义的字体在不同浏览器中的大小不一样，如何处理？

例如使用 font-size:14px 定义的宋体文字，在 IE 下实际高是 16px，下空白是 3px，在 Firefox 浏览器下实际高是 17px、上空 1px、下空 3px。其解决办法是在文字定义时设定 line-height，并确保所有文字都有默认的 line-height 值。

疑问 2: 如何下载网页中的 CSS 文件？

选择网页上的"查看"→"源文件"菜单命令，如果有 CSS，可以直接复制下来，如果没有，可以找找有没有类似于下面这种连接的代码：

```
<link href="/index.css" rel="stylesheet" type="text/css">
```

然后在网址后面直接加"/index.css"，回车即可。

第 5 章
CSS 3 的高级特性

　　在前面的章节中，已经了解到 CSS 的三个基本选择器，如果仅仅依靠这三种选择器完成页面制作，会比较繁琐，本章学习的这些高级特性，在提高页面制作效率上会有很大的帮助。CSS 3 的高级属性包括复合选择器、CSS 3 新增选择器、CSS 3 的层叠特性以及继承特性等。

5.1 复合选择器

通过对基本选择器的组合，可以得到更多种类的选择器，从而实现更强、更方便的选择功能，这种通过基本选择器组合得到的选择器，就是复合选择器。

5.1.1 全局选择器

如果想要一个页面中所有的 HTML 标记使用同一种样式，可以使用全局选择器。全局选择器，顾名思义，就是对所有 HTML 元素起作用。其语法格式为：

```
*{property:value}
```

其中"*"表示对所有元素起作用，property 表示 CSS 3 属性名称，value 表示属性值。使用示例如下：

```
*{margin:0; padding:0;}
```

【例 5.1】(示例文件 ch05\5.1.html)

```
<!DOCTYPE html>
<html>
<head>
<title>全局选择器</title>
<style>
*{
  color:red;
  font-size:30px
}
</style>
</head>
<body>
<p>使用全局选择器修饰</p>
<p>第一段</p>
<h1>第一段标题</h1>
</body>
</html>
```

在 IE 9.0 中浏览，效果如图 5-1 所示，可以看到，两个段落和标题都是以红色字体显示，大小为 30px。

图 5-1 使用全局选择器

5.1.2 "交集"选择器

交集选择器由两个选择器直接连接构成，其结果是选中二者各自元素范围的交集。其中第 1 个必须是标记选择器，第 2 个必须是类选择器或 ID 选择器。这两个选择器之间不能有空格，必须连续书写，这种方式构成的选择器，将选中同时满足前后二者定义的元素，也就是符合前者定义的标记类型，且指定了后者的类别或 id 的元素，因此被称为交集选择器。

【例 5.2】(示例文件 ch05\5.2.html)

```
<!DOCTYPE html>
<head>
<title>交集选择器</title>
<style type="text/css">
P{color:blue;font-size:18px;}
p.p1{color:red;font-size:24px;} /*交集选择器*/
.p1{color:black; font-size:30px}
</style>
</head>
<body>
<p>使用 p 标记</p>
<p class="p1">指定了 p.p1 类别的段落文本</p>
<h3 class="p1">指定了.p1 类别的标题</h3>
</body>
</html>
```

上面的代码中，定义了 p.p1 的样式，也定义了.p1 的样式，p.p1 的样式会作用在<P class="p1">标记上，p.p1 中定义的样式不会影响 h 标签使用了.p 的标记，在浏览器中预览，显示效果如图 5-2 所示。

图 5-2　预览效果

5.1.3 "并集"选择器

并集选择器的结果是同时选中各个基本选择器所选择的范围。任何形式的选择器(包括标记选择器、类选择器、ID 选择器)都可以作为并集选择器的一部分。并集选择器是多个选择器通过逗号连接而成的。如果某些选择器的风格是完全相同的，那么这时便可以利用并集选择器同时声明风格相同的 CSS 选择器。

【例 5.3】(示例文件 ch5\5.3.html)

```
<!DOCTYPE html>
```

```html
<html>
<head>
<title>并集选择器</title>
<style type="text/css">
    h1,h2,p{
    color:red;
    font-size:20px;
    font-weight:bolder;
}
</style>
</head>
<body>
<h1>此处使用并集选择器</h1>
<h2>此处使用并集选择器</h2>
<p>此处使用并集选择器</p>
</body>
</html>
```

在 IE 9.0 中浏览，效果如图 5-3 所示，可以看到网页上标题 1、标题 2 和段落都以红色字体加粗显示，并且大小为 20px。

图 5-3　集体声明显示

5.1.4　继承(后代)选择器

后代选择器也被称为"继承选择器"，它的规则是子代标记在没有定义的情况下所有的样式是继承父代标记的，当子代标记重复定义了父代标记已经定义过的声明时，子代标记就执行后面的声明；与父代标记不冲突的地方仍然沿用父代标记的声明。CSS 的继承是指后代元素继承祖先元素的某些属性。

使用示例如下：

```html
<div class="test">
<span><img src="xxx" alt="示例图片"/></span>
</div>
```

对于上面的层而言，如果其修饰样式为下面的代码：

```css
.test span img {border:1px blue solid;}
```

则表示该选择器先找到 class 为 test 的标记，再从它的子标记里查找 span 标记，再从 span 的子标记中找到 img 标记。也可以采用下面的形式：

```css
div span img {border:1px blue solid;}
```

可以看出，其规律是从左往右，依次细化，最后锁定要控制的标记。

【例 5.4】(示例文件 ch05\5.4.html)

```
<!DOCTYPE html>
<html>
<head>
<title>继承选择器</title>
<style type="text/css">
h1{color:red; text-decoration:underline;}
h1 strong{color:#004400; font-size:40px;}
</style>
</head>
<body>
<h1>测试 CSS 的<strong>继承</strong>效果</h1>
<h1>此处使用继承<font>选择器</font>了么？</h1>
</body>
</html>
```

在 IE 9.0 中浏览，效果如图 5-4 所示，可以看到第一个段落颜色为红色，但是"继承"两个字使用绿色显示，并且大小为 40px，除了这两个设置外，其他的 CSS 样式都是继承父标记<h1>的样式，例如下划线设置。第二个标题中，虽然使用了 font 标记修饰选择器，但其样式都是继承于父类标记 h1。

图 5-4　继承选择器

5.2　CSS 3 新增的选择器

选择器(selector)也被称为选择符。所有 HTML 语言中的标记都是通过不同的 CSS 选择器进行控制的。在 CSS 3 中，新增选择器包括属性选择器、结构伪类选择器和 UI 元素状态伪类选择器等。

5.2.1　属性选择器

可以不通过标记名称或自定义名称，而是通过直接标记属性来修饰网页。直接使用属性控制 HTML 标记样式，称为属性选择器。

属性选择器就是根据某个属性是否存在或属性值来寻找元素，因此能够实现某些非常有意思和强大的效果。从 CSS 2 中，都已经出现了属性选择器，但在 CSS 3 版本中，又新加了三个属性选择器。也就是说，现在 CSS 3 中，共有 7 个属性选择器，共同构成了 CSS 的功能强大的标记属性过滤体系。

在 CSS 3 版本中，常见的属性选择器如表 5-1 所示。

表 5-1　CSS 3 的属性选择器

属性选择器的格式	说　　明
E[foo]	选择匹配 E 的元素，且该元素定义了 foo 属性。注意，E 选择器可以省略，表示选择定义了 foo 属性的任意类型元素
E[foo= "bar"]	选择匹配 E 的元素，且该元素将 foo 属性值定义为了 "bar"。注意，E 选择器可以省略，用法与上一个选择器类似
E[foo~= "bar"]	选择匹配 E 的元素，且该元素定义了 foo 属性，foo 属性值是一个以空格符分隔的列表，其中一个列表的值为 "bar"。注意，E 选择符可以省略，表示可以匹配任意类型的元素。例如，a[title~="b1"]匹配<a title="b1 b2 b3"></a>，而不匹配 <a title="b2 b3 b5"></a>
E[foo|="en"]	选择匹配 E 的元素，且该元素定义了 foo 属性，foo 属性值是一个用连字符(-)分隔的列表，值开头的字符为 en。注意，E 选择符可以省略，表示可以匹配任意类型的元素。例如，[lang|="en"]匹配<body lang="en-us"></body>，而不是匹配 <body lang="f-ag"></body>
E[foo^="bar"]	选择匹配 E 的元素，且该元素定义了 foo 属性，foo 属性值包含了前缀为"bar"的子字符串。注意，E 选择符可以省略，表示可以匹配任意类型的元素。例如，body[lang^="en"]匹配<body lang="en-us"></body>，而不匹配<body lang="f-ag"></body>
E[foo$="bar"]	选择匹配 E 的元素，且该元素定义了 foo 属性，foo 属性值包含后缀为 "bar" 的子字符串。注意 E 选择符可以省略，表示可以匹配任意类型的元素。例如，img[src$="jpg"]匹配<img src="p.jpg"/>，而不匹配<img src="p.gif"/>
E[foo*="bar"]	选择匹配 E 的元素，且该元素定义了 foo 属性，foo 属性值包含"b"的子字符串。注意，E 选择器可以省略，表示可以匹配任意类型的元素。例如，img[src$="jpg"]匹配<img src="p.jpg"/>，而不匹配<img src="p.gif"/>

下面给出一个使用属性选择器的示例。

【例 5.5】(示例文件 ch05\5.5.html)

```
<!DOCTYPE html>
<html>
<head>
<title>属性选择器</title>
<style>
[align]{color:red}
[align="left"]{font-size:20px;font-weight:bolder;}
[lang^="en"]{color:blue;text-decoration:underline;}
[src$="gif"]{border-width:5px;border-color:#ff9900}
</style>
</head>
<body>
```

```
<p align=center>这是使用属性定义样式</p>
<p align=left>这是使用属性值定义样式</p>
<p lang="en-us">此处使用属性值前缀定义样式</p>
<p>下面使用了属性值后缀定义样式
<img src="2.gif" border="1"/>
</body>
</html>
```

在 IE 9.0 中浏览，效果如图 5-5 所示。

可以看到，第一个段落使用属性 align 定义样式，其字体颜色为红色。第二个段落使用属性值 left 修饰样式，并且大小为 20px，加粗显示，其字体颜色为红色，是因为该段落使用了 align 这个属性。第三个段落显示红色，且带有下划线，是因为属性 lang 的值前缀为 en。最后一个图片以边框样式显示，是因为属性值后缀为 gif。

图 5-5 使用属性选择器

5.2.2 结构伪类选择器

结构伪类(Structural pseudo-classes)是 CSS 3 新增的类型选择器。顾名思义，结构伪类就是利用文档结构树(DOM)实现元素的过滤，也就是说，通过文档结构的相互关系来匹配特定的元素，从而减少文档内对 class 属性和 ID 属性的定义，使得文档更加简洁。

在 CSS 3 版本中，新增的结构伪类选择器如表 5-2 所示。

表 5-2 结构伪类选择器

选 择 器	含 义
E:root	匹配文档的根元素，对于 HTML 文档，就是 HTML 元素
E:nth-child(n)	匹配其父元素的第 n 个子元素，第一个编号为 1
E:nth-last-child(n)	匹配其父元素的倒数第 n 个子元素，第一个编号为 1
E:nth-of-type(n)	与:nth-child()作用类似，但是仅匹配使用同种标签的元素
E:nth-last-of-type(n)	与:nth-last-child()作用类似，但是仅匹配使用同种标签的元素
E:last-child	匹配父元素的最后一个子元素，等同于:nth-last-child(1)
E:first-of-type	匹配父元素下使用同种标签的第一个子元素，等同于:nth-of-type(1)
E:last-of-type	匹配父元素下使用同种标签的最后一个子元素，等同于:nth-last-of-type(1)
E:only-child	匹配父元素下仅有的一个子元素， 等同于:first-child:last-child 或:nth-child(1):nth-last-child(1)

续表

选 择 器	含 义
E:only-of-type	匹配父元素下使用同种标签的唯一一个子元素，等同于:first-of-type:last-of-type 或:nth-of-type(1):nth-last-of-type(1)
E:empty	匹配一个不包含任何子元素的元素，注意，文本节点也被看作子元素

使用结构伪类选择器的示例如下。

【例 5.6】(示例文件 ch05\5.6.html)

```
<!DOCTYPE html>
<html>
<head><title>结构伪类</title>
<style>
tr:nth-child(even){
background-color:#f5fafe
}
tr:last-child{font-size:20px;}
</style>
</head>
<body>
<table border=1 width=80%>
<th>编号 </th><th>名称</th><th>价格</th>
<tr><td>001</td><td>芹菜</td><td>1.2 元/kg </td></tr>
<tr><td>002</td><td>白菜</td><td>0.65 元/kg </td></tr>
<tr><td>003</td><td>西红柿</td><td>1.8 元/kg </td></tr>
<tr><td>004</td><td>萝卜</td><td>0.78 元/kg </td></tr>
</table>
</body>
</html>
```

在 IE 9.0 中浏览，效果如图 5-6 所示，可以看到，表格中奇数行显示指定颜色，并且最后一行字体以 20px 显示，其原因就是采用了结构伪类选择器。

图 5-6　使用结构伪类选择器

5.2.3　UI 元素状态伪类选择器

UI 元素状态伪类(The UI element states pseudo-classes)也是 CSS 3 新增的选择器。其中 UI 即 User Interface(用户界面)的简称。UI 设计则是指对软件的人机交互、操作逻辑、界面美观的整体设计。好的 UI 设计不仅能让软件变得有个性、有品位，还能让软件的操作变得舒适、简单、自由、充分体现软件的定位和特点。

　　UI 元素的状态一般包括可用、不可用、选中、未选中、获得焦点、失去焦点、锁定、待机等。CSS 3 定义了 3 种常用的状态伪类选择器，详细说明如表 5-3 所示。

图 5-3　UI 元素常用的状态伪类选择器

选　择　器	说　　明
E:enabled	选择匹配 E 的所有可用 UI 元素。注意，在网页中，UI 元素一般是指包含在 form 元素内的表单元素。例如 input:enabled 匹配\<form>\<input type=text/>\<input type=button disabled=disabled/>\</form>代码中的文本框，而不匹配代码中的按钮
E:disabled	选择匹配 E 的所有不可用元素，注意，在网页中，UI 元素一般是指包含在 form 元素内的表单元素。例如 input:disabled 匹配\<form>\<input type=text/>\<input type=button disabled=disabled/>\</form>代码中的按钮，而不匹配代码中的文本框
E:checked	选择匹配 E 的所有可用 UI 元素。注意，在网页中，UI 元素一般是指包含在 form 元素内的表单元素。例如 input:checked 匹配\<form>\<input type=checkbox/>\<input type=radio checked=checked/>\<./form>代码中的单选按钮，但不匹配该代码中的复选框

　　下面是使用 UI 元素状态伪类选择器的例子。

【例 5.7】(示例文件 ch05\5.7.html)

```
<!DOCTYPE html>
<html>
<head>
<title>UI 元素状态伪类选择器</title>
<style>
input:enabled{border:1px dotted #666; background:#ff9900;}
input:disabled{border:1px dotted #999; background:#F2F2F2;}
</style>
</head>
<body>
<center>
<h3 align=center>用户登录</h3>
<form method="post" action="">
用户名: <input type=text name=name><br>
密  码: <input type=password name=pass disabled="disabled"><br>
<input type=submit value=提交>
<input type=reset value=重置>
</form>
<center>
</body>
</html>
```

　　在 IE 9.0 中浏览，效果如图 5-7 所示，可以看到，表格中可用的表单元素都显示浅黄色，而不可用的元素显示灰色。

图 5-7　使用 UI 元素状态伪类选择器

5.2.4 伪类选择器

伪类也是选择器的一种，但是用伪类定义的 CSS 样式并不是作用在标记上的。伪类作用在标记的状态上。由于很多浏览器支持不同类型的伪类，没有一个统一的标准，所以很多伪类都不常被用到。伪类包括:first-child、:link:、:visited、:hover、:active、:focus 和:lang 等。其中有一组伪类是主流浏览器都支持的，就是超链接的伪类，包括:link:、:visited、:hover 和:active。

伪类选择符定义的样式最常应用在标记<a>上，它表示链接的 4 种不同的状态：未访问链接(link)、已访问链接(visited)、激活链接(active)和鼠标停留在链接上(hover)。要注意的是，a 可以只具有一种状态(:link)，或者同时具有两种或者三种状态。例如说，任何一个有 HREF 属性的 a 标签，在未有任何操作时，都已经具备了:link 的条件，也就是满足了有链接属性这个条件；如果是访问过的 a 标记，同时会具备:link、:visited 两种状态。把鼠标移到访问过的 a 标记上的时候，a 标记就同时具备了:link、:visited、:hover 三种状态。

使用示例如下：

```
a:link{color:#FF0000; text-decoration:none}
a:visited{color:#00FF00; text-decoration:none}
a:hover{color:#0000FF; text-decoration:underline}
a:active{color:#FF00FF; text-decoration:underline}
```

 上面的样式表示该链接未访问时颜色为红色且无下划线，访问后是绿色且无下划线，激活链接时为蓝色且有下划线，鼠标放在链接上时为紫色且有下划线。

【例 5.8】(示例文件 ch05\5.8.html)

```
<!DOCTYPE html>

<html>
<head>
<title>伪类</title>
<style>
a:link {color: red}        /* 未访问的链接 */
a:visited {color: green}     /* 已访问的链接 */
a:hover {color:blue}      /* 鼠标移动到链接上 */
a:active {color: orange}      /* 选定的链接 */
</style>
</head>
<body>
<a href="">链接到本页</a>
<a href="http://www.sohu.com">搜狐</a>
</body>
</html>
```

在 IE 9.0 中浏览，效果如图 5-8 所示，可以看到两个超级链接，第一个超级链接是鼠标停留在上方时，显示颜色为蓝色，另一个是访问过后，显示颜色为绿色。

图 5-8　使用伪类选择器的显示

5.3　CSS 的继承特性

继承是一种机制，它允许样式不仅可以应用于某个特定的元素，还可以应用于它的后代。从表现形式上说，它使被包含的标记具有其外层标签的样式性质。在 CSS 3 中，继承相应比较简单，具体地说，就是指定 CSS 属性向下传递给子孙元素的过程。

5.3.1　继承关系

在 CSS 中也不是所有的属性都支持继承。如果每个属性都支持继承的话，对于开发者来说，有时候带来的方便可能没有带来的麻烦多。开发者需要把不需要的 CSS 属性一个一个地关掉。CSS 研制者为我们考虑得很周到，只有那些能给我们带来轻松书写的属性才可以被继承。以下属性是可以被继承的。

(1)　文本相关的属性是可以被继承的：

font-family,font-size,font-style,font-weight,font,line-height,text-align,
text-indent,word-spacing

(2)　列表相关的属性是可以被继承的，比如：

list-style-image,list-style-position,list-style-type,list-style

(3)　颜色相关的属性是可以继承的，比如：

color

【例 5.9】(示例文件 ch05\5.9.html)

```
<!DOCTYPE html>
<html>
<head>
<title>继承关系</title>
<style type="text/css">
p{color:red;}
</style>
</head>
<body>
```

```
<p>嵌套使<span>用 CSS</span>标记的方法</p>
</body>
</html>
```

在示例中，p 标签里面嵌套了一个 span 标签，可以说 p 是 span 的父标签，在样式的定义中，只定义 p 标签的样式，运行结果如图 5-9 所示。

图 5-9　继承关系预览效果

可以看见，span 标签中的字也变成了红色，这就是由于 span 继承了 p 的样式。

5.3.2　CSS 继承的运用

运用继承，可以让开发者更方便轻松地书写 CSS 样式，否则就需要对每个内嵌标签都要书写样式；使用继承同时减少了 CSS 文件的大小，可提高下载速度。下面通过一个例子深入理解继承的应用。

【例 5.10】(示例文件 ch05\5.10.html)

```
<!DOCTYPE html>
<html>
<head>
<title>继承关系的运用</title>
<style>
h1{
color:blue;
text-decoration:underline;
}
em{
color:red;
}
li{
font-weight:bold;
}
</style>
</head>
<body>
<h1>继承<em>关系的</em>运用</h1>
<ul>
<li>第一层行一
<ul>
<li>第二层行一</li>
<li>第二层行二
<ul>
<li>第二层行二下第三层行一</li>
```

```
<li>第二层行二下第三层行二</li>
<li>第二层行二下第三层行三</li>
</ul>
</li>
<li>第二层行三</li>
</ul>
</li>
<li>第一层行二：
<ol>
<li>第一层行二下第二层行一</li>
<li>第一层行二下第二层行二</li>
<li>第一层行二下第二层行三</li>
</ol>
</li>
</ul>
</body>
</html>
```

在 IE 9.0 中浏览，效果如图 5-10 所示，从图中可以知道，em 标签继承了 h1 的下划线，所有 li 都继承了加粗属性。

图 5-10   继承关系的应用

5.4   CSS 的层叠特性

CSS 意思就是层叠样式表，所以"层叠"是 CSS 的一个最为主要的特征。"层叠"可以被理解为覆盖的意思，是 CSS 中样式冲突的一种解决方法。

5.4.1   同一选择器被多次定义的处理

当同一选择器被多次定义后，就需要 CSS 的层叠特性来进行处理了，下面给出一个具体的例子，来看一下这种情况的处理方式。

【例 5.11】(示例文件 ch05\5.11.html)

```
<!DOCTYPE html>
```

```
<html>
<head>
<title>层叠特性</title>
<style>
h1{
color:blue;
}
h1{color:red;}
h1{ color:green;}
</style>
</head>
<body>
<h1>层叠实例一</h1>
</body>
</html>
```

在代码中，为 h1 标签定义了三次颜色：蓝、红、绿，这时候就产生了冲突，在 CSS 规则中，最后有效的样式将覆盖前边的样式，具体到本例，就是最后的绿色生效，在 IE 9.0 中浏览，效果如图 5-11 所示。

图 5-11　层叠特性的应用

5.4.2　同一标签运用不同类型选择器的处理

当遇到同一标签运用不同类型选择器的时候，也需要利用 CSS 的层叠特性进行处理，下面给出一个具体的例子。

【例 5.12】(示例文件 ch05\5.12.html)

```
<!DOCTYPE html>
<html>
<head>
<title>层叠特性</title>
<style type="text/css">
p{
color:black;
}
.red{
color:red;
}
.purple {
color:purple;
}
#p1{
color:blue;
```

```
}
</style>
</head>
<body>
<p>这是第 1 行文本</p>
<p class="red">这是第 2 行文本</p>
<p id="p1" class="red">这是第 3 行文本</p>
<p style="color:green;" id="p1">这是第 4 行文本</p>
<p class=" purple red">这是第 5 行文本</p>
</body>
</html>
```

在 IE 9.0 中浏览，效果如图 5-12 所示，

图 5-12　层叠特性的应用

在代码中有 5 个 p 标签，并声明了 4 个选择器，第一行 p 标签没有使用类别选择器或者 ID 选择器，所以第一行的颜色就是 p 标记选择器确定的颜色黑色。第二行使用了类选择器，这就与 p 标记选择器产生了冲突，这将根据优先级的先后确定到底显示谁的颜色。由于类选择器优先于标记选择器，所以第二行的颜色就是红色。第三行由于 ID 选择器优先于类选择器，所以显示蓝色。第四行由于行内样式优先于 ID 选择器，所以显示绿色。在第五行，是两个类选择器，它们的优先级是一样的，这时候就按照层叠覆盖处理，颜色是样式表中最后定义的那个选择器，所以显示紫色。

5.5　综合示例——制作新闻菜单

在网上浏览新闻，是每个上网者都喜欢做的事情。一个布局合理、样式美观大方的新闻菜单，是吸引人的主要途径之一。本例使用 CSS 控制 HTML 标记，创建新闻菜单。具体步骤如下所示。

step 01 分析需求。

创建一个新闻菜单，需要包含两个部分，一个是父菜单，用来表明新闻类别，一个是子菜单，介绍具体的新闻消息。菜单方式很多，可以用 table 创建，也可以用列表创建，同样也可以使用段落 p 创建。本例采用 p 标记结合 div 创建。完成后，效果如图 5-13 所示。

step 02 分析局部和整体，构建 HTML 网页。

在一个新闻菜单中，可以分为三个层次，一个新闻父菜单，一个新闻焦点，一个新闻子

菜单，分别使用 div 创建。其 HTML 代码如下：

```html
<!DOCTYPE html>
<html>
<head>
<title>导航菜单</title>
</head>
<body>
    <div class="big">
        <h2>时事热点 </h2>
        <div class="up">
            <a href="#">7 月周周爬房团报名</a>
        </div>
        <div class="down">
            <p>·50 万买下两居会员优惠 全世界大学排名 工薪阶层留学美国</p>
            <p>·家电 | 买房上焦点打电话送礼 楼市松动百余项目打折</p>
            <p>·财经 | 油价大跌 CPI 新高</p>
        </div>
    </div>
</body>
</html>
```

在 IE 9.0 中的显示效果如图 5-14 所示。会看到一个标题、一个超级链接和三个段落，以普通样式显示，其布局只存在上下层次。

图 5-13　新闻菜单显示

图 5-14　无 CSS 标记的显示

step 03 添加 CSS 代码，修饰整体样式。

对于 HTML 页面，需要有一个整体样式，其代码如下：

```css
<style>
*{
    padding:0px;
    margin:0px;
}
body{
    font-family:"宋体";
    font-size:12px;
}
.big{
    width:400px;
    border:#33CCCC 1px solid;
}
</style>
```

在 IE 9.0 中的显示效果如图 5-15 所示。可以看到，全局层 div 会以边框显示，宽度为 400 像素，其颜色为浅绿色，body 文档内容中字形采用宋体，大小为 12，并且定义内容和层之间空隙为零，层和层之间空隙为零。

step 04 添加 CSS 代码，修饰新闻父菜单。

对新闻父类菜单进行 CSS 控制，其代码如下：

```
h2{
    background-color:olive;
    display:block;
    width:400px;
    height:18px;
    line-height:18px;
    font-size:14px;
}
```

在 IE 9.0 中的显示效果如图 5-16 所示。可以看到，超级链接"时事热点"会以矩形方框显示，其背景色为橄榄色，字体大小为 14，行高为 18。

图 5-15 整体样式添加

图 5-16 修饰超级链接

step 05 添加 CSS 菜单，修饰子菜单：

```
.up{
    padding-bottom:5px;
    text-align:center;
}
p{line-height:20px;}
```

在 IE 9.0 中的显示效果如图 5-17 所示。可以看到"7 月周周爬房团报名"居中显示，即在第二层 div 中使用类标记 up 修饰。所有段落之间间隙增大，即为 p 标记设置行高。

step 06 添加 CSS 菜单，修饰超级链接：

```
a{
    font-size:16px;
    font-weight:800;
    text-decoration:none;
    margin-top:5px;
    display:block;
}
a:hover{
    color:#FF0000;
    text-decoration:underline;
}
```

在 IE 9.0 中的显示效果如图 5-18 所示。可以看到"7 月周周爬房团报名"字体变大，并且加粗，无下划线显示，当鼠标放在此超级链接上的时候，以红色字体显示，并且下面带有下划线。

图 5-17　子菜单样式显示　　　　　　　　图 5-18　超级链接修饰显示

5.7　专家答疑

疑问 1：如何应对继承带来的错误？

有时候，继承也会带来些错误，比如说下面这条 CSS 定义：

```
body{color:red;}
```

在有些浏览器中，这句定义会使除表格之外的文本变成红色。从技术上来说，这是不正确的，但是它确实存在。所以我们经常需要借助于某些技巧，比如将 CSS 定义成这样：

```
body,table,th,td{color:red;}
```

这样表格内的文字也会变成红色。

疑问 2：在 Firefox 浏览器下，多层嵌套时，内层设置了浮动，外层设置背景时，背景为何不显示呢？

答：这主要是因为内层设置浮动后，外层高度在 Firefox 下变为 0，所以应该在外层与内层间再嵌一层，设置浮动和宽度，然后再给这个层设置背景。

第 6 章
使用 CSS 3 控制
网页字体与
段落的样式

常见的网站、博客是使用文字或图片来阐述自己观点的，其中文字是传递信息的主要手段。而美观大方的网站或者博客，需要使用 CSS 样式进行修饰。设置文本样式是 CSS 技术的基本功能，通过 CSS 文本标记语言，可以设置文本的样式和粗细等。

6.1 通过 CSS 控制字体样式

在 HTML 中，CSS 字体属性用于定义文字的字体、大小、粗细的表现等。常见的字体属性包括字体、字号、字体风格、字体颜色等。

6.1.1 控制字体类型

font-family 属性用于指定文字字体类型，例如宋体、黑体、隶书、Times New Roman 等，即在网页中展示字体不同的形状。具体的语法格式如下：

```
{font-family: name}
{font-family: cursive | fantasy | monospace | serif | sans-serif}
```

从语法格式上可以看出，font-family 有两种声明方式。第一种方式使用 name 字体名称，按优先顺序排列，以逗号隔开，如果字体名称包含空格，则应使用引号括起，在 CSS 3 中，比较常用的是第一种声明方式。第二种声明方式使用所列出的字体序列名称。如果使用 fantasy 序列，将提供默认字体序列。

【例 6.1】(示例文件 ch06\6.1.html)

```
<!DOCTYPE html>
<html>
<style type=text/css>
p{font-family:黑体}
</style>
<body>
<p align=center>天行健，君子应自强不息。</p>
</body>
</html>
```

在 IE 9.0 中浏览，效果如图 6-1 所示，可以看到文字居中并以黑体显示。

图 6-1 字型显示

在设计页面时，一定要考虑字体的显示问题，为了保证页面达到预计的效果，最好提供多种字体类型，而且最好以最基本的字体类型作为最后一个。其样式设置如下所示：

```
p
{
  font-family:华文彩云,黑体,宋体
}
```

若 font-family 属性值中的字体类型由多个字符串和空格组成，例如 Times New Roman，该值就需要使用双引号引起来：

```
p
{
  font-family: "Times New Roman"
}
```

6.1.2 定义字体大小

在 CSS 3 的新规定中，通常使用 font-size 属性设置文字大小。其语法格式如下：

```
{font-size: 数值 | inherit | xx-small | x-small | small | medium | large
 | x-large | xx-large | larger | smaller | length}
```

其中，通过数值来定义字体大小，例如用 font-size:10px 的方式定义字体大小为 10 个像素。此外，还可以通过 medium 之类的参数定义字体的大小，其参数含义如表 6-1 所示。

表 6-1 font-size 参数

参　　数	说　　明
xx-small	绝对字体尺寸。根据对象字体进行调整。最小
x-small	绝对字体尺寸。根据对象字体进行调整。较小
small	绝对字体尺寸。根据对象字体进行调整。小
medium	默认值。绝对字体尺寸。根据对象字体进行调整。正常
large	绝对字体尺寸。根据对象字体进行调整。大
x-large	绝对字体尺寸。根据对象字体进行调整。较大
xx-large	绝对字体尺寸。根据对象字体进行调整。最大
larger	相对字体尺寸。相对于父对象中字体尺寸进行相对增大。使用成比例的 em 单位计算
smaller	相对字体尺寸。相对于父对象中字体尺寸进行相对减小。使用成比例的 em 单位计算
length	百分数或由浮点数和单位标识符组成的长度值，不可为负值。其百分比取值是基于父对象中字体的尺寸

【例 6.2】(示例文件 ch06\6.2.html)

```
<!DOCTYPE html>
<html>
<body>
<div style="font-size:10pt">上级标记大小
  <p style="font-size:small">小</p>
  <p style="font-size:larger">大</p>
  <p style="font-size:x-small">小</p>
  <p style="font-size:x-larger">大</p>
  <p style="font-size:50%">子标记</p>
  <p style="font-size:25pt">子标记</p>
</div>
</body>
</html>
```

在 IE 9.0 中浏览，效果如图 6-2 所示，可以看到，网页中文字被设置成不同的大小，其设置方式采用了绝对数值、关键字和百分比等形式。

图 6-2　字体大小显示

在上面例子中，font-size 字体大小为 50%时，其比较对象是上一级标签中的 10pt。

同样我们还可以使用 inherit 值，直接继承上级标记的字体大小。例如：

```
<div style="font-size:50pt">上级标记
    <p style="font-size: inherit">继承</p>
</div>
```

6.1.3　定义字体风格

font-style 属性通常用来定义字体风格，即字体的显示样式。在 CSS 3 的新规定中，其语法格式如下：

```
font-style: normal | italic | oblique | inherit
```

其属性值有 4 个，具体含义如表 6-2 所示。

表 6-2　font-style 参数

属 性 值	含 义
normal	默认值。浏览器显示一个标准的字体样式
italic	浏览器会显示一个斜体的字体样式
oblique	没有斜体变量的特殊字体，浏览器会显示一个倾斜的字体样式
inherit	规定应该从父元素继承字体样式

【例 6.3】(示例文件 ch06\6.3.html)

```
<!DOCTYPE html>
<html>
<body>
    <p style="font-style:italic">梅花香自苦寒来</p>
    <p style="font-style:normal">梅花香自苦寒来</p>
    <p style="font-style:oblique">梅花香自苦寒来</p>
```

```
</body>
</html>
```

在 IE 9.0 中浏览，效果如图 6-3 所示，可以看到文字分别显示不同的样式，例如斜体。

图 6-3　字体风格显示

6.1.4　控制文字的粗细

通过 CSS 3 中的 font-weight 属性可以定义字体的粗细程度，其语法格式如下：

```
{font-weight:100-900|bold|bolder|lighter|normal;}
```

font-weight 属性有 13 个有效值，分别是 bold、bolder、lighter、normal、100~900。如果没有设置该属性，则使用其默认值 normal。属性值设置为 100~900 时，值越大，加粗的程度就越高。有效值的具体含义如表 6-3 所示。

表 6-3　font-weight 属性

有 效 值	描　　述
bold	定义粗体字体
bolder	定义更粗的字体，相对值
lighter	定义更细的字体，相对值
normal	默认，标准字体

浏览器默认的字体粗细是 400，另外，也可以通过参数 lighter 和 bolder，使得字体在原有基础上显得更细或更粗。

【例 6.4】(示例文件 ch06\6.4.html)

```
<!DOCTYPE html>
<html>
<body>
    <p style="font-weight:bold">梅花香自苦寒来(bold)</p>
    <p style="font-weight:bolder">梅花香自苦寒来(bolder)</p>
    <p style="font-weight:lighter">梅花香自苦寒来(lighter)</p>
    <p style="font-weight:normal">梅花香自苦寒来(normal)</p>
    <p style="font-weight:100">梅花香自苦寒来(100)</p>
    <p style="font-weight:400">梅花香自苦寒来(400)</p>
    <p style="font-weight:900">梅花香自苦寒来(900)</p>
</body>
</html>
```

在 IE 9.0 中浏览，效果如图 6-4 所示，可以看到文字居中，并以不同方式加粗，其中使用了关键字加粗和数值加粗。

图 6-4   字体粗细显示

6.1.5   将小写字母转为大写字母

font-variant 属性设置大写字母的字体显示文本，这意味着所有的小写字母均会被转换为大写，但是所有使用大写字体的字母与其余文本相比，其字体尺寸更小。在 CSS 3 中，其语法格式如下：

```
font-variant: normal | small-caps | inherit
```

font-variant 有三个属性值，即 normal、inherit 和 small-caps。具体含义如表 6-4 所示。

表 6-4   font-variant 属性

属 性 值	说 明
normal	默认值。浏览器会显示一个标准的字体
small-caps	浏览器会显示小型大写字母的字体
inherit	规定应该从父元素继承 font-variant 属性的值

【例 6.5】(示例文件 ch06\6.5.html)

```
<!DOCTYPE html>

<html>
<body>
<p style="font-variant:normal">Happy BirthDay to You</p>
<p style="font-variant:small-caps">Happy BirthDay to You</p>
</body>
</html>
```

在 IE 9.0 中浏览，效果如图 6-5 所示，可以看到字母以大写形式显示。图中通过对两个属性值产生的效果进行比较，可以看到，设置为 normal 属性值的文本以正常文本显示，而设置为 small-caps 属性值的文本中有稍大的大写字母，也有小的大写字母，也就是说，使用了 small-caps 属性值的段落文本全部变成了大写，只是大写字母的尺寸不同。

图 6-5　字母大小写转换

6.1.6　设置字体的复合属性

在设计网页时，为了使网页布局合理且文本规范，对字体设计需要使用多种属性，例如定义字体粗细，并定义字体大小。但是，多个属性分别书写相对比较麻烦，CSS 3 样式表提供了 font 属性就解决了这一问题。

font 属性可以一次性地使用多个属性的属性值来定义文本字体，其语法格式如下所示：

```
{font:font-style font-variant font-weight font-szie font-family}
```

font 属性中的属性排列顺序是 font-style、font-variant、font-weight、font-size 和 font-family，各属性的属性值之间使用空格隔开，但是，如果 font-family 属性要定义多个属性值，则需使用逗号(,)隔开。

　　　　在属性排列中，font-style、font-variant 和 font-weight 这三个属性值是可以自由调换的。而 font-size 和 font-family 则必须按照固定的顺序出现，而且还必须都出现在 font 属性中。如果这两者的顺序不对，或缺少一个，那么，整条样式规则可能就会被忽略。

【例 6.6】(示例文件 ch06\6.6.html)

```
<!DOCTYPE html>

<html>
<head>
<style type=text/css>
p{
    font:normal small-caps bolder 20pt "Cambria","Times New Roman",宋体
}
</style>
</head>
<body>
<p>
众里寻他千百度，蓦然回首，那人却在灯火阑珊处。
</p>
</body>
</html>
```

在 IE 9.0 中浏览，效果如图 6-6 所示，可以看到文字被设置成宋体并加粗。

图 6-6　复合属性 font 显示

6.1.7　定义文字的颜色

在 CSS 3 样式中，通常使用 color 属性来设置颜色。其属性值通常使用下面的方式来设定，如表 6-5 所示。

表 6-5　color 属性

属 性 值	说　明
color_name	规定颜色值为颜色名称的颜色(例如 red)
hex_number	规定颜色值为十六进制值的颜色(例如#ff0000)
rgb_number	规定颜色值为 RGB 代码的颜色(例如 rgb(255,0,0))
inherit	规定应该从父元素继承颜色
hsl_number	规定颜色值为 HSL 代码的颜色(例如 hsl(0,75%,50%))，CSS 3 新增加的颜色表现方式
hsla_number	规定颜色只为 HSLA 代码的颜色(例如 hsla(120,50%,50%,1))，CSS 3 新增加的颜色表现方式
rgba_number	规定颜色值为 RGBA 代码的颜色(例如 rgba(125,10,45,0.5))，CSS 3 新增加的颜色表现方式

【例 6.7】(示例文件 ch06\6.7.html)

```
<!DOCTYPE html>
<html>
<head>
<style type="text/css">
body {color:red}
h1 {color:#00ff00}
p.ex {color:rgb(0,0,255)}
p.hs{color:hsl(0,75%,50%)}
p.ha{color:hsla(120,50%,50%,1)}
p.ra{color:rgba(125,10,45,0.5)}
</style>
</head>
<body>
<h1>《青玉案 元夕》</h1>
<p>众里寻他千百度，蓦然回首，那人却在灯火阑珊处。</p>
<p class="ex">众里寻他千百度，蓦然回首，那人却在灯火阑珊处。(该段落定义了
class="ex"。该段落中的文本是蓝色的。)</p>
<p class="hs">众里寻他千百度，蓦然回首，那人却在灯火阑珊处。(此处使用了 CSS3 中的新增加
的 HSL 函数，构建颜色。)</p>
```

```
<p class="ha">众里寻他千百度,蓦然回首,那人却在灯火阑珊处。(此处使用了CSS3中的新增加
的HSLA函数,构建颜色。)</p>
<p class="ra">众里寻他千百度,蓦然回首,那人却在灯火阑珊处。(此处使用了CSS3中的新增加
的RGBA函数,构建颜色。)</p>
</body>
</html>
```

在 IE 9.0 中浏览,效果如图 6-7 所示,可以看到文字以不同颜色显示,并采用了不同的颜色取值方式。

图 6-7　color 属性显示

6.2　CSS 3 中新增的文本高级样式

对于一些特殊要求的文本,例如文字存在阴影,字体种类发生变化,如果再使用上面所介绍的 CSS 样式进行定义,其结果就不会得到正确显示,这时就需要一些特定的 CSS 标记来完成这些要求。

6.2.1　添加文本的阴影效果

在显示字体时,有时根据需求,需要给出文字的阴影效果,以增强网页整体的吸引力,并且为文字阴影添加颜色,这时就需要用到 CSS 3 样式中的 text-shadow 属性,实际上,在 CSS 2.1 中,W3C 就已经定义了 text-shadow 属性,但在 CSS 3 中,又重新定义了它,并增加了不透明度效果。其语法格式如下:

```
{text-shadow: none | <length> none | [<shadow>, ] * <opacity> 或 none
| <color> [, <color>]*}
```

其属性值如表 6-6 所示。

表 6-6　text-shadow 属性

属　性　值	说　　明
<color>	指定颜色
<length>	由浮点数和单位标识符组成的长度值。可为负值。指定阴影的水平延伸距离
<opacity>	由浮点数和单位标识符组成的长度值。不可为负值。指定模糊效果的作用距离。如果仅仅需要模糊效果,可将前两个 length 全部设定为 0

text-shadow 属性有 4 个属性值，第一个属性值表示阴影的水平位移，可取正负值，第二值表示阴影垂直位移，可取正负值，第三个值表示阴影模糊半径，该值可选；第四个值表示阴影颜色值，该值可选。如下所示：

```
text-shadow:阴影水平偏移值(可取正负值);阴影垂直偏移值(可取正负值);阴影模糊值;阴影颜色
```

【例 6.8】(示例文件 ch06\6.8.html)

```
<!DOCTYPE html>

<html>
<body>
<p align=center style="text-shadow:0.1em 2px 6px blue;font-size:80px;">
这是 TextShadow 的阴影效果
</p>
</body>
</html>
```

在 Firefox 6.0 中浏览，效果如图 6-8 所示，可以看到文字居中并带有阴影显示。

图 6-8　阴影显示效果

通过上面的示例，可以看出，阴影偏移由两个 length 值指定到文本的距离。第一个长度值指定到文本右边的水平距离，负值会把阴影放置在文本左边。第二个长度值指定到文本下边的垂直距离，负值会把阴影放置在文本上方。在阴影偏移之后，可以指定一个模糊半径。

6.2.2　设置文本的溢出效果

text-overflow 属性用来定义当文本溢出时是否显示省略标记，即定义省略文本的显示方式。并不具备其他的样式属性定义。要实现溢出时产生省略号的效果，还须定义：强制文本在一行内显示(white-space:nowrap)及溢出内容为隐藏(overflow:hidden)，只有这样才能实现溢出文本显示省略号的效果。

text-overflow 属性的语法格式如下：

```
text-overflow: clip | ellipsis
```

其属性值的含义如表 6-7 所示。

表 6-7   text-overflow 属性

属 性 值	说　　明
clip	不显示省略标记(...)，而是简单地裁切
ellipsis	当对象内文本溢出时显示省略标记(...)

【例 6.9】 (示例文件 ch06\6.9.html)

```
<!DOCTYPE html>
<html>
<body>
<style type="text/css">
.test_demo_clip{text-overflow:clip; overflow:hidden; white-space:nowrap;
 width:200px; background:#ccc;}
.test_demo_ellipsis{text-overflow:ellipsis; overflow:hidden;
 white-space:nowrap; width:200px; background:#ccc;}
</style>
<h2>text-overflow : clip </h2>
 <div class="test_demo_clip">
 不显示省略标记，而是简单的裁切条
 </div>
<h2>text-overflow : ellipsis </h2>
 <div class="test_demo ellipsis">
 显示省略标记，不是简单的裁切条
 </div>
</body>
</html>
```

在 Firefox 6.0 中浏览，可以看到，文字在指定位置被裁切，以省略号形式出现。在 IE 浏览器中的浏览效果也是一致的。在两种浏览器中的显示效果如图 6-9 所示。

图 6-9   文本省略处理

6.2.3   控制文本的换行

当在一个指定区域显示一整行文字时，如果文字在一行显示不完，就需要进行换行。如果不进行换行，则会超出指定区域范围，此时我们可以采用 CSS 3 中新增加的 word-wrap 文本样式，来控制文本换行。

word-wrap 属性的语法格式如下：

```
word-wrap: normal | break-word
```

其属性值含义比较简单，如表 6-8 所示。

表 6-8　word-wrap 属性

属 性 值	说　明
normal	控制连续文本换行
break-word	内容将在边界内换行。如果需要，词内换行(word-break)也会发生

【例 6.10】(示例文件 ch06\6.10.html)

```
<!DOCTYPE html>
<html>
<body>
<style type="text/css">
    div{width:300px;word-wrap:break-word;border:1px solid #999999;}
</style>
<div>wordwrapbreakwordwordwrapbreakwordwordwrapbreakwordwordwrapbreakword
</div><br>
<div>全中文的情况，全中文的情况，全中文的情况全中文的情况全中文的情况</div><br>
<div>This is all English,This is all English,This is all English,This is
all English,</div>
</body>
</html>
```

在 IE 9.0 中浏览，效果如图 6-10 所示，可以看到，文字在指定位置被控制换行。

图 6-10　文本强制换行

可以看出，word-wrap 属性可以控制换行，当属性取值 break-word 时，将强制换行，中文文本没有任何问题，英文语句也没有任何问题。但是对于长串的英文就不起作用，也就是说，break-word 属性是控制是否断词的，而不是断字符的。

6.2.4　设置字体尺寸

有时候，在同一行的文字，由于所采用字体种类不一样，或者修饰样式不一样，而导致其字体尺寸，即显示大小不一样，整行文字看起来就显得杂乱。此时需要使用 CSS 3 的属性标签 font-size-adjust 来处理。

font-size-adjust 属性用来定义整个字体序列中所有字体的大小是否保持同一个尺寸。其语法格式如下：

```
font-size-adjust: none | number
```

其属性值含义如表 6-9 所示。

表 6-9　font-size-adust 属性

属 性 值	说　　明
none	默认值。允许字体序列中的每一字体遵守它的自己的尺寸
number	为字体序列中的所有字体强迫指定同一尺寸

【例 6.11】(示例文件 ch06\6.11 html)

```
<!DOCTYPE html>
<html>
<style>
    .big { font-family: sans-serif; font-size: 40pt; }
    .a { font-family: sans-serif; font-size: 15pt; font-size-adjust: 1; }
    .b { font-family: sans-serif; font-size: 30pt; font-size-adjust: 0.5; }
</style>
<body>
    <p class="big"><span class="b">厚德载物</span></p>
    <p class="big"><span class="a">厚德载物</span></p>
</body>
</html>
```

在 IE 9.0 中浏览，效果如图 6-11 所示，可以看到同一行的字体大小相同。

图 6-11　尺寸一致显示

6.3　通过 CSS 控制文本间距与对齐方式

　　网页由文字组成，而用来表达同一个意思的多个文字组合，可以称为段落。段落是文章的基本单位，同样也是网页的基本单位。段落的放置与效果的显示会直接影响到页面的布局及风格。CSS 样式表提供了文本属性，来实现对页面中段落文本的控制。

6.3.1 设置单词之间的间隔

单词之间的间隔如果设置合理，一是会给整个网页布局节省空间，二者可以给人赏心悦目的感觉，提高阅读效果。在 CSS 中，可以使用 word-spacing 属性直接定义指定区域或者段落中字符之间的间隔。

word-spacing 属性用于设定词与词之间的间距，即增加或者减少词与词之间的间隔。其语法格式如下：

```
word-spacing: normal | length
```

其中属性值 normal 和 length 的含义如表 6-10 所示。

表 6-10　word-spacing 属性

属 性 值	说 明
normal	默认，定义单词之间的标准间隔
length	定义单词之间的固定宽度，可以接受正值或负值

【例 6.12】(示例文件 ch06\6.12.html)

```
<!DOCTYPE html>
<html>
<body>
<p style="word-spacing:normal">Welcome to my home</p>
<p style="word-spacing:15px">Welcome to my home</p>
<p style="word-spacing:15px">欢迎来到我家</p>
</body>
</html>
```

在 IE 9.0 中浏览，效果如图 6-12 所示，可以看到段落中单词以不同间隔显示。

图 6-12　设定词间隔显示

从上面显示结果可以看出，word-spacing 属性不能用于设定字符之间的间隔。

6.3.2 设置字符之间的间隔

在一个网页中，词与词之间可以通过 word-spacing 进行设置，那么字符之间使用什么来设置呢？在 CSS 3 中，可以通过 letter-spacing 来设置字符文本之间的距离。即在文本字符之间插入多少空间，这里允许使用负值，这会让字母之间更加紧凑。其语法格式如下所示：

```
letter-spacing: normal | length
```

其属性值的含义如表 6-11 所示。

表 6-11　letter-spacing 属性

属 性 值	说　明
normal	默认间隔，即以字符之间的标准间隔显示
length	由浮点数和单位标识符组成的长度值，允许为负值

【例 6.13】(示例文件 ch06\6.13.html)

```
<!DOCTYPE html>
<html>
<body>
<p style=" letter-spacing:normal">Welcome to my home</p>
<p style=" letter-spacing:5px">Welcome to my home</p>
<p style="letter-spacing:1ex">这里的字间距是1ex</p>
<p style="letter-spacing:-1ex">这里的字间距是-1ex</p>
<p style="letter-spacing:1em">这里的字间距是1em</p>
</body>
</html>
```

在 IE 9.0 中浏览，效果如图 6-13 所示，可以看到字符间距以不同的大小显示。

图 6-13　设置字符间距的效果

注意　从上述代码中可以看出，通过 letter-spacing 属性定义了多个字符间距的效果，特别注意，当设置的字符间距是-1ex 时，所有文字就会粘到一块。

6.3.3　为文本添加下划线、上划线、删除线

在 CSS 3 中，text-decoration 属性是文本修饰属性，该属性可以为页面提供多种文本的修饰效果，例如下划线、删除线、闪烁等。

text-decoration 属性的语法格式如下：

```
text-decoration: none|underline|blink|overline|line-through
```

其属性值的含义如表 6-12 所示。

表 6-12   text-decoration 属性

属 性 值	描 述
none	默认值，对文本不进行任何修饰
underline	下划线
overline	上划线
line-through	删除线
blink	闪烁

【例 6.14】(示例文件 ch06\6.14.html)

```
<!DOCTYPE html>
<html>
<body>
  <p style="text-decoration:none">明明知道相思苦，偏偏对你牵肠挂肚！</p>
  <p style="text-decoration:underline">明明知道相思苦，偏偏对你牵肠挂肚！</p>
  <p style="text-decoration:overline">明明知道相思苦，偏偏对你牵肠挂肚！</p>
  <p style="text-decoration:line-through">明明知道相思苦，偏偏对你牵肠挂肚！</p>
  <p style="text-decoration:blink">明明知道相思苦，偏偏对你牵肠挂肚！</p>
</body>
</html>
```

打开 IE 9.0 浏览，其显示效果如图 6-14 所示。可以看到段落中出现了下划线、上划线和删除线等。

图 6-14   文本修饰显示

blink 闪烁效果只有 Mozilla 和 Netscape 浏览器支持，而 IE 和其他浏览器(如 Opera)都不支持该效果。

6.3.4   设置垂直对齐方式

在 CSS 中，可以直接使用 vertical-align 属性设定垂直对齐方式。该属性定义行内元素的基线相对于该元素所在行的基线的垂直对齐情况。允许指定负长度值和百分比值。这会使元素降低而不是升高。在表单元格中，这个属性会设置单元格框中的单元格内容的对齐方式。

vertical-align 属性的语法格式如下所示：

```
{vertical-align:属性值}
```

vertical-align 属性值有 8 个预设值可使用，也可以使用百分比。这 8 个预设值如表 6-13 所示。

表 6-13　vertical-align 属性值

属 性 值	说 明
baseline	默认。元素放置在父元素的基线上
sub	垂直对齐文本的下标
super	垂直对齐文本的上标
top	把元素的顶端与行中最高元素的顶端对齐
text-top	把元素的顶端与父元素字体的顶端对齐
middle	把此元素放置在父元素的中部
bottom	把元素的顶端与行中最低的元素的顶端对齐
text-bottom	把元素的底端与父元素字体的底端对齐
length	设置元素的堆叠顺序
%	使用 line-height 属性的百分比值来排列此元素。允许使用负值

【例 6.15】(示例文件 ch06\6.15.html)

```html
<!DOCTYPE html>
<html>
<body>
<p>
    世界杯<b style=" font-size:8pt;vertical-align:super">2014</b>!
    中国队<b style="font-size: 8pt;vertical-align: sub">[注]</b>!
    加油! <img src="1.gif" style="vertical-align: baseline">
</p>
<p>
    <img src="2.gif" style="vertical-align:middle"/>
    世界杯! 中国队! 加油! <img src="1.gif" style="vertical-align:top">
</p>
<hr/>
<p>
    <img src="2.gif" style="vertical-align:middle"/>
    世界杯! 中国队! 加油! <img src="1.gif" style="vertical-align:text-top">
</p>
<p>
    <img src="2.gif" style="vertical-align:middle"/>
    世界杯! 中国队! 加油! <img src="1.gif" style="vertical-align:bottom">
</p>
<hr/>
<p>
    <img src="2.gif" style="vertical-align:middle"/>
    世界杯! 中国队! 加油! <img src="1.gif" style="vertical-align:text-bottom">
</p>
<p>
    世界杯<b style=" font-size:8pt;vertical-align:100%">2008</b>!
```

```
    中国队<b style="font-size: 8pt;vertical-align: -100%">[注]</b>!
    加油! <img src="1.gif" style="vertical-align: baseline">
</p>
</body>
</html>
```

在 IE 9.0 中浏览，效果如图 6-15 所示。即文字在垂直方向以不同的对齐方式显示。

图 6-15　垂直对齐显示

从上面示例中可以看出，上下标在页面中的数学运算或注释标号使用得比较多。顶端对齐有两种参照方式，一种是参照整个文本块，一种是参照文本。底部对齐同顶端对齐方式相同，分别参照文本块和文本块中包含的文本。

　　　　vertical-align 属性值还能使用百分比来设定垂直高度，该高度具有相对性，它是基于行高的值来计算的。而且百分比还能使用正负号，正百分比使文本上升，负百分比使文本下降。

6.3.5　转换文本的大小写

根据需要，将小写字母转换为大写字母，或者将大写字母转换小写，在文本编辑中都是很常见的。在 CSS 样式中，text-transform 属性可用于设定文本字体的大小写转换。

text-transform 属性的语法格式如下：

```
text-transform: none | capitalize | uppercase | lowercase
```

其属性值的含义如表 6-14 所示。

表 6-14　text-transform 属性

属 性 值	说　　明
none	无转换发生
capitalize	将每个单词的第一个字母转换成大写，其余无转换发生
uppercase	转换成大写
lowercase	转换成小写

因为文本转换属性仅作用于字母型文本，相对来说比较简单。

【例6.16】(示例文件 ch06\6.16.html)

```
<!DOCTYPE html>
<html>
<body style="font-size:15pt; font-weight:bold">
  <p style="text-transform:none">welcome to home</p>
  <p style="text-transform:capitalize">welcome to home</p>
  <p style="text-transform:lowercase">WELCOME TO HOME</p>
  <p style="text-transform:uppercase">welcome to home</p>
</body>
</html>
```

在 IE 9.0 中浏览，效果如图 6-16 所示。

图 6-16　大小写字母转换显示

6.3.6　设置文本的水平对齐方式

一般情况下，居中对齐适用于标题类文本，其他对齐方式可以根据页面布局来选择使用。根据需要，可以设置多种对齐，例如水平方向上的居中、左对齐、右对齐或者两端对齐等。在 CSS 中，可以通过 text-align 属性进行设置。

text-align 属性用于定义对象文本的对齐方式，与 CSS 2.1 相比，CSS 3 增加了 start、end 和 string 属性值。text-align 属性的语法格式如下：

```
{ text-align: sTextAlign }
```

其属性值的含义如表 6-15 所示。

表 6-15　text-align 属性

属 性 值	说　　明
start	文本向行的开始边缘对齐
end	文本向行的结束边缘对齐
left	文本向行的左边缘对齐。在垂直方向的文本中，文本在 left-to-right 模式下向开始边缘对齐
right	文本向行的右边缘对齐。在垂直方向的文本中，文本在 left-to-right 模式下向结束边缘对齐
center	文本在行内居中对齐

续表

属 性 值	说　明
justify	文本根据 text-justify 的属性设置方法分散对齐。即两端对齐，均匀分布
match-parent	继承父元素的对齐方式，但有个例外：继承的 start 或者 end 值是根据父元素的 direction 值进行计算的，因此计算的结果可能是 left 或者 right
string	string 是一个单个的字符，否则，就忽略此设置。按指定的字符进行对齐。此属性可以跟其他关键字同时使用，如果没有设置字符，则默认值是 end 方式
inherit	继承父元素的对齐方式

在新增加的属性值中，start 和 end 属性值主要是针对行内元素的，即在包含元素的头部或尾部显示；而<string>属性值主要用于表格单元格中，将根据某个指定的字符对齐。

【例 6.17】(示例文件 ch06\6.17.html)

```
<!DOCTYPE html>
<html>
<body>
<h1 style="text-align:center">登幽州台歌</h1>
<h3 style="text-align:left">选自: </h3>
<h3 style="text-align:right">
  <img src="1.gif" />
  唐诗三百首
</h3>
<p style="text-align:justify">
  前不见古人
  后不见来者
  (这是一个测试，这是一个测试，这是一个测试，)
</p>
<p style="text-align:start">念天地之悠悠</p>
<p style="text-align:end">独怆然而涕下</p>
</body>
</html>
```

在 IE 9.0 中浏览，效果如图 6-17 所示，可以看到，文字在水平方向上以不同的对齐方式显示。

图 6-17　对齐效果

text-align 属性只能用于文本块，而不能直接应用到图像标记<img>。如果要使图像与文本一样应用对齐方式，就必须将图像包含在文本块中。如上例，由于向右对齐方式作用于<h3>标记定义的文本块，图像包含在文本块中，所以图像能够与文本一样向右对齐。

　CSS 只能定义两端对齐方式，并按要求显示，但对于具体的两端对齐，文本如何分配字体空间以实现文本左右两边均对齐，CSS 并不规定，需要设计者自行定义。

6.3.7　设置文本的缩进效果

在普通段落中，通常首行缩进两个字符，用来表示这是一个段落的开始。同样，在网页的文本编辑中可以通过指定属性，来控制文本缩进。CSS 的 text-indent 属性就是用来设定文本块中首行缩进的。

text-indent 属性的语法格式如下：

```
text-indent: length
```

其中，length 属性值表示由百分比数值或由浮点数值和单位标识符组成的长度值，允许为负值。可以这样认为，text-indent 属性可以定义两种缩进方式，一种是直接定义缩进的长度，另一种是定义缩进百分比。使用该属性，HTML 的任何标记都可以让首行以给定的长度或百分比缩进。

【例 6.18】(示例文件 ch06\6.18.html)

```html
<!DOCTYPE html>
<html>
<body>
<p style="text-indent:10mm">
    此处直接定义长度，直接缩进。
</p>
<p style="text-indent:10%">
    此处使用百分比，进行缩进。
</p>
</body>
</html>
```

在 IE 9.0 中浏览，效果如图 6-18 所示，可以看到，文字以首行缩进方式显示。

图 6-18　缩进显示

如果上级标记定义了 text-indent 属性，那么子标记可以继承其上级标记的缩进长度。

6.3.8 设置文本的行高

在 CSS 中，line-height 属性用来设置行间距，即行高。其语法格式如下：

```
line-height: normal | length
```

其属性值的具体含义如表 6-16 所示。

表 6-16　line-height 属性

属 性 值	说　明
normal	默认行高，即网页文本的标准行高
length	百分比数值或由浮点数值和单位标识符组成的长度值，允许为负值。其百分比取值是基于字体的高度尺寸

【例 6.19】(示例文件 ch06\6.19.html)

```
<!DOCTYPE html>
<html>
<body>
    <div style="text-indent:10mm;">
        <p style="line-height:50px">
        世界杯(World Cup,FIFA World Cup)，国际足联世界杯，世界足球锦标赛)是世界上最
高水平的足球比赛，与奥运会、F1 并称为全球三大顶级赛事。</p>
        <p style="line-height:50%">
        世界杯(World Cup,FIFA World Cup)，国际足联世界杯，世界足球锦标赛)是世界上最
高水平的足球比赛，与奥运会、F1 并称为全球三大顶级赛事。</p>
    </div>
</body>
</html>
```

在 IE 9.0 中浏览，效果如图 6-19 所示，其中有段文字重叠在一起，即因行高设置太小。

图 6-19　设定文本行高

6.3.9　文本的空白处理

在 CSS 中，white-space 属性用于设置对象内空格字符的处理方式。与 CSS 2.1 相比，CSS 3 新增了两个属性值。white-space 属性对文本的显示有着重要的影响。在标记上应用

white-space 属性可以影响浏览器对字符串或文本间空白的处理方式。

white-space 属性的语法格式如下：

```
white-space: normal | pre | nowrap | pre-wrap | pre-line
```

其属性值的含义如表 6-17 所示。

表 6-17　white-space 属性

属 性 值	说　明
normal	默认。空白会被浏览器忽略
pre	空白会被浏览器保留。其行为方式类似于 HTML 中的\<pre>标签
nowrap	文本不会换行，文本会在同一行上继续，直到遇到\ 标签为止
pre-wrap	保留空白符序列，但是正常地进行换行
pre-line	合并空白符序列，但是保留换行符
inherit	规定应该从父元素继承 white-space 属性的值

【例 6.20】(示例文件 ch06\6.20.html)

```html
<!DOCTYPE html>

<html>
<body>
  <h1 style="color:red; text-align:center;white-space:pre">
   蜂 蜜 的 功 效 与 作 用!
  </h1>

  <div>
   <p style="white-space:nowrap;text-indent:10mm">
      蜂蜜，是昆虫蜜蜂从开花植物的花中采得的花蜜在蜂巢中酿制的蜜。<br>
蜂蜜的成分除了葡萄糖、果糖之外还含有各种维生素、矿物质和氨基酸。1 千克的蜂蜜含有 2940 卡的
热量。蜂蜜是糖的过饱和溶液，低温时会产生结晶，生成结晶的是葡萄糖，不产生结晶的部分主要是果
糖。</p>

   <p style="white-space:pre-wrap;text-indent:10mm">
      蜂蜜的成分除了葡萄糖、果糖之外还含有各种维生素、矿物质和氨基酸。
      1 千克的蜂蜜含有 2940 卡的热量。<br/>
      蜂蜜是糖的过饱和溶液，低温时会产生结晶，生成结晶的是葡萄糖，不产生结晶的部分主要是
果糖。</p>

   <p style="white-space:pre-line;text-indent:10mm">
          蜂蜜的成分除了葡萄糖、果糖之外还含有各种维生素、矿物质和氨基酸。
      1 千克的蜂蜜含有 2940 卡的热量。<br/>
      蜂蜜是糖的过饱和溶液，低温时会产生结晶，生成结晶的是葡萄糖，不产生结晶的部分主要是果糖。
   </p>
  </div>
</body>
</html>
```

在 IE 9.0 中浏览，效果如图 6-20 所示，可以看到文本处理空白的不同方式。

图 6-20　文本的空白处理

6.3.10　文本的反排

在网页文本编辑中，通常英语文档的基本方向是从左至右。如果文档中某一段的多个部分包含从右至左阅读的语言，则该语言的方向应当正确地显示为从右至左。此时可以通过CSS 提供的两个属性 unicode-bidi 和 direction 解决这个文本反排的问题。

unicode-bidi 属性的语法格式如下：

```
unicode-bidi: normal | bidi-override | embed
```

其属性值的含义如表 6-18 所示。

表 6-18　unicode-bidi 属性

属 性 值	说　明
normal	默认值。元素不会打开一个额外的嵌入级别。对于内联元素，隐式的重新排序将跨元素边界起作用
bidi-override	与 embed 值相同，但除了这一点外：在元素内，重新排序依照 direction 属性严格按顺序进行。此值替代隐式双向算法
embed	元素将打开一个额外的嵌入级别。direction 属性的值指定嵌入级别。重新排序在元素内是隐式进行的

direction 属性用于设定文本流的方向，其语法格式如下：

```
direction: ltr | rtl | inherit
```

其属性值的含义如表 6-19 所示。

表 6-19　direction 属性

属 性 值	说　明
ltr	文本流从左到右
rtl	文本流从右到左
inherit	文本流的值不可继承

【例 6.21】 (示例文件 ch06\6.21.html)

```
<!DOCTYPE html>

<html>
<head>
<style type="text/css">
a {color:#000;}
</style>
</head>
<body>
<h3>文本的反排</h3>
<div style=" direction:rtl; unicode-bidi:bidi-override; text-align:left">
秋风吹不尽，总是玉关情。
</div>
</body>
</html>
```

在 IE 9.0 中浏览，效果如图 6-21 所示，可以看到文字以反转形式显示。

图 6-21　文本反转显示

6.4　综合示例——设置网页标题

本节创建一个网站的网页标题，主要利用了文字和段落方面的 CSS 属性。具体的操作步骤如下。

step 01 分析需求。

本综合示例的要求如下：在网页的最上方显示出标题，标题下方是正文，其中正文部分是文字段落部分。在设计这个网页标题时，需要将网页标题加粗，并将网页居中显示。用大号字体显示标题，用来与下面正文区分。上述要求使用 CSS 样式属性来实现。效果如图 6-22 所示。

step 02 分析布局并构建 HTML。

首先需要创建一个 HTML 页面，并用 DIV 将页面划分两个层，一个是网页标题层，一个是正文部分。

step 03 导入 CSS 文件。

在 HTML 页面，将 CSS 文件使用 link 方式导入到 HTML 页面中。此 CSS 页面定义了这个页面的所有样式，其导入代码如下：

```
<link href="index.css" rel="stylesheet" type="text/css" />
```

图 6-22 网页标题显示

step 04 ▶ 完成标题样式设置。

首先设置标题的 HTML 代码，此处使用 DIV 构建，其代码如下：

```
<div>
    <h1>蜂王浆的作用与功效</h1>
    <div class="ar">搜狐网　2014 年 03 月 01 日<span></span></div>
</div>
```

step 05 ▶ 使用 CSS 代码对其进行修饰，其代码如下：

```
h1{text-align:center;color:red}
.ar{text-align:right;font-size:15px;}
.lr{text-align:left;font-size:15px;color:blue}
```

step 06 ▶ 开发正文部分的代码和样式。

首先使用 HTML 代码完成网页正文部分，此处使用 DIV 构建，其代码如下所示：

```
<div>
<P>
1．辅助降低血糖。此作用主要因其含有的胰岛素样肽类推理得来，胰岛素样肽类是治疗糖尿病的特效
药物。
</P>
<P>
2．抗氧化功效。此作用是蜂王浆被大众普遍肯定的作用，它对细胞的修复以及再生具有很强的作用。
在蜂王浆中检测出的超氧化物歧化酶(SOD)是抗氧化的主要成分。
</P>
<P>
3．降低血脂。蜂王浆含有人体必需的维生素达 10 种以上，能平衡脂肪代谢和糖代谢，可降低肥胖者
的高血脂和高血糖，非常适合肥胖型糖尿病患者。
</P>
<P>
4．控制血管扩张、降低血压。这个结论来自于其所含的 6-羟基-癸烯酸 (王浆酸) 以及王浆主要蛋白-
1．</P>
</div>
```

step 07 ▶ 使用 CSS 代码进行修饰，代码如下：

```
p{text-indent:8mm;line-height:7mm;}
```

6.5 上机练习——制作新闻页面

本例制作一个新闻页面，具体操作步骤如下。

step 01 打开记事本，在其中输入如下代码：

```
<!DOCTYPE html>
<html>
<head>
<title>新闻页面</title>
<style type="text/css">
<!--
h1{
    font-family:黑体;
    text-decoration:underline overline;
    text-align:center;
    }
p{
    font-family: Arial, "Times New Roman";
    font-size:20px;
    margin:5px 0px;
    text-align:justify;
    }
#p1{
    font-style:italic;
    text-transform:capitalize;
    word-spacing:15px;
    letter-spacing:-1px;
    text-indent:2em;
     }
#p2{
    text-transform:lowercase;
    text-indent:2em;
    line-height:2;
     }
#firstLetter{
    font-size:3em;
    float:left;
     }
h1{
    background:#678;
    color:white;
     }
-->
</style>
</head>
<body>
<h1>英国现两个多世纪来最多雨冬天</h1>
<p id="p1">在 3 月的第一天，阳光"重返"英国大地，也预示着春天的到来。</p>
<p id="p2">英国气象局发言人表示："今天的阳光很充足，这才像春天的感觉。这是春天的一个非
常好的开局。"前几天英国气象局发布的数据显示，刚刚过去的这个冬天是过去近 250 年来最多雨的
冬天。</p>
</body>
</html>
```

step 02 保存网页，在 IE 9.0 中预览，效果如图 6-23 所示。

图 6-23　浏览效果

6.6　专家答疑

疑问 1：有的字体为什么在别的电脑上不显示？

楷体很漂亮，草书也不逊色于宋体。但不是所有人的电脑都安装有这些字体。所以在设计网页时，不要为了追求漂亮美观，而采用一些比较新奇的字体。有时这样往往达不到效果。用最基本的字体，才是最好的选择。

不要使用难于阅读的花哨字体。当然，某些字体可以让网站精彩纷呈。不过它们容易阅读吗？网页的主要目的是传递信息并让读者阅读，我们应该让读者的阅读过程舒服些。不要用小字体。虽然 Firefox 浏览器有放大功能，但如果必须放大才能看清一个网站的话，估计以后浏览者就再也不会去访问它了。

疑问 2：网页中的空白如何处理？

注意不留空白。不要用图像、文本和不必要的动画 GIF 来充斥网页，即使有足够的空间，在设计时也应该避免使用。

疑问 3：文字和图片的导航速度哪个更快？

应该使用文字做导航栏。文字导航不仅速度快，而且更稳定。要知道，有些用户上网时会关闭图片。在处理文本时，不要在普通文本上添加下划线或者颜色。除非特别需要，一般不要为普通文字添加下划线，因为浏览者可能会将本不能点击的文字误认为能够点击。

第 7 章
使用 CSS 控制
网页图片的样式

一个网页如果都是文字，时间长了会给浏览者枯燥的感觉，而一张恰如其分的图片，会给网页带来许多生趣。图片是直观、形象的，一张好的图片会给网页很高的点击率。在 CSS 3 中，定义了很多属性，用来美化和设置图片。

7.1 图片缩放

网页上显示一张图片时，默认情况下都是以图片的原始大小显示的。如果要对网页进行排版，通常情况下，还需要对图片的大小重新进行设定。如果对图片设置不恰当，会造成图片的变形和失真，所以一定要保持宽度和高度属性的比例适中。对于图片大小设定，可以采用三种方式来完成。

7.1.1 通过描述标记 width 和 height 来缩放图片

在 HTML 标记语言中，通过 img 的描述标记 height 和 width，可以设置图片的大小。

width 和 height 分别表示图片的宽度和高度，这二者的值可以是数值或百分比，单位可以是 px。需要注意的是，高度属性 height 和宽度属性 width 设置要求相同。

【例 7.1】(示例文件 ch07\7.1.html)

```
<!DOCTYPE html>
<html>
<head>
<title>缩放图片</title>
</head>
<body>
<img src="01.jpg" width=200 height=120>
</body>
</html>
```

在 IE 9.0 中的浏览效果如图 7-1 所示，可以看到网页显示了一张图片，其宽度为 200px，高度为 120 像素。

图 7-1 使用标记缩放图片

7.1.2 使用 CSS 3 中的 max-width 和 max-height 缩放图片

max-width 和 max-height 分别用来设置图片宽度的最大值和高度的最大值。在定义图片大小时，如果图片默认尺寸超过了定义的大小时，就以 max-width 所定义的宽度值显示，而图片高度将同比例变化，如果定义的是 max-height，以此类推。但是，如果图片的尺寸小于最大宽度或者高度，图片就按原尺寸大小显示。max-width 和 max-height 的值一般是数值类型。

其语法格式如下:

```
img{
    max-height:180px;
}
```

【例 7.2】(示例文件 ch07\7.2.html)

```
<!DOCTYPE html>
<html>
<head>
<title>缩放图片</title>
<style>
img{
    max-height:300px;
}
</style>
</head>

<body>
<img src="01.jpg" >
</body>
</html>
```

在 IE 9.0 中浏览,效果如图 7-2 所示,可以看到网页显示了一张图片,其显示高度是 300 像素,宽度将做同比例缩放。

图 7-2 同比例缩放图片

在本例中,也可以只设置 max-width 来定义图片最大宽度,而让高度自动缩放。

7.1.3 使用 CSS 3 中的 width 和 height 缩放图片

在 CSS 3 中,可以使用属性 width 和 height 来设置图片的宽度和高度,从而实现对图片的缩放效果。

【例 7.3】(示例文件 ch07\7.3.html)

```
<!DOCTYPE html>
<html>
<head>
<title>缩放图片</title>
</head>
```

```
<body>
<img src="01.jpg" >
<img src="01.jpg" style="width:150px;height:100px">
</body>
</html>
```

在 IE 9.0 中浏览，效果如图 7-3 所示，可以看到网页显示了两张图片，第一张图片以原大小显示，第二张图片以指定大小显示。

图 7-3　用 CSS 指定图片大小

当仅仅设置了图片的 width 属性，而没有设置 height 属性时，图片本身会自动等纵横比例缩放，如果只设定 height 属性，也是一样的道理。只有当同时设定 width 和 height 属性时，才会不等比例缩放。

7.2　设置图片的对齐方式

一个凌乱的图文网页，是每一个浏览者都不喜欢看的。而一个图文并茂、排版格式整洁简约的页面，更容易让网页浏览者接受。可见图片的对齐方式是非常重要的。本节将介绍如何使用 CSS 3 属性定义图文对齐方式。

7.2.1　设置图片横向对齐

所谓图片横向对齐，就是在水平方向上进行对齐，其对齐样式与文字对齐比较相似，都是有三种对齐方式，分别为"左"、"右"和"中"。

如果要定义图片对齐方式，不能在样式表中直接定义图片样式，需要在图片的上一个标记级别，即父标记中定义，然后让图片继承父标记的对齐方式。之所以这样定义父标记对齐方式，是因为 img(图片)本身没有对齐属性，需要使用 CSS 继承父标记的 text-align 属性来定义对齐方式。

【例 7.4】(示例文件 ch07\7.4.html)

```
<!DOCTYPE html>
```

```
<html>
<head>
<title>图片横向对齐</title>
</head>
<body>
<p style="text-align:left"><img src="02.jpg" style="max-width:140px;">图片左
对齐</p>
<p style="text-align:center"><img src="02.jpg" style="max-width:140px;">图
片居中对齐</p>
<p style="text-align:right"><img src="02.jpg" style="max-width:140px;">图片
右对齐</p>
</body>
</html>
```

在 IE 9.0 中浏览，效果如图 7-4 所示，可以看到网页上显示三张图片，大小一样，但对
齐方式分别是左对齐、居中对齐和右对齐。

图 7-4 图片的横向对齐

7.2.2 设置图片纵向对齐

纵向对齐就是垂直对齐，即在垂直方向上和文字进行搭配使用。通过对图片的垂直方向
上的设置，可以设定图片和文字的高度一致。

在 CSS 3 中，对于图片的纵向设置，通常使 vertical-align 属性来定义。

vertical-align 属性设置元素的垂直对齐方式，即定义行内元素的基线相对于该元素所在行
的基线的垂直对齐。允许指定负长度值和百分比值，这会使元素降低而不是升高。在表单元
格中，这个属性会设置单元格框中的单元格内容的对齐方式。其语法格式为：

```
vertical-align: baseline | sub | super | top | text-top | middle | bottom
| text-bottom | length
```

上面参数的含义如表 7-1 所示。

表 7-1　vertical-align 属性参数的含义

参数名称	说　明
baseline	支持 valign 特性的对象的内容与基线对齐
sub	垂直对齐文本的下标
super	垂直对齐文本的上标
top	将支持 valign 特性的对象的内容与对象顶端对齐
text-top	将支持 valign 特性的对象的文本与对象顶端对齐
middle	将支持 valign 特性的对象的内容与对象中部对齐
bottom	将支持 valign 特性的对象的文本与对象底端对齐
text-bottom	将支持 valign 特性的对象的文本与对象顶端对齐
length	由浮点数和单位标识符组成的长度值或者百分数。可为负数。定义由基线算起的偏移量。基线对于数值来说为 0，对于百分数来说就是 0%

【例 7.5】(示例文件 ch07\7.5.html)

```
<!DOCTYPE html>

<html>
<head>
<title>图片纵向对齐</title>
<style>
img{
    max-width:100px;
}
</style>
</head>

<body>
<p>纵向对齐方式:baseline<img src=02.jpg style="vertical-align:baseline"></p>
<p>纵向对齐方式:bottom<img src=02.jpg style="vertical-align:bottom"></p>
<p>纵向对齐方式:middle<img src=02.jpg style="vertical-align:middle"></p>
<p>纵向对齐方式:sub<img src=02.jpg style="vertical-align:sub"></p>
<p>纵向对齐方式:super<img src=02.jpg style="vertical-align:super"></p>
<p>纵向对齐方式:数值定义<img src=02.jpg style="vertical-align:20px"></p>
</body>
</html>
```

在 IE 9.0 中浏览，效果如图 7-5 所示，可以看到，网页中显示了 6 张图片，垂直方向上分别是 baseline、bottom、middle、sub、super 和数值对齐。

读者仔细观察图片和文字的不同对齐方式，即可深刻理解各种纵向对齐的不同之处。

图 7-5　图片纵向对齐

7.3　图文混排

一个普通的网页，最常见的方式就是图文混排，文字说明主题，图像显示新闻情境，二者结合起来，相得益彰。本节将介绍图片和文字的排版方式。

7.3.1　设置文字的环绕效果

在网页中进行排版时，可以将文字设置成环绕图片的形式，即文字环绕。文字环绕应用非常广泛，如果再配合背景，可以实现绚丽的效果。

在 CSS 3 中，可以使用 float 属性定义该效果。float 属性主要定义元素在哪个方向浮动。一般情况下，这个属性总应用于图像，使文本围绕在图像周围，有时它也可以定义其他元素浮动。浮动元素会生成一个块级框，而不论它本身是何种元素。如果浮动非图像元素，则要指定一个明确的宽度；否则，它们会尽可能地窄。

float 的语法格式如下：

```
float: none | left | right
```

> 提示　其中 none 表示默认值对象不漂浮，left 表示文本流向对象的右边，right 表示文本流向对象的左边。

【例 7.6】(示例文件 ch07\7.6.html)

```
<!DOCTYPE html>
<html>
<head>
```

```
<title>文字环绕</title>
<style>
img{
    max-width:120px;
    float:left;
}
</style>
</head>
<body>
<p>
可爱的向日葵。
<img src="03.jpg">
向日葵，别名太阳花，是菊科向日葵属的植物。因花序随太阳转动而得名。一年生植物，高 1~3 米，
茎直立，粗壮，圆形多棱角，被白色粗硬毛，性喜温暖，耐旱，能产果实葵花籽。原产北美洲，主要分
布在我国东北、西北和华北地区，世界各地均有栽培！
向日葵，1 年生草本，高 1.0~3.5 米，对于杂交品种也有半米高的。茎直立，粗壮，圆形多棱角，为
白色粗硬毛。叶通常互生，心状卵形或卵圆形，先端锐突或渐尖，有基出 3 脉，边缘具粗锯齿，两面粗
糙，被毛，有长柄。头状花序，极大，直径 10~30 厘米，单生于茎顶或枝端，常下倾。总苞片多层，
叶质，覆瓦状排列，被长硬毛，夏季开花，花序边缘生黄色的舌状花，不结实。花序中部为两性的管状
花，棕色或紫色，结实。瘦果，倒卵形或卵状长圆形，稍扁压，果皮木质化，灰色或黑色，俗称葵花
籽。性喜温暖，耐旱。
</p>
</body>
</html>
```

在 IE 9.0 中，浏览效果如图 7-6 所示，可以看到，图片被文字所环绕，并在文字的左方显示。如果将 float 属性的值设置为 right，其图片会在文字右方显示并环绕。

图 7-6　文字环绕效果

7.3.2　设置图片与文字的间距

如果需要设置图片和文字之间的距离，即与文字之间存在一定间距，不是紧紧地环绕，可以使用 CSS 3 中的 padding 属性来设置。

padding 属性主要用来在一个声明中设置所有内边距属性，即可以设置元素所有内边距的宽度，或者设置各边上内边距的宽度。如果一个元素既有内边距又有背景，从视觉上看可能会延伸到其他行，有可能还会与其他内容重叠。元素的背景会延伸，穿过内边距。不允许指定负边距值。

其语法格式如下所示：

```
padding: padding-top | padding-right | padding-bottom | padding-left
```

参数值 padding-top 用来设置距离顶部的内边距；padding-right 用来设置距离右部的内边距；padding-bottom 用来设置距离底部的内边距；padding left 用来设置距离左部的内边距。

【例 7.7】(示例文件 ch07\7.7.html)

```html
<!DOCTYPE html>
<html>
<head>
<title>文字环绕</title>
<style>
img{
    max-width:120px;
    float:left;
    padding-top:10px;
    padding-right:50px;
    padding-bottom:10px;
}
</style>
</head>
<body>
<p>
可爱的向日葵。
<img src="03.jpg">
向日葵，别名太阳花，是菊科向日葵属的植物。因花序随太阳转动而得名。一年生植物，高 1~3 米，茎直立，粗壮，圆形多棱角，被白色粗硬毛，性喜温暖，耐旱，能产果实葵花籽。原产北美洲，主要分布在我国东北、西北和华北地区，世界各地均有栽培！
向日葵，1 年生草本，高 1.0~3.5 米，对于杂交品种也有半米高的。茎直立，粗壮，圆形多棱角，为白色粗硬毛。叶通常互生，心状卵形或卵圆形，先端锐突或渐尖，有基出 3 脉，边缘具粗锯齿，两面粗糙，被毛，有长柄。头状花序，极大，直径 10~30 厘米，单生于茎顶或枝端，常下倾。总苞片多层，叶质，覆瓦状排列，被长硬毛，夏季开花，花序边缘生黄色的舌状花，不结实。花序中部为两性的管状花，棕色或紫色，结实。瘦果，倒卵形或卵状长圆形，稍扁压，果皮木质化，灰色或黑色，俗称葵花籽。性喜温暖，耐旱。
</p>
</body>
</html>
```

在 IE 9.0 中浏览，效果如图 7-7 所示，可以看到，图片被文字所环绕，并且文字和图片右边间距为 50 像素，上下各为 10 像素。

图 7-7　设置图片与文字的边距

7.4 综合示例——制作学校宣传单

每年暑假，高校招收学生的宣传页到处都是，本节就来制作一个学校宣传页，从而巩固图文混排的相关 CSS 知识。具体步骤如下。

step 01 分析需求。

本例包含两个部分，一个部分是图片信息，介绍学校场景，一个部分是段落信息，介绍学校历史和理念。这两部分都放在一个 div 中。实例完成后，效果如图 7-8 所示。

图 7-8　宣传效果

step 02 构建 HTML 网页。

创建 HTML 页面，页面中包含一个 div，div 中包含图片和两个段落信息。其代码如下所示：

```
<html>
<head>
<title>学校宣传单</title>
</head>
<body>
<div>
    <img src="04.jpg" /><p>某大学风景优美</p><p> 学校发扬"百折不挠、艰苦创业"的办
学传统，坚持"质量立校、人才兴校、创新强校、文化铸校、和谐荣校"的办学理念，弘扬"爱国荣
校、民主和谐、求真务实、开放创新"的精神</p>
</div>
</body>
</html>
```

在 IE 9.0 中浏览，效果如图 7-9 所示，网页中，标题和内容被一条虚线隔开了。

step 03 添加 CSS 代码，修饰 div：

```
<style>
   big{
       width:430px;
   }
</style>
```

在 HTML 代码中，将 big 引入 div 中，代码如下所示：

```
<div class="big">
    <img src="xuexiao.jpg" /><p>某大学风景优美</p><p> 学校发扬"百折不挠、艰苦创
业"的办学传统，坚持"质量立校、人才兴校、创新强校、文化铸校、和谐荣校"的办学理念，弘扬
```

"爱国荣校、民主和谐、求真务实、开放创新"的精神</p>
</div>

在 IE 9.0 中浏览，效果如图 7-10 所示，可以看到，在网页中段落以块的形式显示。

图 7-9　HTML 页面显示

图 7-10　修饰 div 层

step 04 添加 CSS 代码，修饰图片：

```css
img{
    width:260px;
    height:220px;
    border:#009900 2px solid;
    float:left;
    padding-right:0.5px;
}
```

在 IE 9.0 中浏览，效果如图 7-11 所示，可以看到，在网页中图片以指定大小显示，并且带有边框，并在左面浮动。

step 05 添加 CSS 代码，修饰段落：

```css
p{
    font-family:"宋体";
    font-size:14px;
    line-height:20px;
}
```

在 IE 9.0 中浏览，效果如图 7-12 所示，可以看到，在网页中段落以宋体显示，大小为 14 像素，行高为 20 像素。

图 7-11　修饰图片

图 7-12　修饰段落

7.5　上机练习——制作简单的图文混排网页

在一个网页中，出现最多就是文字和图片，二者放在一起，图文并茂，能够生动地表达新闻主题。本例创建一个图片与文字的简单混排。具体步骤如下。

step 01　分析需求。

本综合示例的要求如下：在网页的最上方显示出标题，标题下方是正文，在正文展示部分显示图片。在设计这个网页标题时，其方法与前面的示例相同。要求使用 CSS 样式属性来实现。效果如图 7-13 所示。

图 7-13　图文混排显示

step 02　分析布局并构建 HTML。

首先需要创建一个 HTML 页面，并用 DIV 将页面划分两个层，一个是网页标题层，一个是正文部分。

step 03　导入 CSS 文件。

在 HTML 页面，将 CSS 文件使用 link 方式导入到 HTML 页面中。此 CSS 文件定义了这个页面的所有样式，其导入代码如下所示：

```
<link href="CSS.css" rel="stylesheet" type="text/css" />
```

step 04　完成标题部分。

首先设置网页标题部分，创建一个 div，用来放置标题。其 HTML 代码如下所示：

```
<div>
<h1>【3.8节活动】《妈咪妈咪看过来——说说孕期那些事儿》</h1>
</div>
```

在 CSS 样式文件中，修饰 HTML 元素，其 CSS 代码如下所示：

```
h1{text-align:center;text-shadow:0.1em 2px 6px.blue;font-size:18px;}
```

step 05　完成正文和图片部分。

下面设置网页正文部分，正文中包含了一个图片。其 HTML 代码如下所示：

```
<div>
<p>活动主题：《妈咪妈咪看过来——说说孕期那些事儿》。
</p>
<p> 活动时间：2014 年 2 月 28 日——2014 年 3 月 9 日 10 点
</p>
<DIV class="im">
<img src="8.jpg"  width="300" height="200"/>
</DIV>
<p>3 月到来，万物复苏，终于可以脱掉寒冬时厚厚的棉衣，沐浴在春风和阳光之下，迎来了 3 月第一
个活动。怀孕对于每一个女性来说，都是人生经历中的最重要的一段旅程，随着孕期的进行，你会遇到
很多未曾遇见的怀孕体验，而，这些体验 正在等待被你发现和分享！这，就是本次的活动主题，妈妈
和准妈妈们还在等什么，Come on 快来 e 站分享出这段旅程~让帖子记录下那一撮幸福的记忆.....
</p>
</div>
```

CSS 样式代码如下所示：

```
p{text-indent:8mm;line-height:7mm;}
.im{width:300px; float:left; border:#000000 solid 1px;}
```

7.6 专 家 答 疑

疑问 1： 网页进行图文排版时，哪些是必须做的？

在进行图文排版时，通常有如下 5 个方面需要网页设计者考虑。

(1) 首行缩进：段落的开头应该空两格，HTML 中空格键起不了作用。当然，可以用 来代替一个空格，但这不是理想的方式，可以用 CSS 3 的首行缩进，其大小为 2em。

(2) 图文混排：在 CSS 3 中，可以用 float，来让文字在没有清理浮动的时候，显示在图片以外的空白处。

(3) 设置背景色：设置网页背景，增加效果。此内容会在后面介绍。

(4) 文字居中：可以用 CSS 的 text-align 属性设置文字居中。

(5) 显示边框：可以通过 border 为图片添加一个边框。

疑问 2： 设置文字环绕时，float 元素为什么会失去作用？

很多浏览器在显示未指定 width 的 float 元素时会有错误。所以不管 float 元素的内容如何，一定要为其指定 width 属性。

第8章

使用 CSS 控制
网页背景和
边框样式

任何一个页面，首先映入眼帘的就是网页的背景色和基调，不同类型的网站有不同的背景和基调。因此页面中的背景通常是网站设计时一个重要的步骤。对于单个 HTML 元素，可以通过 CSS 3 属性设置元素边框的样式，包括宽度、显示风格和颜色等。本章将重点介绍网页背景设置和 HTML 元素边框样式设置。

8.1 使用 CSS 控制网页背景

背景是网页设计时的重要因素之一，一个背景优美的网页，总能吸引不少访问者。例如，喜庆类网站都是以火红背景为主题的，CSS 的强大表现功能在背景方面同样发挥得淋漓尽致。

8.1.1 设置背景颜色

background-color 属性用于设定网页的背景色，与设置前景色的 color 属性一样，background-color 属性接受任何有效的颜色值，而对于没有设定背景色的标记，默认背景色为透明(transparent)。

其语法格式为：

```
{background-color: transparent | color}
```

关键字 transparent 是个默认值，表示透明。背景颜色 color 的设定方法可以采用英文单词、十六进制、RGB、HSL、HSLA 和 GRBA。

【例 8.1】(示例文件 ch08\8.1.html)

```
<!DOCTYPE html>
<html>
<head>
<title>背景色设置</title>
<head>
<body style="background-color:PaleGreen; color:Blue">
  <p>
    background-color 属性设置背景色，color 属性设置字体颜色。
  </p>
</body>
</html>
```

在 IE 9.0 中浏览，效果如图 8-1 所示，可以看到，网页的背景显示为浅绿色，而字体颜色为蓝色。注意，在网页设计时，其背景色不要使用太艳的颜色，否则会给人一种喧宾夺主的感觉。

图 8-1　设置背景色

background-color 不仅可以设置整个网页的背景颜色，同样还可以设置指定 HTML 元素的背景色，例如设置 h1 标题的背景色，设置段落 p 的背景色。可以想象，在一个网页中，可以根据需要，设置不同 HTML 元素的背景色。

【例 8.2】(示例文件 ch08\8.2.html)

```
<!DOCTYPE html>
<html>
<head>
<title>背景色设置</title>
<style>
h1 {
    background-color:red;
    color:black;
    text-align:center;
}
p{
    background-color:gray;
    color:blue;
    text-indent:2em;
}
</style>
<head>
<body>
    <h1>颜色设置</h1>
    <p>
    background-color 属性设置背景色，color 属性设置字体颜色。
    </p>
</body>
</html>
```

在 IE 9.0 中浏览，效果如图 8-2 所示，可以看到，网页中标题区域背景色为红色，段落区域背景色为灰色，并且分别为字体设置了不同的前景色。

图 8-2　设置 HTML 元素的背景色

8.1.2　设置背景图片

网页中不但可以使用背景色来填充网页背景，同样也可以使用背景图片来填充网页。通过 CSS 3 属性，可以对背景图片进行精确定位。background-image 属性用于设定标记的背景图片，通常情况下，在标记<body>中应用，将图片用于整个主体中。

background-image 属性的语法格式如下：

```
background-image: none | url (url)
```

其默认属性是无背景图，当需要使用背景图时，可以用 url 进行导入，url 可以使用绝对路径，也可以使用相对路径。

【例 8.3】 (示例文件 ch08\8.3.html)

```
<!DOCTYPE html>
<html>
<head>
<title>背景色设置</title>
<style>
body{
    background-image:url(01.jpg)
}
</style>
<head>
<body  >
<p>夕阳无限好，只是近黄昏！</p>
</body>
</html>
```

在 IE 9.0 中浏览，效果如图 8-3 所示，可以看到网页中显示了背景图，但如果图片大小小于整个网页大小时，此时图片为了填充网页背景色，会重复出现，并铺满整个网页。

图 8-3　设置背景图片

在设定背景图片时，最好同时也设定背景色，这样，当背景图片因某种原因无法正常显示时，可以使用背景色来代替。当然，如果正常显示，背景图片会覆盖背景色的。

8.1.3　背景图片的重复

在进行网页设计时，通常都是一个网页使用一张背景图片，如果图片大小小于背景图片，会直接重复铺满整个网页，但这种方式不适用于大多数页面，在 CSS 中，可以通过 background-repeat 属性设置图片的重复方式，包括水平重复、垂直重复和不重复等。

background-repeat 属性用于设定背景图片是否重复平铺。

各属性值的说明如表 8-1 所示。

表 8-1　background-repeat 属性

属 性 值	描　　述
repeat	背景图片水平和垂直方向都重复平铺
repeat-x	背景图片水平方向重复平铺
repeat-y	背景图片垂直方向重复平铺
no-repeat	背景图片不重复平铺

background-repeat 属性重复背景图片是从元素的左上角开始平铺，直到水平、垂直或全部页面都被背景图片覆盖。

【例 8.4】(示例文件 ch08\8.4.html)

```
<!DOCTYPE html>

<html>
<head>
<title>背景图片重复</title>
<style>
body{
    background-image:url(01.jpg);
    background-repeat:no-repeat;
}
</style>
<head>
<body>
<p>夕阳无限好，只是近黄昏！</p>
</body>
</html>
```

在 IE 9.0 中浏览，效果如图 8-4 所示，可以看到，网页中显示背景图，但图片以默认大小显示，而没有对整个网页背景进行填充。这是因为代码中设置了背景图不重复平铺。

同样，可以在上面的代码中，设置 background-repeat 属性值为其他值，例如可以设置值为 repeat-x，表示图片在水平方向平铺。此时，在 IE 9.0 中，效果如图 8-5 所示。

图 8-4　背景图不重复

图 8-5　水平方向平铺

8.1.4　背景图片的显示

对于一个文本较多，一屏显示不了的页面来说，如果使用的背景图片不足以覆盖整个页面，而且只将背景图片应用在页面的一个位置上，那么在浏览页面时，肯定会出现看不到背景图片的情况；再者，还可能出现背景图片初始可见，而随着页面的滚动又不可见的情况。也就是说，背景图片不能时刻地随着页面的滚动而显示。

要解决上述问题，就要使用 background-attachment 属性，该属性用来设定背景图片是否随文档一起滚动。

该属性包含两个属性值：scroll 和 fixed，并适用于所有元素，如表 8-2 所示。

表 8-2　background-attachment 属性

属 性 值	描　　述
scroll	默认值，当页面滚动时，背景图片随页面一起滚动
fixed	背景图片固定在页面的可见区域里

使用 background-attachment 属性，可以使背景图片始终处于视野范围内，以避免出现因页面的滚动而消失的情况。

【例 8.5】(示例文件 ch08\8.5.html)

```
<!DOCTYPE html>
<html>
<head>
<title>背景显示方式</title>
<style>
body{
    background-image:url(01.jpg);
    background-repeat:no-repeat;
    background-attachment:fixed;
}
p{
    text-indent:2em;
    line-height:30px;
}
h1{
    text-align:center;
}
</style>
<head>
<body  >
<h1>兰亭序</h1>
<p>永和九年，岁在癸(guǐ)丑，暮春之初，会于会稽(kuài jī)山阴之兰亭，修禊(xì)事也。群贤毕至，少长咸集。此地有崇山峻岭，茂林修竹， 又有清流激湍(tuān)，映带左右。引以为流觞(shāng)曲( qū)水，列坐其次，虽无丝竹管弦之盛，一觞(shang)一咏，亦足以畅叙幽情。</p>
<p>是日也，天朗气清，惠风和畅。仰观宇宙之大，俯察品类之盛，所以游目骋(chěng)怀，足以极视听之娱，信可乐也。</p>
<p>夫人之相与，俯仰一世。或取诸怀抱，晤言一室之内；或因寄所托，放浪形骸(hái)之外。虽趣(qū)舍万殊，静躁不同，当其欣于所遇，暂得于己，快然自足，不知老之将至。及其所之既倦，情随事
```

迁，感慨系(xì)之矣。向之所欣，俯仰之间，已为陈迹，犹不能不以之兴怀。况修短随化，终期于尽。古人云："死生亦大矣。"岂不痛哉！</p>
<p>每览昔人兴感之由，若合一契，未尝不临文嗟(jiē)悼，不能喻之于怀。固知一死生为虚诞，齐彭殇(shāng)为妄作。后之视今，亦犹今之视昔，悲夫！故列叙时人，录其所述。虽世殊事异，所以兴怀，其致一也。后之览者，亦将有感于斯文。</p>
</body>
</html>

在 IE 9.0 中浏览，效果如图 8-6 所示，可以看到，网页的 background-attachment 属性的值为 fixed 时，背景图片的位置固定并不是相对于页面的，而是相对于页面的可视范围。

图 8-6 使用 background-attachment 属性

8.1.5 背景图片的位置

我们知道，背景图片位置都是从设置了 background 属性的标记(例如 body 标记)的左上角开始出现，但在实际网页设计中，可以根据需要直接指定背景图片出现的位置。在 CSS 3 中，可以通过 background-position 属性轻松调整背景图片的位置。

background-position 属性用于指定背景图片在页面中所处的位置。该属性值可以分为 4 类：绝对定义位置(length)、百分比定义位置(percentage)、垂直对齐值和水平对齐值。其中垂直对齐值包括 top、center 和 bottom，水平对齐值包括 left、center 和 right，如表 8-3 所示。

表 8-3 background-position 属性

属 性 值	描 述
length	设置图片与边距水平与垂直方向的距离，后跟长度单位(cm、mm、px 等)
percentage	以页面元素框的宽度或高度的百分比放置图片
top	背景图片顶部居中显示
center	背景图片居中显示
bottom	背景图片底部居中显示
left	背景图片左部居中显示
right	背景图片右部居中显示

垂直对齐值还可以与水平对齐值一起使用，从而决定图片的垂直位置和水平位置。

【**例 8.6**】(示例文件 ch08\8.6.html)

```
<!DOCTYPE html>

<html>
<head>
<title>背景位置设定</title>
<style>
body{
    background-image:url(01.jpg);
    background-repeat:no-repeat;
    background-position:top right;
}
</style>
<head>
<body>
</body>
</html>
```

在 IE 9.0 中浏览，效果如图 8-7 所示，可以看到，网页中显示背景图片，其位置是从顶部和右边开始的。

图 8-7　设置背景的位置

使用垂直对齐值和水平对齐值只能格式化地放置图片，如果在页面中要自由地定义图片的位置，则需要使用确定数值或百分比。此时可以在上面的代码中，将如下语句：

```
background-position:top right;
```

修改为：

```
background-position:20px 30px
```

在 IE 9.0 中浏览，效果如图 8-8 所示，可以看到，网页中显示了背景图片，其位置是从左上角开始的，但并不是从(0,0)坐标位置开始的，而是从(20,30)坐标位置开始的。

图 8-8　指定背景图片的位置

8.2　CSS 3 中新增的控制网页背景的属性

8.2.1　背景图片大小

在以前的网页设计中，背景图片的大小是不可以控制的，如果想要图片填充整个背景，需要事先设计一个较大的背景图片，否则只能让背景图片以平铺的方式来填充页面元素。

在 CSS 3 中，新增了一个 background-size 属性，用来控制背景图片的大小，从而可以降低网页设计的开发成本。

background-size 属性的语法格式如下：

```
background-size: [<length> | <percentage> | auto ]{1,2} | cover | contain
```

其参数值的含义如表 8-4 所示。

表 8-4　background-size 属性

参　数　值	说　　明
<length>	由浮点数和单位标识符组成的长度值。不可为负值
<percentage>	取 0%~100%之间的值。不可为负值
cover	保持背景图像本身的宽高比例，将图片缩放到正好完全覆盖所定义的背景区域
contain	保持图像本身的宽高比例，将图片缩放到宽度或高度正好适应所定义的背景区域

【例 8.7】(示例文件 ch08\8.7.html)

```
<!DOCTYPE html>
<html>
<head>
<title>背景大小设定</title>
<style>
```

```
body{
    background-image:url(01.jpg);
    background-repeat:no-repeat;
    background-size:cover;
}
</style>
<head>
<body>
</body>
</html>
```

在 IE 9.0 中浏览，效果如图 8-9 所示，可以看到，网页中背景图片填充了整个页面。

图 8-9　设定背景大小

同样，也可以用像素或百分比指定背景的显示大小。当指定为百分比时，大小会由所在区域的宽度、高度，以及 background-origin 的位置决定。使用示例如下：

```
background-size:900 800;
```

此时，background-size 属性可以设置 1 个或 2 个值，1 个为必填，1 个为选填。其中第 1 个值用于指定图片的宽度，第 2 个值用于指定图片的高度，如果只设定一个值，则第 2 个值默认为 auto。

8.2.2　背景显示区域

在网页设计中，如果能改善背景图片的定位方式，使设计师能够更灵活地决定背景图应该显示的位置，就会大大地减少设计成本。在 CSS 3 中，新增了一个 background-origin 属性，用来完成背景图片的定位。

默认情况下，background-position 属性总是以元素左上角原点作为背景图像的定位点，使用 background-origin 属性可以改变这种定位方式。

```
background-origin: border | padding | content
```

其参数含义如表 8-5 所示。

表 8-5 background-origin 属性

参 数 值	说 明
border	从 border 区域开始显示背景
padding	从 padding 区域开始显示背景
content	从 content 区域开始显示背景

【例 8.8】(示例文件 ch08\8.8.html)

```
<!DOCTYPE html>
<html>
<head>
<title>背景显示区域设定</title>
<style>
div{
    text-align:center;
    height:500px;
    width:416px;
    border:solid 1px red;
    padding:32px 2em 0;
    background-image:url(02.jpg);
    background-origin:padding;
}
div h1{
    font-size:18px;
    font-family:"幼圆";
}
div  p{
    text-indent:2em;
    line-height:2em;
    font-family:"楷体";
}
</style>
<head>
<body>
<div>
<h1>神笔马良的故事</h1>
<p>
从前，有个孩子名字叫马良。父亲母亲早就死了，靠他自己打柴、割草过日子。他从小喜欢学画，可
是，他连一支笔也没有啊！
</p>
<p>
一天，他走过一个学馆门口，看见学馆里的教师，拿着一支笔，正在画画。他不自觉地走了进去，对教
师说："我很想学画，借给我一支笔可以吗？"教师瞪了他一眼，"呸！"一口唾沫啐在他脸上，骂
道："穷娃子想拿笔，还想学画？做梦啦！"说完，就将他撵出大门来。马良是个有志气的孩子，他
说："偏不相信，怎么穷孩子连画也不能学了！"。
</p>
</div>
</body>
</html>
```

在 IE 9.0 中浏览，效果如图 8-10 所示，可以看到网页中，背景图片以指定大小在网页左

侧显示，在背景图片上显示了相应的段落信息。

图 8-10　设置背景显示区域

8.2.3　背景图像的裁剪区域

在 CSS 3 中，新增了一个 background-clip 属性，用来定义背景图片的裁剪区域。background-clip 属性和 background-origin 属性有几分相似，通俗地说，background-clip 属性用来判断背景是否包含边框区域，而 background-origin 属性用来决定 background-position 属性定位的参考位置。

background-clip 属性的语法格式如下：

```
background-clip: border-box | padding-box | content-box | no-clip
```

其参数值的含义如表 8-6 所示。

表 8-6　background-clip 属性

参 数 值	说　明
border	从 border 区域开始显示背景
padding	从 padding 区域开始显示背景
content	从 content 区域开始显示背景
no-clip	从边框区域外裁剪背景

【例 8.9】(示例文件 ch08\8.9.html)

```
<!DOCTYPE html>
<html>
<head>
<title>背景裁剪</title>
<style>
div{
    height:150px;
    width:200px;
```

```
    border:dotted 50px red;
    padding:50px;
    background-image:url(02.jpg);
    background-repeat:no-repeat;
    background-clip:content;
}
</style>
<head>
<body>
<div>
</div>
</body>
</html>
```

在 IE9.0 中浏览，效果如图 8-11 所示，可以看到，背景图像仅在内容区域内显示。

图 8-11　以内容边缘裁剪背景图

8.2.4　背景复合属性

在 CSS 3 中，background 属性依然保持了以前的用法，即综合了以上所有与背景有关的属性(即以 background-开头的属性)，可以一次性地设定背景样式。格式如下：

```
background: [background-color][background-image][background-repeat]
    [background-attachment][background-position][background-size]
    [background-clip][background-origin]
```

其中的属性顺序可以自由调换，并且可以选择设定。对于没有设定的属性，系统会自行为该属性添加默认值。

【例 8.10】(示例文件 ch08\8.10.html)

```
<!DOCTYPE html>
<html>
<head>
<title>背景的复合属性</title>
<style>
body
{
    background-color:Black;
    background-image:url(01.jpg);
```

```
        background-position:center;
        background-repeat:repeat-x;
        background-attachment:fixed;
        background-size:900 800;
        background-origin:padding;
        background-clip:content;
    }
    </style>
    <head>
    <body>
    </body>
    </html>
```

在 IE 9.0 中浏览，效果如图 8-12 所示，可以看到，网页中，背景以复合方式显示。

图 8-12　设置背景的复合属性

8.3　使用 CSS 控制边框样式

边框就是将元素内容及间隙包含在其中的边线，类似于表格的外边线。每一个页面元素的边框可以从三方面来描述：宽度、样式和颜色，这三个方面决定了边框显示出来的外观。CSS 3 中分别使用 border-style、border-width 和 border-color 三个属性设定边框的三个方面。

8.3.1　设置边框的样式

border-style 属性用于设定边框的样式，也就是风格。设定边框格式是边框最重要的部分，它主要用于为页面元素添加边框。其语法格式如下：

```
border-style: none | hidden | dotted | dashed | solid | double | groove
 | ridge | inset | outset
```

CSS 3 设定了 9 种边框样式，如表 8-7 所示。

表 8-7　border-style 属性

属 性 值	描　述
none	无边框，无论边框宽度设为多大

属 性 值	描　述
dotted	点线式边框
dashed	破折线式边框
solid	直线式边框
double	双线式边框
groove	槽线式边框
ridge	脊线式边框
inset	内嵌效果的边框
outset	突起效果的边框

【例 8.11】(示例文件 ch08\8.11.html)

```
<!DOCTYPE html>
<html>
<head>
<title>边框样式</title>
<style>
h1{
    border-style:dotted;
    color:black;
    text-align:center;
}
p{
    border-style:double;
    text-indent:2em;
}
</style>
<head>
<body>
    <h1>带有边框的标题</h1>
    <p>带有边框的段落</p>
</body>
</html>
```

在 IE 9.0 中浏览，效果如图 8-13 所示。可以看到，网页中，标题 h1 显示的时候带有边框，其边框样式为点线式边框；同样段落也带有边框，其边框样式为双线式边框。

图 8-13　设置边框

 在没有设定边框颜色的情况下，groove、ridge、inset 和 outset 边框默认的颜色是灰色。dotted、dashed、solid 和 double 这 4 种边框的颜色基于页面元素的 color 值。

其实，这几种边框样式还可以分别定义在一个边框中，从上边框开始，按照顺时针的方向分别定义边框的上、右、下、左边框样式，从而形成多样式边框。例如，有下面一条样式规则：

```
p{border-style: dotted solid dashed groove}
```

另外，如果需要单独定义边框一条边的样式，可以使用如表 8-8 所列的属性来定义。

表 8-8　各边的样式属性

属　　性	描　　述
border-top-style	设定上边框的样式
border-right-style	设定右边框的样式
border-bottom-style	设定下边框的样式
border-left-style	设定左边框的样式

8.3.2　设置边框的颜色

border-color 属性用于设定边框颜色，如果不想与页面元素的颜色相同，则可以使用该属性为边框定义其他颜色。border-color 属性的语法格式如下：

```
border-color: color
```

color 表示指定颜色，其颜色值通过十六进制和 RGB 等方式获取。与边框样式属性一样，border-color 属性可以为边框设定一种颜色，也可以同时设定 4 个边的颜色。

【例 8.12】(示例文件 ch08\8.8.html)

```
<!DOCTYPE html>
<html>
<head>
<title>设置边框颜色</title>
<style>
p{
    border-style:double;
    border-color:red;
    text-indent:2em;
}
</style>
<head>
<body>
    <p>边框颜色设置</p>
    <p style="border-style:solid; border-color:red blue yellow green">
    分别定义边框颜色
    </p>
</body>
</html>
```

在 IE 9.0 中浏览，效果如图 8-14 所示，可以看到，网页中，第一个段落边框的颜色设置为红色，第二个段落边框的颜色分别设置为红、蓝、黄和绿。

图 8-14　设置边框颜色

除了上面设置 4 个边框颜色的方法之外，还可以使用表 8-9 列出的属性，单独地为相应的边框设定颜色。

表 8-9　各边的颜色属性

属　　性	描　　述
border-top-color	设定上边框颜色
border-right-color	设定右边框颜色
border-bottom-color	设定下边框颜色
border-left-color	设定左边框颜色

8.3.3　设置边框的线宽

在 CSS 3 中，可以通过设定边框宽度，来增强边框效果。border-width 属性就是用来设定边框宽度的，其语法格式如下：

```
border-width: medium | thin | thick | length
```

其中预设有三种属性值：medium、thin 和 thick，还可以自行设置宽度(length)，如表 8-10 所示。

表 8-10　border-width 属性

属 性 值	描　　述
medium	默认值，中等宽度
thin	比 medium 细
thick	比 medium 粗
length	自定义宽度

【例 8.13】 (示例文件 ch08\8.13.html)

```
<!DOCTYPE html>
<html>
<head>
<title>设置边框宽度</title>
<head>
<body>
```

```
<p style="border-style:dotted; border-width:medium;">边框颜色设置</p>
<p style="border-style:dashed;border-width:thin;">边框颜色设置</p>
<p style="border-style:solid; border-width:12px;">
分别定义边框颜色
</p>
</body>
</html>
```

在 IE 9.0 中浏览，效果如图 8-15 所示，可以看到，网页中，三个段落的边框以不同的粗细显示。

图 8-15 设置边框宽带

border-width 属性其实是 border-top-width、border-right-width、border-bottom-width 和 border-left-width 这 4 个属性的综合属性，分别用于设定上边框、右边框、下边框、左边框的宽度。

【例 8.14】(示例文件 ch08\8.14.html)

```
<!DOCTYPE html>

<html>
<head>
<title>边框宽度设置</title>
<style>
p{
    border-style:solid;
    border-color:#ff00ee;
    border-top-width:medium;
    border-right-width:thin;
    bottom-width:thick;
    border-left-width:15px;
}
</style>
<head>
<body>
    <p>边框宽度设置</p>
</body>
</html>
```

在 IE 9.0 中浏览，效果如图 8-16 所示，可以看到，网页中，段落的 4 个边框以不同的宽度显示。

图 8-16　分别设置 4 个边框的宽度

8.3.4　设置边框的复合属性

border 属性集合了上面所介绍的三种属性，为页面元素设定边框的宽度、样式和颜色。语法格式如下：

```
border: border-width || border-style || border-color
```

其中，三个属性的顺序可以自由调换。

【例 8.15】(示例文件 ch08\8.15.html)

```
<!DOCTYPE html>
<html>
<head>
<title>边框复合属性设置</title>
<head>
<body>
    <p style="border:dashed  red 12px">边框复合属性设置</p>
</body>
</html>
```

在 IE 9.0 中浏览，效果如图 8-17 所示，可以看到，网页中，段落边框样式以虚线显示，颜色为红色，宽度为 12 像素。

图 8-17　设置边框的复合属性

8.4　CSS 3 中新增的边框圆角效果

在 CSS 3 标准没有指定之前，如果想要实现圆角效果，需要花费很大的精力，但在 CSS 3 标准推出之后，网页设计者可以使用 border-radius 轻松地实现圆角效果了。

8.4.1 设置圆角边框

在 CSS 3 中，可以使用 border-radius 属性定义边框的圆角效果，从而大大降低了圆角开发成本。border-radius 的语法格式如下：

```
border-radius: none | <length>{1,4} [ / <length>{1,4} ]?
```

其中，none 为默认值，表示元素没有圆角。<length>表示由浮点数和单位标识符组成的长度值，不可为负值。

【例 8.16】(示例文件 ch08\8.16.html)

```
<!DOCTYPE html>
<html>
<head>
<title>圆角边框设置</title>
<style>
p{
    text-align:center;
    border:15px solid red;
    width:100px;
    height:50px;
    border-radius:10px;
}
</style>
<head>
<body>
    <p>这是一个圆角边框</p>
</body>
</html>
```

在 IE 9.0 中浏览，效果如图 8-18 所示，可以看到，网页中，段落边框显示时，以圆角显示，其半径为 10 像素。

图 8-18　定义圆角边框

8.4.2 指定两个圆角半径

border-radius 属性可以包含两个参数值：第一个参数表示圆角的水平半径，第二个参数表示圆角的垂直半径，两个参数通过斜线(/)隔开。如果仅含一个参数值，则第二个值与第一个值相同，表示的是一个 1/4 的圆。如果参数值中包含 0，则是矩形，不会显示为圆角。

【例 8.17】 (示例文件 ch08\8.17.html)

```
<!DOCTYPE html>
<html>
<head>
<title>圆角边框设置</title>
<style>
.p1{
    text-align:center;
    border:15px solid red;
    width:100px;
    height:50px;
    border-radius:5px/50px;
}
.p2{
    text-align:center;
    border:15px solid red;
    width:100px;
    height:50px;
    border-radius:50px/5px;
}
</style>
<head>
<body>
    <p class=p1>这是一个圆角边框 A</p>
    <p class=p2>这也是一个圆角边框 B</p>
</body>
</html>
```

在 IE 9.0 中浏览，效果如图 8-19 所示，可以看到，网页中，显示了两个圆角边框，第一个段落圆角半径为 5px/50px，第二个段落圆角半径为 50px/5px。

图 8-19 定义不同半径的圆角边框

8.4.3 绘制四个角的圆角边框

在 CSS 3 中，可以实现 4 个角的圆角的边框，其方法有两种：一种是使用 border-radius 属性，另一种是使用 border-radius 衍生属性。

1. 使用 border-radius 属性

利用 border-radius 属性，可以绘制 4 个角的不同圆角边框，如果直接给 border-radius 属性赋 4 个值，这 4 个值将按照 top-left、top-right、bottom-right、bottom-left 的顺序来设置。如

果 bottom-left 值省略，其圆角效果与 top-right 效果相同；如果 bottom-right 值省略，其圆角效果与 top-left 效果相同；如果 top-right 的值省略，其圆角效果与 top-left 的效果相同。如果为 border-radius 属性设置 4 个值的集合参数，则每个值表示每个角的圆角半径。

【例 8.18】(示例文件 ch08\8.18.html)

```
<!DOCTYPE html>
<html>
<head>
<title>设置圆角边框</title>
<style>
.div1{
    border:15px solid blue;
    height:100px;
    border-radius:10px 30px 50px 70px;
}
.div2{
    border:15px solid blue;
    height:100px;
    border-radius:10px 50px 70px;
}
.div3{
    border:15px solid blue;
    height:100px;
    border-radius:10px 50px;
}
</style>
<head>
<body>
    <div class=div1></div><br>
    <div class=div2></div><br>
    <div class=div3></div>
</body>
</html>
```

在 IE 9.0 中浏览，效果如图 8-20 所示，可以看到，网页中，第一个 div 层设置了 4 个不同的圆角边框，第二个 div 层设置了三个不同的圆角边框，第三个 div 层设置了两个不同的圆角边框。

图 8-20　设置 4 个角的圆角边框

2. 使用 border-radius 衍生属性

除了上面设置圆角边框的方法之外，还可以使用如表 8-11 所列出的属性，单独为相应的边框设置圆角。

表 8-11　定义不同圆角

属　性	描　述
border-top-right-radius	定义右上角圆角
border-bottom-right-radius	定义右下角圆角
border-bottom-left-radius	定义左下角圆角
border-top-left-radius	定义左上角圆角

【例 8.19】(示例文件 ch08\8.19.html)

```
<!DOCTYPE html>
<html>
<head>
<title>圆角边框设置</title>
<style>
.div{
    border:15px solid blue;
    height:100px;
    border-top-left-radius:70px;
    border-bottom-right-radius:40px;
}
</style>
<head>
<body>
    <div class=div></div><br>
</body>
</html>
```

在 IE 9.0 中浏览，效果如图 8-21 所示，可以看到，网页中，设置了两个圆角边框，分别使用 border-top-left-radius 和 border-bottom-right-radius 指定。

图 8-21　绘制指定的圆角边框

8.4.4　绘制不同种类的边框

border-radius 属性可以根据不同的半径值，来绘制不同的圆角边框。同样也可以利用 border-radius 来定义边框内部的圆角，即内圆角。需要注意的是，外部圆角边框的半径称为外半径，内边半径等于外边半径减去对应边的宽度，即把边框内部的圆的半径称为内半径。

通过外半径和边框宽度的不同设置，可以绘制出不同形状的内边框。例如绘制内直角、小内圆角、大内圆角和圆。

【例 8.20】(示例文件 ch08\8.20.html)

```
<!DOCTYPE html>
<html>
<head>
<title>圆角边框设置</title>
<style>
.div1{
    border:70px solid blue;
    height:50px;
    border-radius:40px;
}
.div2{
    border:30px solid blue;
    height:50px;
    border-radius:40px;
}
.div3{
    border:10px solid blue;
    height:50px;
    border-radius:60px;
}
.div4{
    border:1px solid blue;
    height:100px;
    width:100px;
    border-radius:50px;
}
</style>
<head>
<body>
    <div class=div1></div><br>
    <div class=div2></div><br>
    <div class=div3></div><br>
    <div class=div4></div><br>
</body>
</html>
```

在 IE 9.0 中浏览，效果如图 8-22 所示，可以看到，网页中，第一个边框内角为直角、第二个边框内角为小圆角，第三个边框内角为大圆角，第四个边框为圆。

提示

当边框宽度设置大于圆角外半径，即内半径为 0 时，则会显示内直角，而不是圆直角，所以内外边曲线的圆心并非必然是一致的，见上例中第一种边框的设置。如果边框宽度小于圆角半径，则内半径小于 0，则会显示小幅圆角效果，如上例中第二个边框的设置。如果边框宽度设置远远小于圆角半径，则内半径远远大于 0，则会显示大幅圆角效果，如上例中第三个边框的设置。如果设置元素相同，同时设置圆角半径为元素大小的一半，则会显示圆，如上例中的第 4 个边框设置。

图 8-22 绘制不同种类的边框

8.5 综合示例——制作简单的公司主页

打开各种类型商业网站，最先映入眼帘的就是首页，也称为主页。作为一个网站的门户，主页一般要求版面整洁，美观大方。结合前面学习的背景和边框知识，我们创建一个简单的商业网站主页。具体步骤如下所示。

`step 01` 分析需求。

在本例中，主页包括三个部分，一部分是网站 Logo，一部分是导航栏，最后一部分是主页显示内容。此处网站 Logo 使用了一个背景图来代替，导航栏使用表格来实现，内容列表使用无序列表来实现。完成后，效果如图 8-23 所示。

`step 02` 构建基本 HTML。

为了划分不同的区域，HTML 页面需要包含不同的 div 层，每一层代表一个内容：一个 div 包含背景图，一个 div 包含导航栏，一个 div 包含整体内容，内容又可以划分两个不同的层。代码如下：

```
<!DOCTYPE html>
<html>
<head>
<title>公司主页</title>
</head>
<body>
<center>
<div>
<div class="div1" align=center></div>
<div class=div2>
<table width=99%><tr align=center><td>首页</td><td>最新消息</td><td>产品展示
</td><td>销售网络</td><td>人才招聘</td><td>客户服务</td></tr></table>
</div>
<div class=div3>
<div class=div4>
<ul>最新消息
<li>公司举办 2014 科技辩论大赛</li>
<li>企业安全知识大比武</li>
<li>优秀员工评比活动规则</li>
```

```
<li>人才招聘信息</li>
</ul>
</div>
<div class=div5>
<ul>成功案例
<li>上海装修建材公司</li>
<li>美衣服饰有限公司</li>
<li>天力科技有限公司</li>
<li>美方豆制品有限公司</li>
</ul>
</div>
</div>
</div>
</center>
</body>
</html>
```

在 IE 9.0 中浏览，效果如图 8-24 所示，网页中显示了导航栏和两个列表信息。

图 8-23　商业网站主页

图 8-24　基本 HTML 结构

step 03 添加 CSS 代码，设置背景 Logo：

```
<style>
.div1{
    height:100px;
    width:820px;
    background-image:url(03.jpg);
    background-repeat:no-repeat;
    background-position:center;
    background-size:cover;
}
</style>
```

在 IE 9.0 中浏览，效果如图 8-25 所示，可以看到，在网页顶部显示了一个背景图，此背景覆盖整个 div 层，不重复。并且背景图片居中显示。

step 04 添加 CSS 代码，设置导航栏：

```
.div2{
    width:820px;
    background-color:#d2e7ff;
}
table{
```

```
    font-size:12px;
    font-family:"幼圆";
}
```

在 IE 9.0 中浏览，效果如图 8-26 所示，可以看到，在网页中，导航栏背景色为浅蓝色，表格中字体大小为 12 像素，字休类型是幼圆。

图 8-25　设置背景图

图 8-26　设置导航栏

step 05　添加 CSS 代码，设置内容样式：

```
.div3{
    width:820px;
    height:320px;
    border-style:solid;
    border-color:#ffeedd;
    border-width:10px;
    border-radius:60px;
}
.div4{
    width:810px;
    height:150px;
    text-align:left;
    border-bottom-width: 2px;
    border-bottom-style:dotted;
    border-bottom-color:#ffeedd;
}
.div5{
    width:810px;
    height:150px;
    text-align:left;
}
```

在 IE 9.0 中浏览，效果如图 8-27 所示，可以看到，在网页中，内容显示在一个圆角边框中，两个不同的内容块中间使用虚线隔开。

step 06　添加 CSS 代码，设置列表样式：

```
ul{
    font-size:15px;
    font-family:"楷体";
}
```

在 IE 9.0 中浏览，效果如图 8-28 所示，可以看到，在网页中，列表字体大小为 15 像素，字形为楷体。

图 8-27　修饰边框　　　　　　　　　　　　　图 8-28　美化列表信息

8.6　上机练习——制作简单的生活资讯主页

本例制作一个简单的生活资讯主页。具体操作步骤如下。

step 01　打开记事本文件，在其中输入如下代码：

```
<html>
<head>
<title>生活资讯</title>
<style>
.da{border:#0033FF 1px solid;}
.title{color:blue;font-size:25px;text-align:center}
.xtitle{
    text-align:center;
    font-size:13px;
    color:gray;
}
img{
    border-top-style:solid;
    border-right-style:dashed;
    border-bottom- style:solid;
    border-left-style:dashed;
}
.xiao{border-bottom:#CCCCCC 1px dashed;}
</style>
</head>
<body>
<div class=da>
<div class=xiao>
<p class=title>做一碗喷香的煲仔饭，锅巴是它的灵魂</p>
<p class=xtitle>2014-01-25 09:38 来源：生活网</p>
</div>

<div>
<p align=center>
<img src=04.jpg border=1 width="200" height="150"/>
<p>
```

```
<p style="text-indent:10mm;font-size:15px;">
首先，把米泡好，然后在砂锅里抹上一层油，不要抹多，因为之后还要放。香喷喷的土猪油最好，没有
的话尽量用味道不大的油比如葵花籽油，色拉油什么的，如果用橄榄油花生油之类的话会有一股味道，
这个看个人接受能力了。之后就跟知友说的一样，放米放水。水一定不能多放。因为米已经吸饱了水。
具体放多少水看个人喜好了，如果不清楚的话就多做几次。总会成功的。</p>
<p>
<p style="text-indent:10mm;font-size:15px;">
然后盖上锅盖，大火，水开了之后换中火。等锅里的水变成类似于稀饭一样粘稠，没剩多少(请尽量少
开几次锅盖，这个也需要经验)的时候，放一勺油，这一勺油的用处是让米饭更香更亮更好吃，最重要
的一点是这样能！出！锅！巴！</p>
<p>
<p style="text-indent:10mm;font-size:15px;">
最后把配菜啥的放进去(青菜我习惯用水焯一遍就直接放到做好的饭里)，淋上酱汁。然后火稍微调小
一点，盖上盖子再闷一会，等菜快熟了的时候关火，不开盖，闷 5 分钟左右，就搞定了。
</p>
</div>
</div>
</body>
</html>
```

step 02　保存网页，在 IE 9.0 中预览，效果如图 8-29 所示。

图 8-29　网页效果

8.7　专家答疑

疑问 1：我设置的背景图片不显示，是不是路径有问题呢？

一般情况下，设置图片路径的代码如下：

```
background-image:url(logo.jpg);
background-image:url(../logo.jpg);
background-image:url(../images/logo.jpg);
```

对于第一种情况 "url(logo.jpg)"，要看此图片是不是与 CSS 文件在同一目录中。

对于第二和第三种情况，尽量不推荐使用的，因为网页文件可能存在于多级目录中，不

同级目录的文件位置注定了相对路径是不一样的。而这样就让问题复杂化了，很可能图片在这个文件中显示正常，换了一级目标，图片就找不到影子了。

有一种方法可以轻松地解决这一问题，建立一个公共文件目录，例如"image"，用来存放一些公用图片文件，将图片文件直接存于该目录中，在 CSS 文件中可以使用如下代码：

```
url(images/logo.jpg)
```

疑问 2：用小图片进行背景平铺好吗？

不要使用过小的图片做背景平铺。假如宽高 1px 的图片平铺出一个宽高 200px 的区域，需要 200×200=40000 次，占用资源。

疑问 3：边框样式 border:0 会占用资源吗？

推荐的写法是 border:none，虽然 border:0 只是定义边框宽度为零，但边框样式、颜色还是会被浏览器解析，会占用资源的。

第 9 章
使用 CSS 3 美化
网页浏览效果

　　超链接是网页的灵魂，各个网页都是通过超链接进行相互访问的，超链接完成了页面的跳转。通过 CSS 3 的属性定义，可以设置出美观大方、具有不同外观和样式的超链接，从而增加网页浏览的效果。

9.1 使用 CSS 3 美化超链接

一般情况下，超级链接是由\<a\>\</a\>标记组成，超级链接可以是文字或图片。添加了超级链接的文字具有自己的样式，从而与其他文字区别开，其中默认链接样式为蓝色文字，有下划线。不过，通过 CSS 3 属性，可以修饰超级链接，从而实现更加美观的效果。

9.1.1 改变超级链接的基本样式

通过 CSS 3 的伪类，可以改变超级链接的基本样式，伪类最大的用处是在不同状态下可以对超级链接定义不同的样式效果，伪类是 CSS 本身定义的一种类。

对于超级链接伪类，其详细信息如表 9-1 所示。

表 9-1　超级链接伪类

伪　类	用　途
a:link	定义 a 对象在未被访问前的样式
a:hover	定义 a 对象在其鼠标悬停时的样式
a:active	定义 a 对象被用户激活时的样式(在鼠标单击与释放之间发生的事件)
a:visited	定义 a 对象在其链接地址已被访问过时的样式

提示　如果要定义未被访问超级链接的样式，可以通过 a:link 来实现，如果要设置被访问过的超级链接的样式，可以通过定义 a:visited 来实现。其他要定义的悬浮和激活时的样式，也能按表 9-1，用 hover 和 active 来实现。

【例 9.1】(示例文件 ch09\9.1.html)

```
<!DOCTYPE html>
<html>
<head>
<title>超级链接样式</title>
<style>
a{
    color:#545454;
    text-decoration:none;
}
a:link{
    color:#545454;
    text-decoration:none;
}
a:hover{
    color:#f60;
    text-decoration:underline;
}
a:active{
    color:#FF6633;
    text-decoration:none;
```

```
}
</style>
</head>
<body>
<center>
<a href=#>返回首页</a>|<a href=#>成功案例</a>
<center>
</body>
</html>
```

在 IE 9.0 中浏览，效果如图 9-1 所示，可以看到两个超级链接，当鼠标指针停留在第一个超级链接上方时，显示颜色为黄色，并带有下划线。另一个超级链接没有被访问，不带有下划线，颜色显示为灰色。

图 9-1　伪类修饰超级链接

　从上面的描述可以知道，伪类只是提供一种途径，来修饰超级链接，而对超级链接真正起作用的，还是文本、背景和边框等属性。

9.1.2　设置带有提示信息的超级链接

在网页显示的时候，有时一个超级链接并不能说明这个链接背后的含义，通常还要为这个链接加上一些介绍性信息，即提示信息。此时，可以通过超级链接 a 提供描述标记 title，达到这个效果。title 属性的值即为提示内容，当浏览器的光标停留在超级链接上时，会出现提示内容，并且不会影响页面排版的整洁。

【**例 9.2**】(示例文件 ch09\9.2.html)

```
<!DOCTYPE html>
<html>
<head>
<title>超级链接样式</title>
<style>
a{
    color:#005799;
    text-decoration:none;
}
a:link{
    color:#545454;
    text-decoration:none;
}
a:hover{
    color:#f60;
    text-decoration:underline;
}
a:active{
```

```
        color:#FF6633;
        text-decoration:none;
    }
    </style>
    </head>
    <body>
        <a href="" title="这是一个优秀的团队">了解我们</a>
    </body>
    </html>
```

在 IE 9.0 中浏览，效果如图 9-2 所示，可以看到，当鼠标指针停留超级链接上方时，显示颜色为黄色，带有下划线，并且出现"这是一个优秀的团队"提示信息。

图 9-2　超级链接的提示信息

9.1.3　设置超级链接的背景图

一个普通超级链接，要么是文本显示，要么是图片显示，显示方式很单一。此时可以将图片作为背景图，添加到超级链接里，这样超级链接会具有更加精美的效果。超级链接如果要添加背景图片，通常使用 background-image 来完成。

【例 9.3】(示例文件 ch09\9.3.html)

```
<!DOCTYPE html>
<html>
<head>
<title>设置超级链接的背景图</title>
<style>
a{
    background-image:url(01.jpg);
    width:90px;
    height:30px;
    color:#005799;
    text-decoration:none;
}
a:hover{
    background-image:url(02.jpg);
    color:#006600;
    text-decoration:underline;
}
</style>
</head>
<body>
    <a href="#">品牌特卖</a>
    <a href="#">服饰精选</a>
    <a href="#">食品保健</a>
```

```
</body>
</html>
```

在 IE 9.0 中浏览，效果如图 9-3 所示，可以看到显示了三个超级链接，当鼠标指针停留在一个超级链接上时，其背景图就会显示蓝色并带有下划线，而当鼠标指针不在超级链接上时，背景图显示浅蓝色，并且不带有下划线。

图 9-3　图片超级链接

　在上面的代码中，使用 background-image 引入背景图，text-decoration 设置超级链接是否具有下划线。

9.1.3　设置超级链接的按钮效果

有时为了增强超级链接的效果，会将超级链接模拟成表单按钮，即当鼠标指针移到一个超级链接上的时候，超级链接的文章或图片就会像被按下一样，有一种凹陷的效果。实现方式通常是利用 CSS 中的 a:hover，当鼠标指针经过链接时，将链接向下、向右各移一个像素，这时候，就会显示如同按钮被按下的效果。

【例 9.4】(示例文件 ch09\9.4.html)

```
<!DOCTYPE html>
<html>
<head>
<title>设置超级链接的按钮效果</title>
<style>
a{
    font-family:"幼圆";
    font-size:2em;
    text-align:center;
    margin:3px;
}
a:link,a:visited{
    color:#ac2300;
    padding:4px 10px 4px 10px;
    background-color:#ccd8db;
    text-decoration:none;
    border-top:1px solid #EEEEEE;
    border-left:1px solid #EEEEEE;
    border-bottom:1px solid #717171;
    border-right:1px solid #717171;
}
a:hover{
    color:#821818;
```

```
    padding:5px 8px 3px 12px;
    background-color:#e2c4c9;
    border-top:1px solid #717171;
    border-left:1px solid #717171;
    border-bottom:1px solid #EEEEEE;
    border-right:1px solid #EEEEEE;
}
</style>
</head>
<body>
    <a href="#">首页</a>
    <a href="#">团购</a>
    <a href="#">品牌特卖</a>
    <a href="#">服饰精选</a>
    <a href="#">食品保健</a>
</body>
</html>
```

在 IE 9.0 中浏览效果如图 9-4 所示,可以看到,显示了 5 个超级链接,当鼠标指针停留在一个超级链接上时,其背景色显示黄色并具有凹陷的感觉,而当鼠标指针不在超级链接上时,背景图显示为浅灰色。

图 9-4　超级按钮效果

　　　　上面的 CSS 代码中,需要对 a 标记进行整体控制,同时加入了 CSS 的两个伪类属性。对于普通超链接和单击过的超链接,采用同样的样式,并且边框的样式模拟按钮效果。而对于鼠标指针经过时的超级链接,相应地改变文字颜色、背景色、位置和边框,从而模拟按下的效果。

9.2　使用 CSS 3 美化鼠标特效

对于经常操作计算机的人们来说,当鼠标及其指针移动到不同地方,或执行不同的操作时,鼠标指针的样式是不同的,这些就是鼠标特效,例如,当需要伸缩窗口时,将鼠标指针放置在窗口边沿处,鼠标指针会变成双向箭头状;当系统繁忙时,鼠标指针会变成漏斗状。如果要在网页上实现这种效果,可以通过 CSS 属性定义实现。

9.2.1　使用 CSS 3 控制鼠标箭头

在 CSS 3 中,鼠标的箭头样式可以通过 cursor 属性来实现。cursor 属性包含有 17 个属性值,对应鼠标的 17 个样式,而且还能够通过 url 链接地址自定义鼠标指针,如表 9-2 所示。

表 9-2 cursor 属性(鼠标样式)

属 性 值	说　　明
auto	自动，按照默认状态自行改变
crosshair	精确定位十字
default	默认鼠标指针
hand	手形
move	移动
help	帮助
wait	等待
text	文本
n-resize	箭头朝上，双向
s-resize	箭头朝下，双向
w-resize	箭头朝左，双向
e-resize	箭头朝右，双向
ne-resize	箭头右上，双向
se-resize	箭头右下，双向
nw-resize	箭头左上，双向
sw-resize	箭头左下，双向
pointer	指示
url (url)	自定义鼠标指针

【例 9.5】(示例文件 ch09\9.5.html)

```
<!DOCTYPE html>
<html>
<head>
<title>鼠标特效</title>
</head>
<body>
  <h2>CSS 控制鼠标箭头</h2>
  <div style="font-size:10pt;color:DarkBlue">
    <p style="cursor:hand">手形</p>
    <p style="cursor:move">移动</p>
    <p style="cursor:help">帮助</p>
    <p style="cursor:n-resize">箭头朝上双向</p>
    <p style="cursor:ne-resize">箭头右上双向</p>
    <p style="cursor:wait">等待</p>
  </div>
</body>
</html>
```

在 IE 9.0 中浏览，效果如图 9-5 所示，可以看到多个鼠标样式提示信息，当鼠标指针放到一个帮助文字上时，会显示问号"？"，从而实现提示作用。读者可以将鼠标指针放在不同的文字上，查看不同的鼠标样式。

图 9-5　鼠标样式

9.2.2　设置鼠标变换式超链接

知道了如何控制鼠标样式，就可以轻松制作出鼠标指针样式变换的超级链接效果了，即鼠标放到超级链接上，可以看到超级链接的颜色、背景图片发生变化，并且鼠标样式也发生了变化。

【例 9.6】(示例文件 ch09\9.6.html)

```
<!DOCTYPE html>
<html>
<head>
<title>鼠标手势</title>
<style>
a{
    display:block;
    background-image:url(03.jpg);
    background-repeat:no-repeat;
    width:100px;
    height:30px;
    line-height:30px;
    text-align:center;
    color:#FFFFFF;
    text-decoration:none;
}
a:hover{
    background-image:url(02.jpg);
    color:#FF0000;
    text-decoration:none;
}
.help{
    cursor:help;
}
.text{cursor:text;}
</style>
</head>
<body>
<a href="#" class="help">帮助我们</a>
<a href="#" class="text">招聘信息</a>
</body>
</html>
```

在 IE 9.0 中的浏览效果如图 9-6 所示，可以看到，当鼠标指针放到一个"帮助我们"工具栏上时，其鼠标样式以问号显示，字体颜色显示为红色，背景色为蓝天白云。当鼠标指针不放到工具栏上时，背景图片为绿色，字体颜色为白色。

图 9-6　鼠标变换效果

9.2.3　设置网页页面滚动条

当一个网页内容较多的时候，浏览器窗口不能在一屏内完全显示，就会给浏览者提供滚动条，方便读者浏览相关的内容。对于 IE 浏览器，可以单独设置滚动条样式，从而满足网站整体样式设计。滚动条主要由 3dlight、highlight、face、arrow、shadow 和 darkshadow 几个部分组成。其具体含义如表 9-3 所示。

表 9-3　滚动条属性设置

滚动条属性	CSS 版本	兼容性	简　介
scrollbar-3d-light-color	IE 专有	IE 5.5+	设置或检索滚动条 3D 界面的亮边(ThreedHighlight)的颜色
scrollbar-highlight-color	IE 专有	IE 5.5+	设置或检索滚动条亮边框颜色
scrollbar-face-color	IE 专有	IE 5.5+	设置或检索滚动条 3D 表面(ThreedFace)的颜色
scrollbar-arrow-color	IE 专有	IE 5.5+	设置或检索滚动条方向箭头的颜色
scrollbar-shadow-color	IE 专有	IE 5.5+	设置或检索滚动条 3D 界面的暗边(ThreedShadow)的颜色
scrollbar-dark-shadow-color	IE 专有	IE 5.5+	设置或检索滚动条暗边框(ThreedDarkShadow)的颜色
scrollbar-base-color	IE 专有	IE 5.5+	设置或检索滚动条基准颜色。其他界面颜色将据此自动调整

【例 9.7】(示例文件 ch09\9.7.html)

```
<!DOCTYPE html>
<html>
<head>
<title>设置滚动条</title>
<style>
body{
    overFlow-x:hidden;
```

```
    overFlow-y:scroll;
    scrollBar-face-color:green;
    scrollBar-hightLight-color:red;
    scrollBar-3dLight-color:orange;
    scrollBar-darkshadow-color:blue;
    scrollBar-shadow-color:yellow;
    scrollBar-arrow-color:purple;
    scrollBar-track-color:black;
    scrollBar-base-color:pink;
}
p{text-indent:2em;}
</style>
</head>
<body>
<h1 align=center>岳阳楼记</h1>
<p>庆历四年春，滕子京谪守巴陵郡。越明年，政通人和，百废具兴。乃重修岳阳楼，增其旧制，刻唐贤今人诗赋于其上。属(zhǔ)予作文以记之。</p>
<p>予观夫巴陵胜状，在洞庭一湖。衔远山，吞长江，浩浩汤汤(shāngshāng)，横无际涯。朝晖夕阴，气象万千。此则岳阳楼之大观也，前人之述备矣。然则北通巫峡，南极潇湘，迁客骚人，多会于此，览物之情，得无异乎？</p>
<p>若夫霪雨霏霏，连月不开，阴风怒号，浊浪排空。日星隐曜，山岳潜形。商旅不行，樯倾楫摧。薄暮冥冥，虎啸猿啼。登斯楼也，则有去国怀乡，忧谗畏讥，满目萧然，感极而悲者矣。</p>
<p>至若春和景明，波澜不惊，上下天光，一碧万顷。沙鸥翔集，锦鳞游泳。岸芷汀(tīng)兰，郁郁青青。而或长烟一空，皓月千里，浮光跃金，静影沉璧，渔歌互答，此乐何极！登斯楼也，则有心旷神怡，宠辱偕忘，把酒临风，其喜洋洋者矣。</p>
<p>嗟夫！予尝求古仁人之心，或异二者之为。何哉？不以物喜，不以己悲；居庙堂之高，则忧其民，处江湖之远，则忧其君。是进亦忧，退亦忧。然则何时而乐耶？其必曰"先天下之忧而忧，后天下之乐而乐"乎？噫！微斯人，吾谁与归？</p>
<p>时六年九月十五日。</p>
</body>
<html>
```

在 IE 9.0 中浏览，效果如图 9-7 所示，可以看到，页面显示了一个绿色滚动条，滚动条边框显示为黄色，箭头显示为紫色。

图 9-7　CSS 设置滚动条

　　overFlow-x:hidden 代码表示隐藏 x 轴方向上的代码，overFlow-y:scroll 表示显示 y 轴方向上的代码。非常遗憾的是，目前这种滚动设计只限于 IE 浏览器，其他浏览器对此并不支持。相信不久的将来，这会纳入 CSS 3 的样式属性中。

9.3　综合示例 1——图片版本的超级链接

在网上购物，已经成为一种时尚，人们足不出户，就可以购买到称心如意的东西。在网上查看所购买的东西，通常都是通过图片。购买者首先查看图片上的物品是否满意，如果满意，直接单击图片进入到详细信息介绍页面，这些页面中通常都是以图片作为超级链接的。

本例将结合前面学习的知识，创建一个图片版本的超级链接。具体步骤如下。

`step 01` 分析需求。

单独为一个物品进行介绍，最少要包含两个部分，一个是图片，一个是文字。图片是作为超级链接存在的，可以进入下一个页面；文字主要是介绍物品的。示例完成后，实际效果如图 9-8 所示。

`step 02` 构建基本的 HTML 页面。

创建一个 HTML 页面，需要创建一个段落 p，来包含图片 img 和介绍信息。代码如下：

```
<!DOCTYPE html>
<html>
<head>
<title>图片版本超级链接</title>
</head>
<body>
<p>
<a href="#" title="单击图片，会进入更详细页面介绍"><img src=xuelian.jpg></a>
雪莲是一种珍贵的中药,在中国的新疆,西藏,青海,四川,云南等地都有出产.中医将雪莲花全草入药,
主治雪盲,牙痛,阳萎,月经不调等病症.此外,中国民间还有用雪莲花泡酒来治疗风湿性关节炎和妇科病
的方法.不过,由于雪莲花中含有有毒成分秋水仙碱,所以用雪莲花泡的酒切不可多服.
</p>
</body>
</html>
```

在 IE 9.0 中浏览，效果如图 9-9 所示，可以看到页面中显示了一张图片作为超级链接，下面带有文字介绍。

图 9-8　图片版本的超级链接

图 9-9　创建基本链接

`step 03` 添加 CSS 代码，修饰 img 图片：

```
<style>
img{
```

```
    width:120px;
    height:100px;
    border:1px solid #ffdd00;
    float:left;
}
</style>
```

在 IE 9.0 中浏览，效果如图 9-10 所示，可以看到，页面中图片变为小图片，其宽度为 120 像素，高度为 100 像素，带有边框，文字在图片左部出现。

step 04 添加 CSS 代码，修饰段落样式：

```
p{
    width:200px;
    height:200px;
    font-size:13px;
    font-family:"幼圆";
    text-indent:2em;
}
```

在 IE 9.0 中浏览，效果如图 9-11 所示，可以看到页面中的图片变为小图片，段落文字大小为 13 像素，字形为幼圆，段落首行缩进了 2em。

图 9-10　设置图片样式

图 9-11　设置段落样式

9.4　综合示例 2——关于鼠标特效

在浏览网页时，看到的鼠标指针的形状有箭头、手形和 I 字形，但在 Windows 环境下，可以看到的鼠标指针种类要比这个多得多。

CSS 弥补了 HTML 语言在这方面的不足，可以通过 cursor 属性设置各种样式的鼠标，并且可以自定义鼠标。本例将展示鼠标样式特效并自定义一个鼠标。

本例结合前面介绍的内容，将创建一个鼠标特效示例。具体步骤如下。

step 01 分析需求。

所谓鼠标特效，在于背景图片、文字和鼠标指针发生变化，从而吸引人注意。本例将创建 3 个超级链接，并设定它们的样式，即可达到效果。示例完成后，在 IE 9.0 浏览器中的效果如图 9-12 和 9-13 所示。

图 9-12　IE 鼠标特效

图 9-13　自定义鼠标

step 02 创建 HTML，实现基本的超级链接：

```html
<!DOCTYPE html>
<html>
<head>
<title>鼠标特效</title>
</head>
<body>
<center>
<a href="#">产品帮助</a>
<a href="#">下载产品</a>
<a href="#">自定义鼠标</a>
</center>
</body>
</html>
```

在 IE 9.0 中浏览，效果如图 9-14 所示，可以看到 3 个超级链接，颜色为蓝色，并带有下划线。

step 03 添加 CSS 代码，修饰整体样式：

```css
<style type="text/css">
*{
    margin:0px;
    padding:0px;
}
body{
    font-family:"宋体";
    font-size:12px;
}
-->
</style>
```

在 IE 9.0 中浏览，效果如图 9-15 所示，可以看到超级链接颜色不变，字体大小为 12 像素，字形为宋体。

图 9-14　创建超级链接

图 9-15　设置全局样式

step 04 添加 CSS 代码，修饰链接基本样式：

```
a, a:visited {
    line-height:20px;
    color:#000000;
    background-image:url(nav02.jpg);
    background-repeat:no-repeat;
    text-decoration:none;
}
```

在 IE 9.0 中浏览，效果如图 9-16 所示，可以看到超级链接引入了背景图片，不带有下划线，并且颜色为黑色。

step 05 添加 CSS 代码，修饰悬浮样式：

```
a:hover {
    font-weight:bold;
    color:#FFFFFF;
}
```

在 IE 9.0 中浏览，效果如图 9-17 所示，可以看到，当鼠标指针放到超级链接上时，字体颜色变为白色，字体加粗。

图 9-16 设置链接的基本样式

图 9-17 设置悬浮样式

step 06 添加 CSS 代码，设置鼠标指针：

```
<a href="#" style="cursor:help;">产品帮助</a>
<a href="#" style="cursor:wait;">下载产品</a>
<a href="#" style="CURSOR:url('0041.ani')">自定义鼠标</a>
```

在 IE 9.0 中浏览，效果如图 9-18 所示，可以看到，当鼠标指针放到超级链接上时，鼠标指针变为问号，提示帮助。

图 9-18 设置鼠标指针

9.5 上机练习——制作一个简单的导航栏

网站的每个页面中，基本都存放着一个导航栏，作为浏览者跳转的入口。导航栏一般是由超级链接创建的，对于导航栏的样式，可以采用 CSS 来设置。导航栏样式变化的基础是在文字、背景图片和边框上变化。

这里结合前面学习的知识，来创建一个实用导航栏。具体步骤如下。

step 01 分析需求。

一个导航栏，通常需要创建一些超级链接，然后对这些超级链接进行修饰。这些超级链接可以是横排，也可以是竖排。链接上可以导入背景图片，文字上加下划线等。示例完成后，效果如图 9-19 所示。

step 02 构建 HTML，创建超级链接：

```
<!DOCTYPE html>
<html>
<head>
<title>制作导航栏</title>
</head>
<body>
<a href="#">最新消息</a>
<a href="#">产品展示</a>
<a href="#">客户中心</a>
<a href="#">联系我们</a>
</body>
</html>
```

在 IE 9.0 中浏览，效果如图 9-20 所示，可以看到页面中创建了 4 个超级链接，其排列方式为横排，颜色为蓝色，带有下划线。

图 9-19 导航栏效果

图 9-20 创建超级链接

step 03 添加 CSS 代码，修饰超级链接的基本样式：

```
<style type="text/css">
<!--
a, a:visited {
    display: block;
    font-size: 16px;
    height: 50px;
    width: 80px;
```

```
    text-align: center;
    line-height: 40px;
    color: #000000;
    background-image: url(20.jpg);
    background-repeat: no-repeat;
    text-decoration: none;
}
-->
</style>
```

在 IE 9.0 中浏览，效果如图 9-21 所示，可以看到页面中 4 个超级链接的排列方式变为竖排，并且每个链接都导入了一个背景图片，超级链接高度为 50 像素，宽度为 80 像素，字体颜色为黑色，不带有下划线。

step 04 添加 CSS 代码，修饰悬浮样式：

```
a:hover {
    font-weight: bolder;
    color: #FFFFFF;
    text-decoration: underline;
    background-image: url(hover.gif);
}
```

在 IE 9.0 中浏览，效果如图 9-22 所示，可以看到，当鼠标指针放到导航栏上的一个超级链接上时，其背景图片发生了变化，文字带有下划线。

图 9-21 设置链接的基本样式   图 9-22 设置鼠标悬浮样式

9.6 专 家 答 疑

疑问 1：丢失标记中的结尾斜线，会造成什么后果呢？

会导致页面排版失效。结尾斜线丢失也是造成页面失效比较常见的原因。我们很容易忽略结尾斜线之类的东西，特别是在 image 标签等元素中。在严格的 DOCTYPE 中，这是无效的。要在 img 标签结尾处加上"/"以解决此问题。

疑问 2：设置了超级链接激活状态，怎么看不到结果呢？

当前激活状态"a:active"一般被显示的情况非常少，因此很少使用。因为当用户单击一个超级链接之后，焦点很容易就会从这个链接上转移到其他地方。例如新打开的窗口等，此时该超级链接就不再是"当前激活"状态了。

疑问 3：有的鼠标效果在不同浏览器中怎么不一样呢？

很多时候，浏览器调用的鼠标是操作系统的鼠标效果，因此同一用户浏览器之间的差别很小，但不同操作系统的用户之间还存在差异的。例如有些鼠标效果可以在 IE 浏览器显示，但不可以在 FF(火狐)浏览器中显示。

第 10 章
使用 CSS 控制
表格和表单的样式

表格和表单是网页中常见的元素，表格通常用来显示二维关系数据和排版，从而达到页面整齐和美观的效果。而表单是作为客户端和服务器交流的窗口，可以获取客户端信息，并反馈服务器端信息。

本章将介绍如何使用 CSS 3 来美化表格和表单。

10.1 美化表格样式

在传统的网页设计中，表格一直占有比较重要的地位，使用表格排版网页，可以使网页更美观、条理更清晰、更易于维护和更新。

10.1.1 设置表格边框的样式

在显示表格数据时，通常都带有表格边框，用来界定不同单元格的数据。当 table 表格的描述标记 border 值大于 0 时，将显示边框，如果 border 值为 0，则不显示边框。边框显示之后，可以使用 CSS 3 的 border-collapse 属性对边框进行修饰。其语法格式为：

```
border-collapse: separate | collapse
```

其中，separate 是默认值，表示边框会被分开。不会忽略 border-spacing 和 empty-cells 属性。而 collapse 属性表示边框会合并为一个单一的边框，会忽略 border-spacing 和 empty-cells 属性。

【例 10.1】(示例文件 ch10\10.1.html)

```
<!DOCTYPE html>
<html>
<head>
<title>家庭季度支出表</title>
<style>
<!--
.tabelist{
    border:1px solid #429fff;      /* 表格边框 */
    font-family:"楷体";
    border-collapse:collapse;       /* 边框重叠 */
}
.tabelist caption{
    padding-top:3px;
    padding-bottom:2px;
    font-weight:bolder;
    font-size:15px;
    font-family:"幼圆";
    border:2px solid #429fff;      /* 表格标题边框 */
}
.tabelist th{
    font-weight:bold;
    text-align:center;
}
.tabelist td{
    border:1px solid #429fff;      /* 单元格边框 */
    text-align:right;
    padding:4px;
}
-->
</style>
</head>
```

```
<body>
<table class="tabelist">
    <caption class="tabelist">
    2013 季度 07-09
    </caption>
    <tr>
        <th>月份</th>
        <th>07 月</th>
        <th >08 月</th>
        <th>09 月</th>
    </tr>
    <tr>
        <td>收入</td>
        <td>8000</td>
        <td>9000</td>
        <td>7500</td>
    </tr>
    <tr>
        <td>吃饭</td>
        <td>600</td>
        <td>570</td>
        <td>650</td>
    </tr>
    <tr>
        <td>购物</td>
        <td>1000</td>
        <td>800</td>
        <td>900</td>
    </tr>
    <tr>
        <td>买衣服</td>
        <td>300</td>
        <td>500</td>
        <td>200</td>
    </tr>
    <tr>
        <td>看电影</td>
        <td>85</td>
        <td>100</td>
        <td>120</td>
    </tr>
    <tr>
        <td>买书</td>
        <td>120</td>
        <td>67</td>
        <td>90</td>
    </tr>
</table>
</body>
</html>
```

在 IE 9.0 中浏览，效果如图 10-1 所示，可以看到，表格带有边框显示，其边框宽度为 1 像素，直线显示，并且边框进行合并。表格标题"2011 季度 07-09"也带有边框显示，字体大小为 150 像素，字形是幼圆并加粗显示。表格中每个单元格都以 1 像素、直线的方式显示边框，并将显示对象右对齐。

图 10-1　表格样式修饰

10.1.2　设置表格边框的宽度

在 CSS 3 中，用户可以使用 border-width 属性来设置表格边框的宽度，从而来美化边框宽度。如果需要单独设置某一个边框的宽度，可以使用 border-width 的衍生属性设置，例如 border-top-width 和 border-left-width 等。

【例 10.2】(示例文件 ch10\10.2.html)

```
<!DOCTYPE html>
<html>
<head>
<title>表格边框宽度</title>
<style>
table{
    text-align:center;
    width:500px;
    border-width:6px;
    border-style:double;
    color:blue;
}
td{
    border-width:3px;
    border-style:dashed;
}
</style>
</head>
<body>
<table border=1 cellspacing="3" cellpadding="0">
  <tr>
    <td>姓名</td>
    <td class=tds>性别</td>
    <td>年龄</td>
  </tr>
  <tr>
    <td>张三</td>
    <td>男</td>
    <td>31</td>
  </tr>
```

```
  <tr>
    <td>李四 </td>
    <td>男</td>
    <td>18</td>
  </tr>
</table>
</body>
</html>
```

在 IE 9.0 中浏览，效果如图 10-2 所示，可以看到，表格带有边框，宽度为 6 像素，双线式，表格中字体颜色为蓝色。单元格边框宽度为 3 像素，显示样式是虚线。

图 10-2　设置表格宽度

10.1.3　设置表格边框的颜色

表格颜色设置非常简单，通常使用 CSS 3 的 color 属性设置表格中的文本颜色，使用 background-color 设置表格背景色。如果为了突出表格中的某一个单元格，还可以使用 background-color 设置某一个单元格的颜色。

【例 10.3】(示例文件 ch10\10.3.html)

```
<!DOCTYPE html>
<html>
<head>
<title>设置表格边框颜色</title>
<style>
*{
    padding:0px;
    margin:0px;
}
body{
    font-family:"黑体";
    font-size:20px;
}
table{
    background-color:yellow;
    text-align:center;
    width:500px;
    border:1px solid green;
}
td{
    border:1px solid green;
    height:30px;
    line-height:30px;
}
```

189

```
.tds{
    background-color:blue;
}
</style>
</head>
<body>
<table cellspacing="3" cellpadding="0">
  <tr>
    <td>姓名</td>
    <td class=tds>性别</td>
    <td>年龄</td>
  </tr>
  <tr>
    <td>张三</td>
    <td>男</td>
    <td>32</td>
  </tr>
  <tr>
    <td>小丽</td>
    <td>女</td>
    <td>28</td>
  </tr>
</table>
</body>
</html>
```

在 IE 9.0 中浏览，效果如图 10-3 所示，可以看到，表格带有边框，边框样式显示为绿色，表格背景色为黄色，其中一个单元格的背景色为蓝色。

图 10-3　设置边框的背景色

10.2　美化表单样式

表单可以用来向 Web 服务器发送数据，特别是经常被用在主页页面中——用户输入信息，然后发送到服务器中。

实际用在 HTML 中的标记有 form、input、textarea、select 和 option。

10.2.1　美化表单中的元素

在网页中，表单元素的背景色默认都是白色的，这样的背景色不能美化网页，所以可以使用颜色属性定义表单元素的背景色。定义表单元素背景色可以使用 background-color 属性，这样可以使表单元素不那么单调。使用示例如下：

```
input{
    background-color: #ADD8E6;
}
```

上面的代码设置了 input 表单元素的背景色，都是统一的颜色。

【例 10.4】(示例文件 ch10\10.4.html)

```
<!DOCTYPE html>
<HTML>
<head>
<style>
<!--
input{                          /* 所有 input 标记 */
    color: #cad9ea;
}
input.txt{                      /* 文本框单独设置 */
    border: 1px inset #cad9ea;
    background-color: #ADD8E6;
}
input.btn{                      /* 按钮单独设置 */
    color: #00008B;
    background-color: #ADD8E6;
    border: 1px outset #cad9ea;
    padding: 1px 2px 1px 2px;
}
select{
    width: 80px;
    color: #00008B;
    background-color: #ADD8E6;
    border: 1px solid #cad9ea;
}
textarea{
    width: 200px;
    height: 40px;
    color: #00008B;
    background-color: #ADD8E6;
    border: 1px inset #cad9ea;
}
-->
</style>
</head>
<BODY>
<h3>注册页面</h3>
<table border="1" width="45%">
<form method="post">
<tr><td width="30%">昵称:</td><td><input class=txt>1－20 个字符<div id="qq">
</div></td></tr>
<tr><td>密码:</td><td><input type="password">长度为 6~16 位</td></tr>
<tr><td>确认密码:</td><td><input type="password" ></td></tr>
<tr><td>真实姓名: </td><td><input name="username1"></td></tr>
<tr><td>性别:</td><td><select><option>男</option><option>女
```

```
</option></select></td></tr>
<tr><td>E-mail 地址:</td><td><input value="sohu@sohu.com"></td></tr>
<tr><td>备注:</td><td><textarea cols=35 rows=10></textarea></td></tr>
<tr><td><input type="button" value="提交" class=btn /></td><td><input
type="reset" value="重填"/></td></tr>
</form>
</table>
</BODY>
</HTML>
```

在 IE9.0 中浏览，效果如图 10-4 所示，可以看到，表单中"昵称"输入框、"性别"下拉框和"备注"文本框中都显示了指定的背景颜色。

图 10-4 美化表单元素

在上面的代码中，首先使用 input 标记选择符定义了 input 表单元素的输入字体颜色，然后分别定义了两个类 txt 和 btn，txt 用来修饰输入框的样式，btn 用来修饰按钮的样式。最后分别定义了 select 和 textarea 的样式，其样式定义主要涉及边框和背景色。

10.2.2 美化提交按钮

通过对表单元素背景色的设置，可以在一定程度上起到美化提交按钮的效果，例如可以使用 background-color 属性，将其值设置为 transparent(透明色)，就是最常见的一种美化提交按钮的方式。使用示例如下：

```
background-color:transparent;        /* 背景色透明 */
```

【例 10.5】(示例文件 ch10\10.5.html)

```
<!DOCTYPE html>
<html>
<head>
<title>美化提交按钮</title>
<style>
<!--
form{
    margin:0px;
    padding:0px;
```

```
        font-size:14px;
}
input{
        font-size:14px;
        font-family:"幼圆";
}
.t{
        border-bottom:1px solid #005aa7;        /* 下划线效果 */
        color:#005aa7;
        border-top:0px; border-left:0px;
        border-right:0px;
        background-color:transparent;           /* 背景色透明 */
}
.n{
        background-color:transparent;           /* 背景色透明 */
        border:0px;                             /* 边框取消 */
}
-->
</style>
</head>
<body>
<center>
<h1>签名页</h1>
<form method="post">
        值班主任：<input id="name" class="t">
        <input type="submit" value="提交上一级签名>>" class="n">
</form>
</center>
</body>
</html>
```

在 IE 9.0 中浏览，效果如图 10-5 所示，可以看到，输入框只剩下一个下边框显示，其他边框被去掉了，提交按钮只剩下显示文字了，而且常见的矩形形式被去掉了。

图 10-5　表单元素边框的设置

10.2.3　美化下拉菜单

在网页设计中，有时为了突出效果，会对文字进行加粗、添加颜色等设定。同样也可以对表单元素中的文字进行这样的修饰。

使用 CSS 3 的 font 相关属性，就可以美化下拉菜单文字。例如 font-size、font-weight 等。对于颜色，可以采用 color 和 background-color 属性设置。

【例 10.6】(示例文件 ch10\10.6.html)

```
<!DOCTYPE html>
<html>
<head>
<title>美化下拉菜单</title>
<style>
<!--
.blue{
    background-color:#7598FB;
    color: #000000;
    font-size:15px;
    font-weight:bolder;
    font-family:"幼圆";
}
.red{
    background-color:#E20A0A;
    color: #ffffff;
    font-size:15px;
    font-weight:bolder;
    font-family:"幼圆";
}
.yellow{
    background-color:#FFFF6F;
    color: #000000;
    font-size:15px;
    font-weight:bolder;
    font-family:"幼圆";
}
.orange{
    background-color:orange;
    color:#000000;
    font-size:15px;
    font-weight:bolder;
    font-family:"幼圆";
}
-->
</style>
</head>
<body>
<form method="post">
    <p><label for="color">选择暴雪预警信号级别:</label>
    <select name="color" id="color">
        <option value="">请选择</option>
        <option value="blue" class="blue">暴雪蓝色预警信号</option>
        <option value="yellow" class="yellow">暴雪黄色预警信号</option>
        <option value="orange" class="orange">暴雪橙色预警信号</option>
        <option value="red" class="red">暴雪红色预警信号</option>
    </select></p>
    <p><input type="submit" value="提交"></p>
</form>
</body>
</html>
```

在 IE 9.0 中浏览，效果如图 10-6 所示，可以看到下拉菜单显示，其每个菜单项显示不同的背景色，用以与其他菜单项区别。

图 10-6 设置下拉菜单的样式

10.3 综合示例——制作用户登录页面

本示例将结合前面学习的知识，创建一个简单的登录表单，具体操作步骤如下。

step 01 分析需求。

创建一个登录表单，需要包含三个表单元素，一个名称输入框，一个密码输入框和两个按钮。然后添加一些 CSS 代码，对表单元素进行修饰即可。示例完成后，其实际效果如图 10-7 所示。

step 02 创建 HTML 网页，实现表单。

```html
<!DOCTYPE html>

<html>
<head>
<title>用户登录</title>
</head>
<body>

<div>
<h1>用户登录</h1>
<form action="" method="post">
姓名: <input type="text" id=name />
密码: <input type="password" id=password name="ps" />
<input type=submit value="提交" class=button>
<input type=reset value="重置" class=button>
</form>
</div>

</body>
</html>
```

在上面代码中，创建了一个 div 层，用来包含表单及其元素。

在 IE 9.0 中浏览，效果如图 10-8 所示，可以看到，显示了一个表单，其中包含两个输入框和两个按钮，输入框用来获取名称和密码，按钮分别为一个提交按钮和一个重置按钮。

图 10-7　登录表单

图 10-8　创建登录表单

step 03　添加 CSS 代码，修饰标题和层：

```
<style>
h1{font-size:20px;}
div{
    width:200px;
    padding:1em 2em 0 2em;
    font-size:12px;
}
</style>
```

上面的代码中，设置了标题大小为 20 像素，div 层宽度为 200 像素，层中字体大小为 12 像素。在 IE 9.0 中浏览，效果如图 10-9 所示，可以看到标题变小，并且密码输入框换行显示，布局比原来更加美观合理。

step 04　添加 CSS 代码，修饰输入框和按钮：

```
#name,#password{
    border:1px solid #ccc;
    width:160px;
    height:22px;
    padding-left:20px;
    margin:6px 0;
    line-height:20px;
}
.button{margin:6px 0;}
```

在 IE 9.0 中浏览，效果如图 10-10 所示，可以看到，输入框长度变短了，输入框边框变小了，并且表单元素之间距离增大，页面布局更加合理。

图 10-9　设置层的大小

图 10-10　CSS 修饰输入框

10.4 上机练习——制作用户注册页面

本次上机练习将使用一个表单内的各种元素来开发一个网站的注册页面，并用 CSS 样式来美化这个页面效果。

具体操作步骤如下。

step 01 分析需求。

注册表单非常简单，通常包含三个部分，需要在页面上方给出标题，标题下方是正文部分，即表单元素，最下方的表单元素是提交按钮。设计这个页面时，需要把"用户注册"标题设置成 h1 大小，正文使用 p 来限制表单元素。完成后，实际效果如图 10-11 所示。

step 02 构建 HTML 页面，实现基本表单：

```
<!DOCTYPE html>

<html>
<head>
<title>注册页面</title>
</head>

<body>
<h1 align=center>用户注册</h1>
<form method="post">
<p>姓    名：
<input type="text" class=txt size="12" maxlength="20" name="username" />
</p>
<p>性    别：
<input type="radio" value="male" />男
<input type="radio" value="female" />女
</p>
<p>年    龄：
<input type="text" class=txt name="age" />
</p>
<p>联系电话：
<input type="text" class=txt name="tel" />
</p>
<p>电子邮件：
<input type="text" class=txt name="email" />
</p>
<p>联系地址：
<input type="text"  class=txt name="address" />
</p>
<p>
<input type="submit" name="submit" value="提交" class=but />
<input type="reset" name="reset" value="清除" class=but />
</p>
</form>
</body>
</html>
```

在 IE 9.0 中浏览，效果如图 10-12 所示，可以看到，创建了一个注册表单，包含一个标题"用户注册"，以及"姓名"、"性别"、"年龄"、"联系方式"、"电子邮件"、"地址"等输入框和"提交"按钮等。其显示样式为默认样式。

图 10-11　注册页面

图 10-12　注册表单显示

step 03 ▶ 添加 CSS 代码，修饰全局样式和表单样式：

```
<style>
*{
    padding:0px;
    margin:0px;
}
body{
    font-family:"宋体";
    font-size:12px;
}
form{
    width:300px;
    margin:0 auto 0 auto;
    font-size:12px;
    color:#999;
}
</style>
```

在 IE 10.0 中浏览，效果如图 10-13 所示，可以看到，页面中字体变小，与原来的页面相比，表单元素之间的距离变小了。

step 04 ▶ 添加 CSS 代码，修饰段落、输入框和按钮：

```
form p {
    margin:5px 0 0 5px;
    text-align:center;
}
.txt{
    width:200px;
    background-color:#CCCCFF;
    border:#6666FF 1px solid;
    color:#0066FF;
}
.but{
    border:0px#93bee2solid;
    border-bottom:#93bee21pxsolid;
    border-left:#93bee21pxsolid;
    border-right:#93bee21pxsolid;
    border-top:#93bee21pxsolid;*/
    background-color:#3399CC;
    cursor:hand;
    font-style:normal;
```

```
    color:#cad9ea;
}
```

在 IE 10.0 中浏览，效果如图 10-14 所示，可以看到表单元素带有背景色，其输入字体颜色为蓝色，边框颜色为浅蓝色。按钮带有边框，按钮上字体颜色为浅色。

图 10-13　CSS 修饰表单样式

图 10-14　设置输入框和按钮的样式

10.5　专家答疑

疑问 1：构建一个表格需要注意哪些方面？

在 HTML 页面中构建表格框架时，应该尽量遵循表格的标准标记规范，养成良好的编写习惯，并适当地利用 Tab、空格和空行来提高代码的可读性，从而降低后期维护成本。特别是使用 table 表格来布局一个较大的页面时，需要在关键位置加上注释。

疑问 2：在使用表格时，会发生一些变形，这是什么原因造成的呢？

其中一个原因是表格排列设置在不同分辨率下所出现的错位。例如在 800×600 的分辨率下，一切正常，而到了 1024×800 时，则多个表格或者有的居中，有的却左排列或右排列。

表格有左、中、右三种排列方式，如果未特别进行设置，则默认为居左排列。在 800×600 的分辨率下，表格恰好就有编辑区域那么宽，不容易察觉，而到了 1024×800 的时候，就出现了问题。解决的办法比较简单，即都设置为居中、居左或居右。

疑问 3：使用 CSS 修饰表单元素时，采用默认值好还是使用 CSS 修饰好呢？

各个浏览器之间的显示有差异，其中一个原因就是各个浏览器对部分 CSS 属性的默认值不同导致的，通常的解决办法就是指定该值，而不让浏览器使用默认值。

第 11 章
使用 CSS 控制
列表样式

　　网页菜单是网站中必不可少的元素之一，通过网页菜单，可以在页面上自由跳转。网页菜单风格往往影响网站的整体风格，所以网页设计者会花费大量的时间和精力去制作各式各样的网页菜单，来吸引浏览者。利用 CSS 3 的属性和项目列表，可以制作出美观大方的网页菜单。

11.1　使用 CSS 控制项目列表

在 HTML 5 语言中，项目列表用来罗列显示一系列相关的文本信息，包括有序、无序和自定义列表等，当引入 CSS 3 后，就可以使用 CSS 3 来美化项目列表了。

11.1.1　美化无序列表

无序列表<ul>是网页中常见元素之一，使用<li>标记罗列各个项目，并且每个项目前面都带有特殊符号，例如黑色实心圆等。在 CSS 3 中，可以通过 list-style-type 属性来定义无序列表前面的项目符号。

对于无序列表，list-style-type 语法格式如下所示：

```
list-style-type: disc | circle | square | none
```

list-style-type 属性参数值的含义如表 11-1 所示。

表 11-1　list-style-type 属性(无序列表的常用符号)

参　数　值	说　　明
disc	实心圆
circle	空心圆
square	实心方块
none	不使用任何标号

可以通过这些参数，为 list-style-type 设置不同的特殊符号，从而改变无序列表的样式。

【例 11.1】(示例文件 ch11\11.1.html)

```
<!DOCTYPE html>
<html>
<head>
<title>美化无序列表</title>
<style>
* {
    margin:0px;
    padding:0px;
    font-size:12px;
}
p {
    margin:5px 0 0 5px;
    color:#3333FF;
    font-size:14px;
    font-family:"幼圆";
}
div{
    width:300px;
    margin:10px 0 0 10px;
    border:1px #FF0000 dashed;
```

```
}
div ul {
    margin-left:40px;
    list-style-type:disc;
}
div li {
    margin:5px 0 5px 0;
    color:blue;
    text-decoration:underline;
}
</style>
</head>
<body>
<div class="big01">
  <p>娱乐焦点</p>
  <ul>
    <li>换季肌闹"公主病"美肤急救快登场 </li>
    <li>来自 12 星座的你 认准罩门轻松瘦</li>
    <li>男人 30"豆腐渣" 如何延缓肌肤衰老</li>
    <li>打造天生美肌 名媛爱物强 K 性价比! </li>
    <li>夏裙又有新花样 拼接图案最时髦</li>
  </ul>
</div>
</body>
</html>
```

在 IE 9.0 中浏览，效果如图 11-1 所示，可以看到显示了一个导航栏，导航栏中存在着不同的导航信息，每条导航信息前面都是使用实心圆作为每行信息的开始。

图 11-1　用无序列表制作导航菜单

提示

在上面的代码中，使用 list-style-type 设置了无序列表中特殊符号为实心圆，border 设置层 div 边框显示为红色、虚线显示，宽度为 1 像素。

11.1.2　美化有序列表

有序列表标记<ol>可以创建具有顺序的列表，例如每条信息前面加上 1，2，3，4 等。如果要改变有序列表前面的符号，同样需要利用 list-style-type 属性，只不过属性值不同。

对于有序列表，list-style-type 属性的语法格式如下：

```
list-style-type: decimal | lower-roman | upper-roman | lower-alpha
  | upper-alpha | none
```

其中 list-style-type 参数值的含义如表 11-2 所示。

表 11-2　有序列表的常用符号

参　数	说　明
decimal	阿拉伯数字圆
lower-roman	小写罗马数字
upper-roman	大写罗马数字
lower-alpha	小写英文字母
upper-alpha	大写英文字母
none	不使用项目符号

注意　除了列表里的这些常用符号，list-style-type 还具有很多不同的参数值。由于不经常使用，这里不再罗列。

【例 11.2】(示例文件 ch11\11.2.html)

```
<!DOCTYPE html>
<html>
<head>
<title>美化有序列表</title>
<style>
* {
    margin:0px;
    padding:0px;
    font-size:12px;
}
p {
    margin:5px 0 0 5px;
    color:#3333FF;
    font-size:14px;
    font-family:"幼圆";
    border-bottom-width:1px;
    border-bottom-style:solid;
}
div{
    width:300px;
    margin:10px 0 0 10px;
    border:1px #F9B1C9 solid;
}
div ol.{
    margin-left:40px;
    list-style-type: decimal;
}
div li {
    margin:5px 0 5px 0;
    color:blue;
}
</style>
</head>
<body>
```

```
<div class="big">
  <p>娱乐焦点</p>
  <ol>
    <li>换季肌闹"公主病"美肤急救快登场 </li>
    <li>来自 12 星座的你 认准罩门轻松瘦</li>
    <li>男人 30"豆腐渣" 如何延缓肌肤衰老</li>
    <li>打造天生美肌 名媛爱物强 K 性价比! </li>
    <li>夏裙又有新花样 拼接图案最时髦</li>
  </ol>
</div>
</body>
</html>
```

在 IE 9.0 中浏览，效果如图 11-2 所示，可以看到，显示了一个导航栏，导航信息前面都带有相应的数字，表示其顺序。导航栏具有红色边框，并用一条蓝线将题目和内容分开。

图 11-2　用有序列表制作菜单

> **注意**　上面代码中，使用 list-style-type: decimal 语句定义了有序列表前面的符号。严格来说，无论\<ul\>标记还是\<ol\>标记，都可以使用相同的属性值，而且效果完全相同，即二者通过 list-style-type 可以通用。

11.1.3　美化自定义列表

自定义列表是列表项目中比较特殊的一个列表，相对于无序和有序列表，使用次数大大减少。如果要解释一系列术语和解释的列表时，使用自定义列表就是很好的方法。如果引入 CSS 3 的一些相关属性，可以改变自定义列表的显示样式。

【例 11.3】(示例文件 ch11\11.3.html)

```
<!DOCTYPE html>
<html>
<head>
<style>
*{margin:0; padding:0;}
body{font-size:12px; line-height:1.8; padding:10px;}
dl{clear:both; margin-bottom:5px;float:left;}
dt,dd{padding:2px 5px;float:left; border:1px solid #3366FF;width:120px;}
dd{position:absolute; right:5px;}
h1{clear:both;font-size:14px;}
```

```
</style>
</head>
<body>
<h1>日志列表</h1>
<div>
<dl> <dt><a href="#">我多久没有笑了</a></dt> <dd>(0/11)</dd> </dl>
<dl> <dt><a href="#">12 道营养健康菜谱</a></dt> <dd>(0/8)</dd> </dl>
<dl> <dt><a href="#">太有才了</a></dt> <dd>(0/6)</dd> </dl>
<dl> <dt><a href="#">怀念童年</a></dt> <dd>(2/11)</dd> </dl>
<dl> <dt><a href="#">三字经</a></dt> <dd>(0/9)</dd> </dl>
<dl> <dt><a href="#">我的小小心愿</a></dt> <dd>(0/2)</dd> </dl>
<dl> <dt><a href="#">想念你，你可知道</a></dt> <dd>(0/1)</dd> </dl>
</div>
</body>
</html>
```

在 IE 9.0 中浏览，效果如图 11-3 所示，可以看到一个日志导航菜单，每个选项都有蓝色边框，并且后面带有浏览次数等。

图 11-3　用自定义列表制作导航菜单

在上面的代码中，通过使用 border 属性设置边框相关的属性，用 font 相关属性设置文本大小、颜色等。

11.1.4　制作图片列表

使用 list-style-image 属性，可以将每项前面的项目符号替换为任意的图片。list-style-image 属性用来定义作为一个有序或无序列表项标志的图像。图像相对于列表项内容的放置位置，通常使用 list-style-position 属性控制。其语法格式如下：

```
list-style-image: none | url(url)
```

上面的属性值中，none 表示不指定图像，url 表示用绝对路径和相对路径指定背景图像。

【例 11.4】(示例文件 ch11\11.4.html)

```
<!DOCTYPE html>
<html>
<head>
```

```
<title>图片符号</title>
<style>
<!--
ul{
    font-family:Arial;
    font-size:20px;
    color:#00458c;
    list-style-type:none;                       /* 不显示项目符号 */
}
li{
    list-style-image:url(01.jpg);
    padding-left:25px;                          /* 设置图标与文字的间隔 */
    width:350px;
}
-->
</style>
</head>
<body>
<p>娱乐焦点</p>
<ul>
    <li>换季肌闹"公主病"美肤急救快登场 </li>
    <li>来自 12 星座的你 认准罩门轻松瘦</li>
    <li>男人 30"豆腐渣" 如何延缓肌肤衰老</li>
    <li>打造天生美肌 名媛爱物强 K 性价比! </li>
    <li>夏裙又有新花样 拼接图案最时髦</li>
</ul>
</body>
</html>
```

在 IE 9.0 中浏览，效果如图 11-4 所示，可以看到一个导航栏，每个导航菜单前面都具有一个小图标。

图 11-4　制作图片导航栏

　　上面的代码中，用 list-style-image:url(6.jpg)语句定义了列表前显示的图片，实际上还可以用 background:url(01.jpg) no-repeat 语句完成这个效果，只不过 background 对图片大小要求比较苛刻。

11.1.5　缩进图片列表

使用图片作为列表符号显示时，图片通常显示在列表的外部，实际上，还可以将图片列表中的文本信息进行对齐，从而显示另外一种效果。在 CSS 3 中，可以通过 list-style-position 来设置图片的显示位置。

list-style-position 属性的语法格式如下：

```
list-style-position: outside | inside
```

其属性值含义如表 11-3 所示。

表 11-3　列表缩进属性值

属　性	说　明
outside	列表项目标记放置在文本以外，且环绕文本，不根据标记对齐
inside	列表项目标记放置在文本以内，且环绕文本，根据标记对齐

【例 11.5】(示例文件 ch11\11.5.html)

```html
<!DOCTYPE html>
<html>
<head>
<title>图片位置</title>
<style>
.list1{list-style-position:inside;}
.list2{list-style-position:outside;}
.content{
    list-style-image:url(01.jpg);
    list-style-type:none;
    font-size:20px;
}
</style>
</head>
<body>
<ul class=content>
    <li class=list1>换季肌闹"公主病"美肤急救快登场。</li>
    <li class=list2>换季肌闹"公主病"美肤急救快登场。</li>
</ul>
</body>
</html>
```

在 IE 9.0 中浏览，效果如图 11-5 所示。

图 11-5　图片缩进

可以看到一个图片列表，第一个图片列表选项中图片和文字对齐，即放在文本信息以内，第二个图片列表选项没有与文字对齐，而是放在文本信息以外。

11.1.6　列表复合属性

在前面的小节中，分别使用了 list-style-type 定义了列表的项目符号，用 list-style-image 定义了列表的图片符号选项，用 list-stylc-position 定义了图片的显示位置。实际上在对项目列表操作时，可以直接使用一个复合属性 list-style，将前面的三个属性放在一起设置。

list-style 语法的格式如下：

```
{list-style: style}
```

其中 style 指定或接收以下值(任意次序，最多三个)的字符串，如表 11-4 所示。

表 11-4　list-style 的常用属性

属　性	说　明
图像	可供 list-style-image 属性使用的图像值的任意范围
位置	可供 list-style-position 属性使用的位置值的任意范围
类型	可供 list-style-type 属性使用的类型值的任意范围

【例 11.6】(示例文件 ch11\11.6.html)

```
<!DOCTYPE html>
<html>
<head>
<title>复合属性</title>
<style>
#test1{list-style:square inside url("01.jpg");}
#test2{list-style:none;}
</style>
</head>
<body>
<ul>
    <li id=test1>换季肌闹"公主病"美肤急救快登场。</li>
    <li id=test2>换季肌闹"公主病"美肤急救快登场。</li>
</ul>
</body>
</html>
```

在 IE 9.0 中浏览，效果如图 11-6 所示，可以看到两个列表选项，一个列表选项中带有图片，一个列表中没有符号和图片显示。

图 11-6　用复合属性指定列表

list-style 属性是复合属性。在指定类型和图像值时，除非将图像值设置为 none 或无法显示 URL 所指向的图像，否则图像值的优先级较高。例如，在上面的例子中，类 test1 同时设置了符号为方块符号和图片，但只显示了图片。

> 提示　list-style 属性也适用于其 display 属性被设置为 list-item 的所有元素。要显示圆点符号，必须显式地设置这些元素的 margin 属性。

11.2　使用 CSS 制作网页菜单

使用 CSS 3 除了可以美化项目列表外，还可以制作网页中的菜单，并设置不同显示效果的菜单。

11.2.1　制作无需表格的菜单

在使用 CSS 3 制作导航条和菜单之前，需要将 list-style-type 的属性值设置为 none，即去掉列表前的项目符号。下面通过一个例子，介绍如何完成一个菜单导航条。具体步骤如下。

step 01 首先创建 HTML 文档，并实现一个无序列表，列表中的选项表示各个菜单。具体代码如下：

```
<!DOCTYPE html>
<html>
<head>
<title>无需表格菜单</title>
</head>
<body>
<div>
    <ul>
        <li><a href="#">网站首页</a></li>
        <li><a href="#">产品大全</a></li>
        <li><a href="#">下载专区</a></li>
        <li><a href="#">购买服务</a></li>
        <li><a href="#">服务类型</a></li>
    </ul>
</div>
</body>
</html>
```

上面代码中创建了一个 div 层，在层中放置了一个 ul 无序列表，列表中的各个选项就是未来所使用的菜单。在 IE 9.0 中浏览，效果如图 11-7 所示。

图 11-7　显示项目列表

可以看到，显示了一个无序列表，每个选项带有一个实心圆。

step 02 利用 CSS 的相关属性，对 HTML 中的元素进行修饰，例如 div 层、ul 列表和 body 页面。代码如下：

```
<style>
<!--
body{
    background-color:#84BAE8;
}
div{
    width:200px;
    font-family:"黑体";
}
div ul {
    list-style-type:none;
    margin:0px;
    padding:0px;
}
-->
</style>
```

 上面的代码设置网页的背景色、层大小和文字字形，最重要的就是设置列表<ul> 的属性，将项目符号设置为不显示。

在 IE 9.0 中，浏览效果如图 11-8 所示，可以看到，项目列表变成一个普通的超级链接列表，无项目符号，并带有下划线。

图 11-8　链接列表

step 03 使用 CSS 3 对列表中的各个选项进行修饰，例如去掉超级链接下的下划线，并增加 li 标记下的边框线，从而增强菜单的实际效果：

```
div li {
    border-bottom:1px solid #ED9F9F;
}
div li a{
    display:block;
    padding:5px 5px 5px 0.5em;
    text-decoration:none;
    border-left:12px solid #6EC61C;
    border-right:1px solid #6EC61C;
}
```

在 IE 9.0 中浏览，效果如图 11-9 所示，可以看到，每个选项中，超级链接的左方显示了蓝色条，右方显示了蓝色线。每个链接下方显示了一个黄色边框。

图 11-9　导航菜单

step 04　使用 CSS 3 设置动态菜单效果，即当鼠标悬浮在导航菜单上时，显示另外一种样式，具体的代码如下：

```
div li a:link, div li a:visited{
    background-color:#F0F0F0;
    color:#461737;
}
div li a:hover{
    background-color:#7C7C7C;
    color:#ffff00;
}
```

上面的代码设置了鼠标链接样式、访问后样式和悬浮时的样式。在 IE 9.0 中，浏览效果如图 11-10 所示，可以看到鼠标悬浮在菜单上时，会显示灰色。

图 11-10　动态导航菜单

11.2.2　制作水平和垂直菜单

在实际网页设计中，根据题材或业务需求的不同，垂直导航菜单有时不能满足要求，这时就需要导航菜单水平显示。例如常见的百度首页，其导航菜单就是水平显示的。通过 CSS 属性，不但可以创建垂直导航菜单，还可以创建水平导航菜单。

具体的操作步骤如下。

step 01　建立 HTML 项目列表结构，将要创建的菜单项都要通过列表选项显示出来。具体的代码如下：

```
<!DOCTYPE html>
<html>
<head>
<title>制作水平和垂直菜单</title>
<style>
<!--
body{
    background-color:#84BAE8;
}
div {
    font-family:"幼圆";
}
div ul {
    list-style-type:none;
margin:0px;
    padding:0px;
}
</style>
</head>
<body>
<div id="navigation">
<ul>
    <li><a href="#">网站首页</a></li>
    <li><a href="#">产品大全</a></li>
    <li><a href="#">下载专区</a></li>
    <li><a href="#">购买服务</a></li>
    <li><a href="#">服务类型</a></li>
</ul>
</div>
</body>
</html>
```

在 IE 9.0 中浏览，效果如图 11-11 所示，可以看到，显示的是一个普通的超级链接列表，与上一个例子中显示的基本一样。

图 11-11　链接列表

step 02　现在是垂直显示导航菜单，需要利用 CSS 属性 float 将其设置为水平显示，并设置选项 li 和超级链接的基本样式，代码如下：

```
div li {
    border-bottom:1px solid #ED9F9F;
    float:left;
    width:150px;
}
div li a{
    display:block;
    padding:5px 5px 5px 0.5em;
    text-decoration:none;
    border-left:12px solid #EBEBEB;
    border-right:1px solid #EBEBEB;
}
```

当 float 属性值为 left 时，导航栏为水平显示。其他设置基本与上一个例子相同。在 IE 9.0 中浏览，效果如图 11-12 所示，可以看到，各个链接选项水平地排列在当前页面之上。

图 11-12　列表水平显示

step 03　设置超级链接<a>的样式，与前面一样，也是设置鼠标动态效果。代码如下：

```
div li a:link, div li a:visited{
    background-color:#F0F0F0;
    color:#461737;
}
div li a:hover{
    background-color:#7C7C7C;
    color:#ffff00;
}
```

在 IE 9.0 中浏览，效果如图 11-13 所示，可以看到，当鼠标放到菜单之上时，会变换为另一种样式。

图 11-13　水平菜单显示

11.3　综合示例——模拟 soso 导航栏

本例将结合本章学习的制作菜单知识，轻松实现搜搜导航栏。具体步骤如下。

step 01　分析需求。

实现该例，需要包含三个部分，第一部分是 soso 图标，第二部分是水平菜单导航栏，也是本例的重点，第三部分是表单部分，包含一个输入框和按钮。该例实现后，其实际效果如图 11-14 所示。

step 02 创建 HTML 网页，实现基本的 HTML 元素。

对于本例，需要利用 HTML 标记实现搜搜图标、导航的项目列表、下方的搜索输入框和按钮等。代码如下：

```
<!DOCTYPE html>
<html>
<head><title>搜搜</title></head>
<body>
<center><br><img src="logo_index.png"><br><br><br><br>
<div>
<ul>
    <li id=h></li>
    <li><a href="#">网页</a></li>
    <li><a href="#">图片</a></li>
    <li><a href="#">视频</a></li>
    <li><a href="#">音乐</a></li>
    <li><a href="#">搜吧</a></li>
    <li><a href="#">问问</a></li>
    <li><a href="#">团购</a></li>
    <li><a href="#">新闻</a></li>
    <li><a href="#">地图</a></li>
    <li id="more"><a href="#">更 多 &gt;&gt;</a></li>
</ul>
</div>
<p style="height:44px;"> </p>
<div id="s">
<form action="/q?" id="flpage" name="flpage">
    <input type="text" value="" size=50px;/>
    <input type="submit" value="搜搜">
</form>
</div>
</center>
</body>
</html>
```

在 IE 9.0 中浏览，效果如图 11-15 所示，可以看到显示了一个图片，即搜搜图标，中间显示了一列项目列表，每个选项都是超级链接。下方是一个表单，包含输入框和按钮。

图 11-14 模拟搜搜导航栏

图 11-15 页面框架

215

step 03 添加 CSS 代码，修饰项目列表。

框架出来之后，就可以修改项目列表的相关样式了，即列表水平显示，同时定义了整个 div 层的属性，例如设置背景色、宽度、底部边框和字体大小等。代码如下：

```
p{margin:0px; padding:0px;}
#div{
    margin:0px auto;
    font-size:12px;
    padding:0px;
    border-bottom:1px solid #00c;
    background:#eee;
    width:800px;height:18px;
}
div li{
    float:left;
    list-style-type:none;
    margin:0px;padding:0px;
    width:40px;
}
```

上面的代码中，float 属性设置菜单栏水平显示，list-style-type 设置列表不显示项目符号。

在 IE 9.0 中浏览，效果如图 11-16 所示，可以看到，页面整体效果与搜搜首页比较相似，下面就可以在细节上进一步修改了。

step 04 添加 CSS 代码，修饰超级链接：

```
div li a{
    display:block;
    text-decoration:underline;
    padding:4px 0px 0px 0px;
    margin:0px;
    font-size:13px;
}
div li a:link, div li a:visited{
    color:#004276;
}
```

上面的代码设置了超级链接，即导航栏中菜单选项中的相关属性，例如超级链接以块显示、文本带有下划线，字体大小为 13 像素。并设定了鼠标访问超级链接后的颜色。在 IE 9.0 中浏览，效果如图 11-17 所示，可以看到字体颜色发生了改变，字体变小了。

图 11-16　水平菜单栏

图 11-17　设置菜单样式

step 05 添加 CSS 代码，定义对齐方式和表单样式：

```
div li#h{width:180px;height:18px;}
div li#more{width:85px;height:18px;}
#s{
    background-color:#006EB8;
    width:430px;
}
```

上述代码中，h 定义了水平菜单最前方空间的大小，more 定义了更多的长度和宽度，s 定义了表单背景色和宽度。在 IE 9.0 中浏览，效果如图 11-18 所示，可以看到，水平导航栏与表单对齐，表单背景色为蓝色。

step 06 添加 CSS 代码，修饰访问默认样式：

```
<a href="#" style="text-decoration:none;color:#020202;font-size:14px;">网页</a>
```

此代码段设置了被访问时的默认样式。在 Firefox 5.0 中浏览，效果如图 11-19 所示，可以看到"网页"菜单选项，颜色为黑色，不带有下划线。

图 11-18 定义对齐方式

图 11-19 搜搜的最终效果

11.4 上机练习——将段落转变成列表

CSS 的功能非常强大，可以变换不同的样式。可以让列表代替 table 表格，制作出表格，同样也可以让一个段落 p 模拟项目列表。下面利用前面介绍的 CSS 知识，将段落变换为一个列表。

具体步骤如下。

step 01 创建 HTML，实现基本段落。

从上面的分析可以看出，HTML 中需要包含一个 div 层、几个段落。代码如下：

```
<!DOCTYPE html>
<html>
<head>
<title>模拟列表</title>
</head>
<body>
<div class="big">
    <p class="one">•换季肌闹"公主病"美肤急救快登场。</p>
    <p> •来自12星座的你 认准罩门轻松瘦。</p>
    <p class="one"> •男人30"豆腐渣" 如何延缓肌肤衰老。</p>
    <p> •打造天生美肌 名媛爱物强 K 性价比！</p>
```

```
<p class="one"> •夏裙又有新花样 拼接图案最时髦</p>
</div>
</body>
</html>
```

在 IE 9.0 中浏览，效果如图 11-20 所示，可以看到，显示了 5 个段落，每个段落前面都使用特殊符号"•"来引领每一行。

图 11-20　段落显示

step 02 添加 CSS 代码，修饰整体 div 层：

```
<style>
.big {
    width:450px;
    border:#990000 1px solid;
}
</style>
```

此处创建了一个类选择器，其属性定义了层的宽度，层带有边框，以直线形式显示。在 IE 9.0 中浏览，效果如图 11-21 所示，可以看到，段落周围显示了一个矩形区域，其边框显示为红色。

图 11-21　设置 div 层

step 03 添加 CSS 代码，修饰段落属性：

```
p {
    margin:10px 0 5px 0;
    font-size:14px;
    color:#025BD1;
}
.one {
    text-decoration:underline;
```

```
    font-weight:800;
    color:#009900;
}
```

上面的代码定义了段落 p 的通用属性，即字体大小和颜色。使用类选择器定义了特殊属性，带有下划线，具有不同的颜色。在 IE 9.0 中浏览，效果如图 11 22 所示，可以看到，与前一个图像相比，字体颜色发生了变化，并带有下划线。

图 11-22　修饰段落属性

11.5　专　家　答　疑

疑问 1：使用项目列表和 table 表格制作表单，项目列表有哪些优势？

采用项目列表制作水平菜单时，如果没有设置<ul>标记的宽度 width 属性，则当浏览器的宽度缩小时，菜单会自动换行。这是采用<table>标记制作的菜单所无法实现的。所以项目列表被经常加以使用，实现各种变换效果。

疑问 2：使用 IE 浏览器打开一个项目列表，设定的项目符号为何没有出现？

IE 浏览器对项目列表的符号支持不是太好，只支持一部分项目符号，这时，可以采用 Firefox 浏览器。Firefox 浏览器对项目列表符号支持力度比较大。

疑问 3：使用 url 引入图像时，加引号好，还是不加引号好？

不加引号好。需要将带有引号的修改为不带引号的。例如：

background:url("xxx.gif") 改为 background:url(xxx.gif)

因为对于部分浏览器而言，加引号反而会引起错误。

第 12 章
使用 CSS 3 滤镜
美化网页元素

随着网页设计技术的不断发展，人们已经不满足于单调地展示页面布局并显示文本了，而是希望在页面中能够加入一些多媒体特效，而使页面丰富起来。使用滤镜能够实现这些需求，它能够产生各种各样的文字或图片特效，从而大大地提高了页面的吸引力。

12.1 滤 镜 概 述

CSS 滤镜是 IE 9.0 浏览器厂商为了增加浏览器功能和竞争力，而独自推出的一种网页特效。CSS 滤镜不是浏览器插件，也不符合 CSS 标准。由于 IE 9.0 浏览器应用比较广泛，所以这里进行专门的介绍。

从 Internet Explorer 4.0 开始，浏览器便能支持多媒体滤镜特效了，允许使用简单的代码就能对文本和图片进行处理。例如模糊、彩色投影、火焰效果、图片倒置、色彩渐变、风吹效果和光晕效果等。当把滤镜和渐变结合运用到网页脚本语言中时，就可以建立一个动态交互的网页。

CSS 的滤镜属性的标识符是 filter，语法格式如下：

```
filter:filtername(parameters)
```

filtername 是滤镜名称，例如 Alpha、Blur、Chroma 和 DropShadow 等，parameters 指定滤镜中的各个参数，通过这些参数才能够决定滤镜显示的效果。表 12-1 列出了常用滤镜名称。

表 12-1 CSS 滤镜

滤镜名称	效 果
Alpha	设置透明度
BlendTrans	实现图像之间的淡入和淡出的效果
Blur	建立模糊效果
Chroma	设置对象中指定的颜色为透明色
DropShadow	建立阴影效果
FlipH	将元素水平翻转
FlipV	将元素垂直翻转
Glow	建立外发光效果
Gray	灰度显示图像，即显示为黑白图像
Invert	图像反相，包括色彩、饱和度和亮度值，类似底片效果
Light	设置光源效果
Mask	建立透明遮罩
RevealTrans	建立切换效果
Shadow	建立另一种阴影效果
Wave	波纹效果
Xray	显现图片的轮廓，类似于 X 光片效果

12.2 基 本 滤 镜

CSS 3 滤镜包括基本滤镜和高级滤镜两种，常见的基本滤镜有通道滤镜、Blur 滤镜、

Chrome 滤镜等，基本滤镜可以直接作用于 HTML 对象上，是能立即生效的滤镜。

12.2.1　通道(Alpha)滤镜

Alpha 滤镜能实现针对图片文字元素的"透明"效果，这种透明效果是通过"把一个目标元素与背景混合"来实现的，混合程度可以由用户指定数值来控制。通过指定坐标，可以指定点、线和面的透明度。如果将 Alpha 滤镜与网页脚本语言结合，并适当地设置其参数，就能使图像显示淡入淡出的效果。

Alpha 滤镜的语法格式如下：

```
{filter: Alpha(enabled=bEnabled, style=iStyle, opacity=iOpacity,
  finishOpacity=iFinishOpacity, startx=iPercent, starty=iPercent,
  finishx=iPercent, finishy=iPercent)}
```

各参数如表 12-2 所示。

表 12-2　Alpha 滤镜的参数

参　　数	说　　明
enabled	设置滤镜是否激活
style	设置透明渐变的样式，也就是渐变显示的形状，取值为 0~3。0 表示无渐变，1 表示线形渐变，2 表示圆形渐变，3 表示矩形渐变
opacity	设置透明度，值范围是 0~100。0 表示完全透明，100 表示完全不透明
finishOpacity	设置结束时的透明度，值范围也是 0~100
startx	设置透明渐变开始点的水平坐标(即 x 坐标)
starty	设置透明渐变开始点的垂直坐标(即 y 坐标)
finishx	设置透明渐变结束点的水平坐标
finishy	设置透明渐变结束点的垂直坐标

【例 12.1】(示例文件 ch12\12.1.html)

```
<!DOCTYPE html>
<html>
<head>
    <title>Alpha 滤镜</title>
</head>
<body>
    原始图<img src="01.jpg" style="width:200px;height:120px;">
    style=0<img src="01.jpg" style="width:200px;height:120px;
      filter: Alpha(opacity=60, style=0)">
    style=2<img src="01.jpg" style="width:200px;height:120px;
      filter: Alpha(opacity=60, style=2)">
    style=3<img src="01.jpg" style="width:200px;height:120px;
      filter: Alpha(opacity=60, style=3)">
</body>
</html>
```

在 IE 9.0 中浏览，效果如图 12-1 所示，可以看到，显示了 4 张图片，透明度依次减弱。

图 12-1　实现图片滤镜效果

在使用 Alpha 滤镜时要注意以下两点:

● 由于 Alpha 滤镜使当前元素部分透明,该元素下层的内容的颜色对整个效果起着重要作用,因此颜色的合理搭配相当重要。

● 透明度的大小要根据具体情况仔细调整,取一个最佳值。

Alpha 滤镜不但能应用于图片,还可以应用于文字透明特效。

【例 12.2】(示例文件 ch12\12.2.html)

```
<!DOCTYPE html>

<html>
<head>
    <title>Alpha 滤镜</title>
    <style type="text/css">
    <!--
      p{
        color:yellow;
        font-weight:bolder;
        font-size:25pt;
        width:100%
      }
    -->
    </style>
</head>
<body style="background-color:Black">
    <div>
      <p>Alpha 滤镜</p>
      <p style="filter:alpha(opacity=60, style=1)">透明效果</p>
      <p style="filter:alpha(opacity=60, style=2)">透明效果</p>
      <p style="filter:alpha(opacity=60, style=3)">透明效果</p>
    </div>
</body>
</html>
```

在 IE 9.0 中浏览,效果如图 12-2 所示,可以看到,出现了 4 个段落,透明度依次减弱。

图 12-2　文字透明效果

12.2.2　模糊(Blur)滤镜

Blur 滤镜可以实现页面模糊效果，即在一个方向上的运动模糊。如果应用得当，就可以产生高速移动的动感效果。

Blur 滤镜的语法格式如下：

```
{filter: Blur(enabled=bEnabled, add=iadd, direction=idirection,
  strength=fstrength)}
```

参数如表 12-3 所示。

表 12-3　Blur 滤镜的参数

参　　数	说　　明
enabled	设置滤镜是否激活
add	指定图片是否改变成模糊效果。这是个布尔参数，有效值为 True 或 False。True 是默认值，表示应用模糊效果，False 则表示不应用
direction	设定模糊方向。模糊的效果是按顺时针方向起作用的，取值范围为 0°~360°，45°为一个间隔。有 8 个方向值：0 表示零度，代表向上方向。45 表示右上，90 表示向右，135 表示右下，180 表示向下，225 表示左下，270 表示向左，315 表示左上
strength	指定模糊半径大小，单位是像素，默认值为 5，取值范围为自然数，该取值决定了模糊效果的延伸范围

【例 12.3】(示例文件 ch12\12.3.html)

```
<!DOCTYPE html>
<html>
<head>
<title>模糊 Blur</title>
<style>
img{
   height:180px;
}
div.div2 {width:400px;filter:blur(add=true,direction=90,strength=50)}
```

```
</style>
</head>
<body>
    原始图<img src="02.jpg">
    add=true<img src="02.jpg"
      style="filter:Blur(add=true,direction=225,strength=20)">
    add=false<img src="02.jpg"
      style="filter:Blur(add=false,direction=225,strength=20)">
    <div class="div2">
       <p style="font-size:30pt; font-weight:bold; color:DarkBlue">
         Blur 滤镜</p>
    </div>
</body>
</html>
```

在 IE 9.0 中浏览，效果如图 12-3 所示，可以看到两张模糊图片，在一定方向上发生模糊。下方的文字也发生了模糊，具有文字吹风的效果。

图 12-3　模糊效果

12.2.3　色彩(Chroma)滤镜

Chroma 滤镜可以设置 HTML 对象中指定的颜色为透明色，语法格式如下：

```
{filter: Chroma(enabled=bEnabled, color=sColor)}
```

其中，color 参数设置要变为透明色的颜色。

【例 12.4】(示例文件 ch12\12.4.html)

```
<!DOCTYPE html>
<html>
<head>
    <title>Chroma 滤镜</title>
    <style>
    <!--
        div{position:absolute;top:70;letf:40; filter:Chroma(color=blue)}
```

```
            p{font-size:30pt; font-weight:bold; color:blue}
        -->
        </style>
</head>
<body>
    <p>Chroma 滤镜效果</p>
    <div>
        <p>Chroma 滤镜效果</p>
    </div>
</body>
</html>
```

在 IE 9.0 中浏览，效果如图 12-4 所示，可以看到，第二个段落的某些笔画丢失。但拖动鼠标选择过滤颜色后的文字，便可以查看过滤掉颜色的文字。

图 12-4　Chroma 滤镜效果

Chroma 滤镜一般应用于文字特效，而且对于有些格式的图片也是不适用的。例如，JPEG 格式的图片是一种已经减色和压缩处理的图片，所以要设置其中某种颜色透明十分困难。

12.2.4　投影(DropShadow)滤镜

阴影效果在实际的文字和图片中非常实用，IE 9.0 通过 DropShadow 滤镜用于建立阴影效果，使元素内容在页面上产生投影，从而实现立体的效果。

DropShadow 滤镜的语法格式如下：

```
{filter: DropShadow(enabled=bEnabled, color=sColor, offx=iOffsetx,
    offy=iOffsety, positive=bPositive)}
```

参数如表 12-4 所示。

表 12-4　DropShadow 滤镜的参数

参　　数	说　　明
enabled	设置滤镜是否激活
color	指定滤镜产生的阴影颜色
offx	指定阴影水平方向的偏移量，默认值为 5px

续表

参 数	说 明
offy	指定阴影垂直方向的偏移量，默认值为 5px
positive	指定阴影透明程度，为布尔值。True(1)表示为任何的非透明像素建立可见的阴影；False(0)表示为透明的像素部分建立透明效果

【例 12.5】(示例文件 ch12\12.5.html)

```
<!DOCTYPE html>
<html>
<head>
    <title>DropShadow 滤镜</title>
</head>
<body>
    <table width="90%" height="90%">
      <tr>
        <td
        style="filter: DropShadow(color=gray,offx=10,offy=10,positive=1)">
         <img src="02.jpg">
        </td>
      </tr>
      <tr>
        <td
        style="filter: DropShadow(color=gray,offx=5,offy=5.positive=1);
        font-size:20pt; color:DarkBlue">
            这是一个阴影效果
        </td>
      </tr>
    </table>
</body>
</html>
```

在 IE 9.0 中浏览，效果如图 12-5 所示，可以看到图片产生了阴影，但不明显。下方文字产生的阴影效果明显。

图 12-5　阴影效果

12.2.5　水平翻转(FlipH)滤镜

在 CSS 3 中，可以通过 Flip 滤镜实现 HTML 对象翻转效果，其中 FlipH 滤镜用于水平翻转对象，即把元素对象按水平方向进行 180°翻转。FlipH 滤镜可以在 CSS 中直接使用，使用格式如下：

```
{Fliter: FlipH(enabled=bEnabled)}
```

该滤镜中只有一个 enabled 参数，表示是否激活该滤镜。

【例 12.6】(示例文件 ch12\12.6.html)

```
<!DOCTYPE html>
<html>
<head>
    <title>FlipH 滤镜</title>
<style>
img{
    height:120px;
    width:200px;
}
</style>
</head>
<body>
    原图片<img src="02.jpg">
    图片水平翻转<img src="02.jpg" style="Filter:FlipH()">
</body>
</html>
```

在 IE 9.0 中浏览，效果如图 12-6 所示，可以看到图片以中心为支点，进行了左右方向上的翻转。

图 12-6　图片水平翻转

12.2.6　垂直翻转(FlipV)滤镜

前面说过 FlipH 滤镜用来实现对象的水平翻转。而 FlipV 滤镜用来实现对象的垂直翻转，其中包括文字和图像。语法格式如下：

```
{Fliter: FlipV(enabled=bEnabled)}
```

enabled 参数表示是否激活滤镜。

【例 12.7】(示例文件 ch12\12.7.html)

```
<!DOCTYPE html>

<html>
<head>
<title>FlipV 滤镜</title>
<style>
img{
    height:120px;
    width:200px;
}
</style>
</head>
<body>
    <img src="02.jpg">原图片
    <img src="02.jpg" style="Filter:FlipV()">图片垂直翻转
</body>
</html>
```

在 IE 9.0 中浏览，效果如图 12-7 所示，可以看到，右方的图片发生了上下翻转。

图 12-7　上下翻转

12.2.7　光晕(Glow)滤镜

Glow 滤镜可以使对象的边缘产生一种柔和的边框或光晕，并可产生如火焰一样的效果，从而吸引浏览者的注意。其语法格式如下：

```
{filter: Glow(enabled=bEnabled, color=sColor, strength=iDistance)}
```

其中，color 设置边缘的光晕颜色，strength 设置晕圈范围，范围值是 1~255，值越大，效果越强。

【例 12.8】(示例文件 ch12\12.8.html)

```
<!DOCTYPE html>

<html>
<head>
    <title>filter glow</title>
    <style>
    <!--
    .weny{
        width:100%;
        filter:Glow(color=#9966CC,strength=10)
```

```
      }
      -->
    </style>
</head>
<body>
    <div class="weny">
        <p style="font-family: 1幼圆; font-size: 40pt; font-weight: bolder;
           color: #003366">
           带有光晕效果的文字</p>
    </div>
</body>
</html>
```

在 IE 9.0 中浏览，效果如图 12-8 所示，可以看到文字带有光晕出现，非常漂亮。

图 12-8　光晕效果

> **注意**　当 Glow 滤镜作用于文字时，每个文字边缘都会出现光晕，效果非常强烈。而对于图片，Glow 滤镜只在其边缘加上光晕。

12.2.8　灰度(Gray)滤镜

使用 Gray 滤镜能够轻松地将彩色图片变为黑白图片。语法格式如下：

```
{filter:Gray(enabled=bEnabled)}
```

enabled 表示是否激活，可以在页面代码中直接使用。

【例 12.9】(示例文件 ch12\12.9.html)

```
<!DOCTYPE html>

<html>
<head>
<title>Gray 滤镜</title>
</head>

<body>
    <img src="01.jpg" style="width:50%;height:50%" />原图
    <img src="01.jpg" style="width:50%;height:50%;filter:Gray()" />灰度图
</body>
</html>
```

在 IE 9.0 中浏览，效果如图 12-9 所示，可以看到下面的一张图片以黑白色显示。

图 12-9　以黑白色显示图片

12.2.9　反相(Invert)滤镜

Invert 滤镜可以把对象的可视化属性全部翻转，包括色彩、饱和度和亮度值，使图片产生一种"底片"或负片的效果。语法格式如下：

```
{filter:Invert(enabled=bEnabled)}
```

enabled 参数用来设置是否激活滤镜。

【例 12.10】(示例文件 ch12\12.10.html)

```
<!DOCTYPE html>

<html>
<head>
<title>Invert 滤镜</title>
</head>
<body>
<img src="02.jpg" style="width:30%; height:30%;"/>原图
<img src="02.jpg" style="width:30%; filter:Invert()" />反相图
</body>
</html>
```

在 IE 9.0 中浏览，效果如图 12-10 所示，可以看到，下面一张图片以底片的颜色出现。

图 12-10　反色效果

12.2.10　遮罩(Mask)滤镜

遮罩，就是使用一个颜色图层将包含有文字或图像等对象的区域遮盖，但是文字或图像部分却以背景色显示出来。使用遮罩(mask)滤镜，可以为网页中的元素对象做出一个矩形遮罩。Mask 滤镜的语法格式如下。

```
{filter:Mask(enabled=bEnabled, color=sColor)}
```

参数 color 用来设置 Mask 滤镜作用的颜色。

【例 12.11】(示例文件 ch12\12.11.html)

```
<!DOCTYPE html>
<html>
<head>
<title>Mask 遮罩滤镜</title>
<style>
p {
    width:400;
    filter:mask(color:#FF9900);
    font-size:40pt;
    font-weight:bold;
    color:#00CC99;
}
</style>
</head>
<body>
    <p>应用遮罩滤镜的效果</p>
</body>
</html>
```

在 IE 9.0 中浏览，效果如图 12-11 所示，可以看到，文字上面有一个遮罩，文字的颜色是背景颜色。

图 12-11　文字遮罩

12.2.11　波浪(Wave)滤镜

Wave 滤镜可以为对象添加竖直方向上的波浪效果，也可以用来把对象按照竖直的波纹样式打乱。其语法格式如下：

```
{filter:Wave(enabled=bEnabled, add=bAddImage, freq=iWaveCount,
    lightStrength=iPercentage, phase=iPercentage, strength=iDistance)}
```

各参数的说明如表 12-5 所示。

表 12-5　Wave 滤镜的参数

参　数	说　明
enabled	设置滤镜是否激活
add	布尔值，表示是否在原始对象上显示效果。True 表示显示；False 表示不显示
freq	设置生成波纹的频率，也就是设定在对象上产生的完整的波纹的条数
lightStrength	波纹效果的光照强度，取值 0~100
phase	设置正弦波开始的偏移量，取百分比值 0~100，默认值为 0。25 就是 360×25%，为 90°，50 则为 180°
strength	波纹的曲折的强度

【例 12.12】(示例文件 ch12\12.12.html)

```
<!DOCTYPE html>

<html>
<head>
<title>波浪效果</title>
<style>
h1 {
    color:violet;
    text-align:left;
    width:400;
    filter:wave(add=true, freq=5, lightStrength=45, phase=20, strength=3);
}
</style>
</head>
<body>
    <h1>风吹海面，波浪连连</h1>
</body>
</html>
```

在 IE 9.0 中浏览，效果如图 12-12 所示，可以看到，文字带有波浪效果。

图 12-12　波浪效果

12.2.12 阴影(Shadow)滤镜

通过 Shadow 滤镜，可以为对象添加阴影效果，实际效果看起来好像是对象离开了页面，并在页面上显示出该对象阴影。其语法格式如下：

```
{filter:Shadow(enabled=bEnabled, color=sColor, direction=iOffset,
    strength=iDistance)}
```

各参数如表 12-6 所示。

表 12-6　Shadow 滤镜的参数

参　数	说　明
enabled	设置滤镜是否激活
color	设置投影的颜色
direction	设置投影的方向，分别有 8 种取值，代表 8 种方向：取值为 0 表示向上，45 为右上，90 为右，135 为右下，180 为向下，225 为左下，270 为左，315 为左上
strength	设置投影向外扩散的距离

【例 12.13】(示例文件 ch12\12.13.html)

```
<!DOCTYPE html>
<html>
<head>
<title>阴影效果</title>
<style>
h1 {
    color:#FF6600;
    width:400;
    filter:shadow(color=blue, offx=15, offy=22, positive=flase);
}
</style>
</head>
<body>
    <h1>添加阴影效果</h1>
</body>
</html>
```

在 IE 9.0 中浏览，效果如图 12-13 所示，可以看到文字带有阴影效果。

图 12-13　Shadow 滤镜的效果

235

12.2.13　X-ray 滤镜

X-ray 的中文含义为 X 射线，X-ray 滤镜可以使对象反映出它的轮廓，并把这些轮廓的颜色加亮，使整体看起来会有一种 X 光片的效果。其语法格式如下：

```
{filter:Xray(enabled=bEnabled)}
```

enabled 参数用于确定是否激活该滤镜。

【例 12.14】(示例文件 ch12\12.14.html)

```html
<!DOCTYPE html>
<html>
<head>
<title>X 射线</title>
<style>
.noe {
    filter:xray;
}
img{
    height:120px;
    width:200px;
}
</style>
</head>
<body>
<img src="02.jpg" class="noe" />
<img src="02.jpg" />
</body>
</html>
```

在 IE 9.0 中浏览，效果如图 12-14 所示，可以看到图片有 X 光效果。

图 12-14　X 滤镜的效果

12.3　高级滤镜

高级滤镜是指需要配合 JavaScript 脚本语言，能产生变换效果的滤镜，包含 BlendTrans、RevealTrans 和 Light 等。

12.3.1 光照(Light)滤镜

Light 滤镜是一个高级滤镜，需要结合 JavaScript 使用。该滤镜用来产生类似于光照灯的效果，并调节亮度以及颜色。语法格式如下：

```
{filter:Light(enabled=bEnabled)}
```

对于已定义的 Light 滤镜属性，可以调用它的方法(Method)来设置或改变属性。这些方法如表 12-7 所示。

表 12-7 Light 滤镜的使用方法

参　　数	说　　明
AddAmbIE 9.0nt	加入包围的光源
AddCone	加入锥形光源
AddPoint	加入点光源
Changcolor	改变光的颜色
Changstrength	改变光源的强度
Clear	清除所有的光源
MoveLight	移动光源

【例 12.15】(示例文件 ch12\12.15.html)

```
<!DOCTYPE html>
<html>
<head>
<title>light 滤镜效果</title>
</head>
<body>
    <table>
      <tr>
          <td style="color:blue; font-weight:bolder">
              随鼠标变化的动态光源效果
          </td>
      </tr>
      <tr>
          <td id="light" style="filter: light(); width: 200px">
              <img src="03.jpg">
          </td>
      </tr>
    </table>
<script language="Javascript">
<!--
    var g numlights = 0;
    // 调用设置光源函数
    window.onload = setlights;
    // 获得鼠标句柄
    light.onmousemove = mousehandler;
    //建立光源的集合
```

```
function setlights(){
    light.filters[0].clear();
    light.filters[0].addcone(0,0,5,100,100,255,255,0,60,30);
}
// 捕捉鼠标的位置来移动光线焦点
function mousehandler(){
    x = (window.event.x-80);
    y = (window.event.y-80);
    light.filters[0].movelight(0,x,y,5,1);
}
-->
</script>
</body>
</html>
```

在 IE 9.0 中浏览，效果如图 12-15 所示，可以看到一幅图片实现了光照的效果，而且随着鼠标的移动，灯光照射的方向也不相同，类似于镭射灯的效果。

图 12-15　Light 滤镜效果

12.3.2　渐隐(BlendTrans)滤镜

BlendTrans 滤镜是一种高级滤镜，如果要实现效果，需要结合 JavaScript 使用。该滤镜可以实现 HTML 对象的渐隐渐现效果。BlendTrans 滤镜的语法格式如下：

```
{filter: BlendTrans(enabled=bEnabled, duration=fDuration)}
```

上述代码中，enabled 表示是否激活滤镜；duration 表示整个转换过程所需要的时间，单位为秒。

【例 12.16】(示例文件 ch12\12.16.html)

```
<!DOCTYPE html>
<html>
<head>
    <title>BlendTrans 滤镜</title>
    <style type="text/css">
    <!--
    .blendtrans {filter:blendTrans(Duration=3)}
    -->
```

```
      </style>
</head>
<body onload="playImg()">
  <img src="baimd.jpg" class="blendtrans" id="imgpic"
    style="width:300px;height:280px;" />
  <script language="JavaScript">
<!--
    // 声明数组，数组元素的个数就是图片的个数，然后给数组元素赋值，值为图片路径
    ImgNum = new ImgArray(2);
    ImgNum[0] = "02.jpg";
    ImgNum[1] = "02.jpg";
    // 获取数组记录数
    function ImgArray(len)
    {
      this.length = len;
    }
    var i = 1;
    //转换过程
    function playImg(){
      if (i==1){
        i = 0;
      }
      else{
        i++;
      }
      imgpic.filters[0].apply();
      imgpic.src = ImgNum[i];
      imgpic.filters[0].play();
      //设置演示时间，这里是以毫秒为单位的，4000 则表示延迟 4 秒
      //滤镜中设置的转换时间值，这样当转换结束后还停留一段时间
      timeout = setTimeout('playImg()',4000);
    }
    -->
    </script>
</body>
</html>
```

在 IE 9.0 中浏览，效果如图 12-16 所示，可以看到，一张图片慢慢消失，一张图片慢慢出现，两张图片不断循环往复，从而实现了渐变效果。

图 12-16　实现渐隐渐现的效果

12.3.3 切换(RevealTrans)滤镜

RevealTrans 滤镜能够实现图像之间的切换效果。切换时，能产生 32 种动态效果，例如溶解，水平(垂直)展幕、百叶窗等，而且还可以随机地选取其中一种效果进行切换。

RevealTrans 滤镜的语法格式如下：

```
filter: RevealTrans(enabled=bEnabled, duration=fDuration,
  transition=iTransitionType)
```

其中，enabled 表示是否激活滤镜；duration 用于设置切换停留时间；transition 用于指定转换方式，即指定要使用的动态效果，参数取值是 0~23。

transition 参数的值如表 12-8 所示。

表 12-8　RevealTrans 滤镜的动态效果

动态效果	参 数 值	动态效果	参 数 值
矩形从大至小	0	随机溶解	12
矩形从小至大	1	从上下向中间展开	13
圆形从大至小	2	从中间向上下展开	14
圆形从小至大	3	从两边向中间展开	15
向上推开	4	从中间向两边展开	16
向下推开	5	从右上向左下展开	17
向右推开	6	从右下向左上展开	18
向左推开	7	从左上向右下展开	19
垂直形百叶窗	8	从左下向右上展开	20
水平形百叶窗	9	随机水平细纹	21
水平棋盘	10	随机垂直细纹	22
垂直棋盘	11	随机选取一种效果	23

但是，如果只设置了 transition 参数来实现切换过程的话，是不会有任何效果的，因为动态效果的实现还必须依靠脚本语言 JavaScript 来调用相应的方法。

【例 12.17】(示例文件 ch12\12.17.html)

```
<!DOCTYPE html>
<html>
<head>
<title>BlendTrans 滤镜</title>
<style type="text/css">
.revealtrans {filter:revealTrans(Transition=10,Duration=3)}
</style>
</head>
<body onload="playImg()">
  <img id="imgpic" class="revealtrans" src="03.jpg"/>
  <script language="JavaScript">
  <!--
```

```
//声明数组，数组元素的个数就是图片的个数，然后给数组元素赋值，值为图片路径
ImgNum = new ImgArray(2);
ImgNum[0] = "01.jpg";
ImgNum[1] = "02.jpg";
// 获取数组记录数
function ImgArray(len)
{
  this.length = len;
}
var i = 1;
//转换过程
function playImg(){
  if (i==1){
    i = 0;
  }
  else{
    i++;
  }
  imgpic.filters[0].apply();
  imgpic.src = ImgNum[i];
  imgpic.filters[0].play();
  //设置演示时间，这里是以毫秒为单位的，4000 则表示延迟 4 秒
  //滤镜中设置的转换时间值，这样，当转换结束后，还停留一段时间
  timeout = setTimeout('playImg()',4000);
}
-->
</script>
</body>
</html>
```

在 IE 9.0 中浏览，效果如图 12-17 所示，可以看到，图片以百叶窗的形式打开另一个图片，如此循环往复。

图 12-17　图片切换效果

12.4　专　家　答　疑

疑问 1：如果要对一个 HTML 对象使用滤镜效果，如何使用呢？

在使用滤镜时，若使用多个滤镜，则每个滤镜之间用空格分隔开；一个滤镜中的若干个

参数用逗号分隔；filter 属性和其他样式属性并用时以分号分隔。

疑问 2：滤镜效果是 IE 9.0 浏览器特有 CSS 特效，那么在 Firefox 中能不能实现呢？

滤镜效果虽然是 IE 9.0 浏览器特有效果，但使用 Firefox 浏览器，一些属性也可以实现相同的效果。例如 IE 9.0 的阴影效果，在 Firefox 网页设计中，可以先在文字下面再叠一层浅色的同样的字，然后做两个像素的错位，制造出阴影的假象。

第 13 章
CSS 定位与 DIV
布局核心技术

在网页设计中，能否很好地定位网页中的每个元素，是网页整体布局的关键。一个布局混乱、元素定位不准的页面，是每个浏览者都不喜欢的。而把每个元素都精确地定位到合理的位置，才是构建美观大方页面的前提。

13.1　了解块级元素和行内级元素

通过块元素，可以把 HTML 里<p>和<h1>之类的文本标签定义成类似 DIV 分区的效果，而通过内联元素，可以把元素设置成"行内"元素，这两种元素的 CSS 作用比较小，但是也有一定的使用价值。

13.1.1　块级元素和行内级元素的应用

块元素是指在没有 CSS 样式作用下，新的块元素会另起一行顺序排列下去。DIV 就是块元素之一。块元素使用 CSS 中的 block 定义，具体的特点如下：

- 总是在新行上开始。
- 行高以及顶和底边距都可控制。
- 如果用户不设置宽度的话，则会默认为整个容器的 100%；而如果我们设置了值，就是按照我们设置的值来显示。

常用的<p>、<h1>、<from>、<ul>和<li>标签都是块元素，块元素的用法比较简单，下面给出一个块元素应用示例。

【例 13.1】(示例文件 ch13\13.1.html)

```
<!DOCTYPE html>
<html>
<head>
<title>块元素</title>
<style>
    .big{
        width:800px;
        height:105px;
        background-image:url(07.jpg);
        }
    a{
        font-size:12px;
        display:block;
        width:100px;
        height:20px;
        line-height:20px;
        background-color:#F4FAFB;
        text-align:center;
        text-decoration:none;
        border-bottom:1px dotted #6666FF;
        color:black;
        }
    a:hover{
        font-size:13px;
        display:block;
        width:100px;
        height:20px;
        line-height:20px;
```

```
            text-align:center;
            text-decoration:none;
            color:green;
            }
</style>
</head>
<body>
    <div class="big">
    <p>
        <a href="#">管理应用</a><a href="#">财务管理</a><a href="#">在线管理</a>
        <a href="#">客户关系管理</a><a href="#">一体化管理</a>
    </p>
    </div>
</body>
</html>
```

在 IE 9.0 中浏览，效果如图 13-1 所示，可以看到，左边显示了一个导航栏，右边显示了一个图片。其导航栏就是以块元素形式显示的。

图 13-1　块元素的显示

通过 display:inline 语句，可以把元素定义为行内元素，行内元素的特点如下：

- 与其他元素都在都一行上。
- 行高以及顶和底边距不可改变。
- 宽度就是它的文字或图片的宽度，不可改变。

常见的行内元素有<span>、<a>、<label>、<input>、<img>和<strong>等，行内元素的应用也比较简单。

【**例 13.2**】(示例文件 ch13\13.2.html)

```
<!DOCTYPE html>
<html>
<head>
<title>行内元素</title>
<style type="text/css">
.hang {
    display:inline;
}
</style>
</head>
<body>
<div>
    <a href="#" class="hang">这是 a 标签</a>
    <span class="hang">这是 span 标签</span>
    <strong class="hang">这是 strong 标签</strong>
    <img class="hang" src=6.jpg/>
```

```
</div>
</body>
</html>
```

在 IE 9.0 中浏览，效果如图 13-2 所示，可以看到，页面上的三个 HTML 元素都在同一行显示，包括超级链接、文本信息。

图 13-2　行内元素的显示

13.1.2　div 元素和 span 元素的区别

div 和 span 标记二者的区别在于，div 是一个块级元素，其包含的元素会自动换行。span 标记是一个行内标记，其前后都不会发生换行。div 标记可以包含 span 标记元素，但 span 标记一般不包含 div 标记。

【**例 13.3**】(示例文件 ch13\13.3.html)

```
<!DOCTYPE html>
<html>
<head><title>div 与 span 的区别</title></head>
<body>
  <p>div 自动分行：</p>
  <div><b>宁静</b></div>
  <div><b>致远</b></div>
  <div><b>明治</b></div>
  <p>span 同一行：</p>
  <span><b>老虎</b></span>
  <span><b>狮子</b></span>
  <span><b>老鼠</b></span>
</body>
</html>
```

在 IE 9.0 中浏览，效果如图 13-3 所示，可以看到，div 层所包含的元素进行了自动换行，而对于 span 标记，三个 HTML 元素在同一行显示。

图 13-3　div 与 span 元素的区别

13.2 盒 子 模 型

将网页上的每个 HTML 元素认为都是长方形的盒子，是网页设计上的一大创新。在控制页面方面，盒子模型有着至关重要的作用，熟练地掌握盒子模型及盒子模型的各个属性，是控制页面中每个 HTML 元素的前提。

13.2.1 盒子模型的概念

CSS 3 中，所有的页面元素都包含在一个矩形框内，称为盒子。盒子模型是由 margin(边界)、border(边框)、padding(空白)和 content(内容)几个属性组成的。此外，在盒子模型中，还具备高度和宽度两个辅助属性。盒子模型如图 13-4 所示。

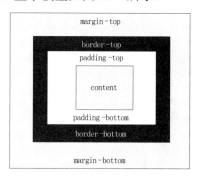

图 13-4 盒子模型

从图 13-4 中可以看出，盒子模型包含如下 4 个部分。

- content(内容)：内容是盒子模型中必需的一部分，内容可以是文字、图片等元素。
- padding(空白)：也称内边距或补白，用来设置内容与边框直接的距离。
- border(边框)：可以设置内容边框线的粗细、颜色和样式等，前面已经介绍过。
- margin(边界)：外边距，用来设置内容与内容之间的距离。

一个盒子的实际高度(宽度)是由 content+padding+border+margin 组成的。在 CSS 3 中，可以通过设定 width 和 height 来控制 content 的大小，并且对于任何一个盒子，都可以分别设定 4 条边的 border、padding 和 margin。

13.2.2 定义网页的 border 区域

border 边框是内边距和外边距的分界线，可以分离不同的 HTML 元素。border 有三个属性，分别是边框样式(style)、颜色(color)和宽度(width)。

【例 13.4】(示例文件 ch13\13.4.html)

```
<!DOCTYPE html>
<html>
<head>
<title>border 边框</title>
```

```
<style type="text/css">
.div1{
    border-widthr:10px;
    border-color:#ddccee;
    border-style:solid;
    width:410px;
}
.div2{
    border-width:1px;
    border-color:#adccdd;
    border-style:dotted;
    width:410px;
}
.div3{
    border-width:1px;
    border-color:#457873;
    border-style:dashed;
    width:410px;
}
</style>
</head>
<body>
    <div class="div1">
        这是一个宽度为 10px 的实线边框。
    </div>
    <br /><br />
    <div class="div2">
        这是一个宽度为 1px 的点状边框。
    </div>
    <br /><br />
    <div class="div3">
        这是一个宽度为 1px 的虚线边框。
    </div>
</body>
</html>
```

在 IE 9.0 中浏览，效果如图 13-5 所示，可以看到，显示了三个不同风格的盒子，第一个盒子边框线宽度为 10 像素，边框样式为实线，颜色为紫色；第二个盒子边框线宽度为 1 像素，边框样式是点状边框，颜色为浅绿色，第三个盒子的边框宽度为 1 像素，边框样式是虚线边框，颜色为绿色。

图 13-5　设置盒子边框

13.2.3 定义网页的 padding 区域

在 CSS 3 中，可以设置 padding 属性定义内容与边框之间的距离，即内边距的距离。语法格式如下所示：

```
padding: length
```

padding 属性值可以是一个具体的长度，也可以是一个相对于上级元素的百分比，但不可以使用负值。padding 属性能为盒子定义上、下、左、右间隙的宽度，也可以单独定义各方位的宽度。常用形式如下：

```
padding: padding-top | padding-right | padding-bottom | padding-left
```

如果提供 4 个参数值，将按顺时针的顺序作用于 4 边。如果只提供 1 个参数值，将用于全部的 4 条边；如果提供 2 个，第一个作用于上下两边，第 2 个作用于左右两边。如果提供 3 个，第 1 个用于上边，第 2 个用于左、右两边，第 3 个用于下边。

具体含义如表 13-1 所示。

表 13-1　padding 属性的子属性

属　　性	描　　述
padding-top	设定上间隙
padding-bottom	设定下间隙
padding-left	设定左间隙
padding-right	设定右间隙

【例 13.5】(示例文件 ch13\13.5.html)

```
<!DOCTYPE html>
<html>
<head>
<title>padding</title>
<style type="text/css">
.wai{
    width:400px;
    height:250px;
    border:1px #993399 solid;
}
img{
    max-height:120px;
    padding-left:50px;
    padding-top:20px;
}
</style>
</head>
<body>
    <div class="wai">
        <img src="07.jpg" />
        <p>这张图片的左内边距是 50px，顶内边距是 20px</p>
```

```
    </div>
</body>
</html>
```

在 IE 9.0 中浏览，效果如图 13-6 所示，可以看到一个 div 层中，显示了一张图片。此图片可以视为一个盒子模型，并定义了图片的左内边距和上内边距的效果。可以看出，内边距其实是对象 img 和外层 div 之间的距离。

图 13-6　设置内边距

13.2.4　定义网页的 margin 区域

margin 边界用来设置页面中元素和元素之间的距离，即定义元素周围的空间范围，是页面排版中一个比较重要的概念。语法格式如下：

```
margin: auto | length
```

其中，auto 表示根据内容自动调整，length 表示由浮点数和单位标识符组成的长度值或百分数。margin 属性包含的 4 个子属性控制一个页面元素的四周的边距样式，如表 13-2 所示。

表 13-2　margin 属性的子属性

属　性	描　述
margin-top	设定上边距
margin-bottom	设定下边距
margin-left	设定左边距
margin-right	设定右边距

如果希望很精确地控制块的位置，需要对 margin 有更深入的了解。margin 设置可以分为行内元素块之间设置，非行内元素块之间设置和父子块之间设置。

1. 行内元素的 margin 设置

【例 13.6】(示例文件 ch13\13.6.html)

```
<!DOCTYPE html>
<html>
<head>
```

```
<title>行内元素设置margin</title>
<style type="text/css">
<!--
span{
    background-color:#a2d2ff;
    text-align:center;
    font-family:"幼圆";
    font-size:12px;
    padding:10px;
    border:1px #ddeecc solid;
}
span.left{
    margin-right:20px;
    background-color:#a9d6ff;
}
span.right{
    margin-left:20px;
    background-color:#eeb0b0;
}
-->
</style>
</head>
<body>
    <span class="left">行内元素1</span><span class="right">行内元素2</span>
</body>
</html>
```

在 IE 9.0 中浏览，效果如图 13-7 所示，可以看到一个蓝色盒子和一个红色盒子，二者之间的距离使用 margin 设置，其距离是左边盒子的右边距 margin-right 加上右边盒子的左边距 margin-left。

图 13-7 行内元素的 margin 设置

2. 非行内元素块之间的 margin 设置

如果不是行内元素，而是产生换行效果的块级元素，情况就会发生变化。两个换行块级元素之间的距离不再是 margin-bottom 和 margin-top 的和，而是两者中的较大者。

【**例 13.7**】(示例文件 ch13\13.7.html)

```
<!DOCTYPE html>
<html>
<head>
<title>块级元素的margin</title>
<style type="text/css">
```

```
<!--
h1{
    background-color:#ddeecc;
    text-align:center;
    font-family:"幼圆";
    font-size:12px;
    padding:10px;
    border:1px #445566 solid;
    display:block;
}
-->
</style>
</head>
<body>
    <h1 style="margin-bottom:50px;">距离下面块的距离</h1>
    <h1 style="margin-top:30px;">距离上面块的距离</h1>
</body>
</html>
```

在 IE 9.0 中浏览，效果如图 13-8 所示，可以看到两个 h1 盒子，二者上下之间存在距离，其距离为 margin-bottom 和 margin-top 中较大的值，即 50 像素。如果修改下面 h1 盒子元素的 margin-top 为 40 像素，会发现执行结果没有任何变化。如果修改其值为 60 像素，会发现下面的盒子会向下移动 10 个像素。

图 13-8　设置上下的 margin 距离

3.　父子块之间的 margin 设置

当一个 div 块包含在另一个 div 块中间时，二者便会形成一个典型的父子关系。其中子块的 margin 设置将会以父块的 content 为参考。

【例 13.8】(示例文件 ch13\13.8.html)

```
<!DOCTYPE html>
<html>
<head>
<title>包含块的margin</title>
<style type="text/css">
<!--
div{
    background-color:#fffebb;
    padding:10px;
    border:1px solid #000000;
}
h1{
```

```
            background-color:#a2d2ff;
            margin-top:0px;
            margin-bottom:30px;
            padding:15px;
            border:1px dashed #004993;
            text-align:center;
            font-family:"幼圆";
            font-size:12px;
}
-->
</style>
</head>
<body>
    <div>
        <h1>子块 div</h1>
    </div>
</body>
</html>
```

在 IE 9.0 中浏览，效果如图 13-9 所示，可以看到子块 h1 盒子距离父 div 下边界为 40 像素(子块 30 像素的外边距加上父块 10 像素的内边距)，其他 3 边距离都是父块的 padding 距离，即 10 像素。

图 13-9　设置包含盒子的 margin 距离

在上例中，如果设定了父元素的高度 height 值，并且父块高度值小于子块的高度加上 margin 的值，此时 IE 浏览器会自动扩大，保持子元素的 margin-bottom 的空间以及父元素的 padding-bottom。而 Firefox 就不会这样，会保证父元素的 height 高度的完全吻合，而这时子元素将超过父元素的范围。

当将 margin 设置为负数时，会使得被设为负数的块向相反的方向移动，甚至覆盖在另外的块上。

13.3　CSS 3 新增的弹性盒模型

CSS 3 引入了新的盒模型处理机制，即弹性盒模型。该模型决定元素在盒子中的分布方式以及如何处理盒子的可用空间。通过弹性盒模型，可以轻松地设计出自适应浏览器窗口的流动布局或自适应字体大小的弹性布局。

CSS 3 为弹性盒模型新增了 8 个属性，如表 13-3 所示。

表 13-3　CSS 3 新增的盒子模型属性

属　　性	说　　明
box-orient	定义盒子分布的坐标轴
box-align	定义子元素在盒子内垂直方向上的空间分配方式
box-direction	定义盒子的显示顺序
box-flex	定义子元素在盒子内的自适应尺寸
box-flex-group	定义自适应子元素群组
box-lines	定义子元素分布显示
box-ordinal-group	定义子元素在盒子内的显示位置
box-pack	定义子元素在盒子内的水平方向上的空间分配方式

13.3.1　定义盒子的布局取向(box-orient)

box-orient 属性用于定义盒子元素内部的流动布局方向，即是横着排还是竖着走。语法格式如下：

```
box-orient: horizontal | vertical | inline-axis | block-axis | inherit
```

其参数的值含义如表 13-4 所示。

表 13-4　box-orient 属性

属 性 值	说　　明
horizontal	盒子元素从左到右在一条水平线上显示它的子元素
vertical	盒子元素从上到下在一条垂直线上显示它的子元素
inline-axis	盒子元素沿着内联轴显示它的子元素
block-axis	盒子元素沿着块轴显示它的子元素

注意　　　弹性盒模型是 W3C 标准化组织于 2009 年发布的，目前还没有主流浏览器对其支持，不过采用 Webkit 和 Mozilla 渲染引擎的浏览器都自定义了一套私有属性，用来支持弹性盒模型。下面的代码中会存在一些 Firefox 浏览器的私有属性定义。

【例 13.9】(示例文件 ch13\13.9.html)

```
<!DOCTYPE html>
<html>
<head>
<title>box-orient</title>
<style>
div{height:50px;text-align:center;}
.d1{background-color:#F6F;width:180px;height:500px}
.d2{background-color:#3F9;width:600px;height:500px}
.d3{background-color:#FCd;width:180px;height:500px}
body{
    display:box;  /*标准声明，盒子显示*/
```

```
    display:-moz-box; /*兼容 Mozilla Gecko 引擎浏览器*/
    orient:horizontal; /*定义元素为盒子显示*/
    -mozbox-box-orient:horizontal; /*兼容 Mozilla Gecko 引擎浏览器*/
    box-orient:horizontal; /*CSS 3 的标准化设置*/
}
</style>
</head>
<body>
    <div class="d1">左侧布局</div>
    <div class="d2">中间布局</div>
    <div class="d3">右侧布局</div>
</body>
</html>
```

上面的代码中，CSS 样式首先定义了每个 div 层的背景色和大小，在 body 标记选择器中，定义了 body 容器中元素以盒子模型显示，并使用 box-orient 定义元素水平并列显示。

在 Firefox 5.0 中浏览，效果如图 13-10 所示，可以看到，显示了三个层，三个 div 层并列显示，分别为"左侧布局"、"中间布局"和"右侧布局"。

图 13-10   盒子元素的水平并列显示

13.3.2   定义盒子布局的顺序(box-direction)

box-direction 是用来确定子元素的排列顺序的，也可以说是用来确定内部元素的流动顺序的。语法格式如下：

box-direction: normal | reverse | inherit

其参数值如表 13-5 所示。

表 13-5   box-direction 属性

属 性 值	说 明
normal	正常显示顺序，即如果盒子元素的 box-orient 属性值为 horizontal，则其包含的子元素按照从左到右的顺序显示，即每个子元素的左边总是靠近前一个子元素的右边；如果盒子元素的 box-orient 属性值为 vertical，则其包含的子元素按照从上到下的顺序显示

续表

属 性 值	说　明
reverse	反向显示，盒子所包含的子元素的显示顺序将与 normal 相反
inherit	继承上级元素的显示顺序

【例 13.10】(示例文件 ch13\13.10.html)

```html
<!DOCTYPE html>
<html>
<head>
<title>box-direction</title>
<style>
div{height:50px;text-align:center;}
.d1{background-color:#F6F;width:180px;height:500px}
.d2{background-color:#3F9;width:600px;height:500px}
.d3{background-color:#FCd;width:180px;height:500px}
body{
    display:box; /*标准声明，盒子显示*/
    display:-moz-box; /*兼容 Mozilla Gecko 引擎浏览器*/
    orient:horizontal; /*定义元素为盒子显示*/
    -mozbox-box-orient:horizontal; /*兼容 Mozilla Gecko 引擎浏览器*/
    box-orient:horizontal; /*CSS 3 标准声明*/
    -moz-box-direction:reverse;
    box-direction:reverse;
}
</style>
</head>
<body>
    <div class=d1>左侧布局</div>
    <div class=d2>中间布局</div>
    <div class=d3>右侧布局</div>
</body>
</html>
```

可以发现，此示例的代码与前一个示例的代码基本相同，只不过多了一个 box-direction 属性设置，此处设置布局进行反向显示。

在 Firefox 5.0 中浏览，效果如图 13-11 所示，可以发现，与上一个图相比，左侧布局和右侧布局进行了互换。

图 13-11　盒子布局顺序的设置

13.3.3　定义盒子布局的位置(box-ordinal-group)

box-ordinal-group 属性设置盒子中每个子元素在盒子中的具体位置。语法格式如下：

```
box-ordinal-group: <integer>
```

参数值 integer 是一个自然数，从 1 开始，用来设置子元素的位置序号。子元素分别将根据这个属性从小到大进行排列。在默认情况下，子元素将根据元素的位置进行排列。如果没有指定 box-ordinal-group 属性值的子元素，则其序号默认都为 1，并且序号相同的元素将按照它们在文档中加载的顺序进行排列。

【**例 13.11**】(示例文件 ch13\13.11.html)

```
<!DOCTYPE html>
<html>
<head>
<title>box-ordinal-group</title>
<style>
body{
    margin:0;
    padding:0;
    text-align:center
    background-color:#d9bfe8;
}
.box{
    margin:auto;
    text-align:center;
    width:988px;
    display:-moz-box;
    display:box;
    box-orient:vertical;
    -moz-box-orient:vertical;
}
.box1{
    -moz-box-ordinal-group:2;
    box-ordinal-group:2;
}
.box2{
        -moz-box-ordinal-group:3;
        box-ordinal-group:3;
}
.box3{
    -moz-box-ordinal-group:1;
    box-ordinal-group:1;
}
.box4{
    -moz-box-ordinal-group:4;
    box-ordinal-group:4;
}
</style>
</head>
<body>
    <div class=box>
```

```
        <div class=box1><img src=1.jpg/></div>
        <div class=box2><img src=2.jpg/></div>
        <div class=box3><img src=3.jpg/></div>
        <div class=box4><img src=4.jpg/></div>
    </div>
</body>
</html>
```

在上面的样式代码中，类选择器 box 中，代码 display:box 设置了容器以盒子方向显示，box-orient:vertical 代码设置排列方向从上到下。在下面的 box1、box2、box3 和 box4 类选择器中通过 box-ordinal-group 属性都设置了显示顺序。

在 Firefox 5.0 中浏览，效果如图 13-12 所示，可以看到，第三个层次显示在第一个和第二个层次之上。

图 13-12　设置层的显示顺序

13.3.4　定义盒子的弹性空间(box-flex)

box-flex 属性能够灵活地控制子元素在盒子中的显示空间。显示空间包括子元素的宽度和高度，而不只是子元素所在栏目的宽度，也可以说，是子元素在盒子中所占的面积。

语法格式如下：

```
box-flex: <number>
```

<number>属性值是一个整数或者小数。当盒子中包含多个定义了 box-flex 属性的子元素时，浏览器将会把这些子元素的 box-flex 属性值相加，然后根据它们各自的值占总值的比例来分配盒子剩余的空间。

【例 13.12】(示例文件 ch13\13.12.html)

```
<!DOCTYPE html>

<html>
<head>
<title>box-flex</title>
<style>
body{
    margin:0;
    padding:0;
```

```
        text-align:center;
    }
    .box{
        height:50px;
        text-align:center;
        width:960px;
        overflow:hidden;
        display:box; /*标准声明，盒子显示*/
        display:-moz-box; /*兼容 Mozilla Gecko 引擎浏览器*/
        orient:horizontal; /*定义元素为盒子显示*/
        -mozbox-box-orient:horizontal; /*兼容 Mozilla Gecko 引擎浏览器*/
        box-orient:horizontal; /*CSS 3 标准声明*/
    }
    .d1{
        background-color:#F6F;
        width:180px;
        height:500px;
    }
    .d2,.d3{
        border:solid 1px #CCC;
        margin:2px;
    }
    .d2{
        -moz-box-flex:2;
        box-flex:2;
        background-color:#3F9;
        height:500px;
    }
    .d3{
        -moz-box-flex:4;
        box-flex:4;
        background-color:#FCd;
        height:500px;
    }
    .d2 div,.d3 div{display:inline;}
    </style>
    </head>

    <body>
        <div class=box>
            <div class=d1>左侧布局</div>
            <div class=d2>中间布局</div>
            <div class=d3>右侧布局</div>
        </div>
    </body>
    </html>
```

上面的 CSS 样式代码中，使用 display:box 语句设定容器内元素以盒子方式布局，box-orient:horizontal 语句设定盒子之间在水平方向上并列显示，类选择器 d1 中使用 width 和 height 设定显示层的大小，而在 d2 和 d3 中，使用 box-flex 分别设定两个盒子的显示面积。

在 Firefox 5.0 中浏览，效果如图 13-13 所示，可以看到，左侧布局所占空间比中间布局较大。

图 13-13 设置盒子的面积

13.3.5 管理盒子的空间(box-pack 和 box-align)

当弹性元素和非弹性元素混合排版时,可能会出现所有子元素的尺寸大于或小于盒子的尺寸的情形,从而出现盒子空间不足或富余的情况,这时就需要一种方法来管理盒子的空间。如果子元素的总尺寸小于盒子的尺寸,则可以使用 box-align 和 box-pack 属性进行管理。

box-pack 属性可以用于设置子容器在水平轴上的空间分配方式,语法格式如下:

```
box-pack: start | end | center | justify
```

参数值的含义如表 13-6 所示。

表 13-6 box-pack 属性

属 性 值	说　明
start	所有子容器都分布在父容器的左侧,右侧留空
end	所有子容器都分布在父容器的右侧,左侧留空
justify	所有子容器平均分布(默认值)
center	平均分配父容器剩余的空间(能压缩子容器的大小,并且有全局居中的效果)

box-align 属性用于管理子容器在竖轴上的空间分配方式,语法格式如下:

```
box-align: start | end | center | baseline | stretch
```

其参数值的含义如表 13-7 所示。

表 13-7 box-align 属性

属 性 值	说　明
start	子容器从父容器顶部开始排列,富余空间显示在盒子底部
end	子容器从父容器底部开始排列,富余空间显示在盒子顶部
center	子容器横向居中,富余空间在子容器两侧分配,上面一半下面一半
baseline	所有盒子沿着它们的基线排列,富余的空间可前可后显示
stretch	每个子元素的高度被调整到适合盒子的高度显示。即所有子容器和父容器保持同一高度

【例 13.13】(示例文件 ch13\13.13.html)

```
<!DOCTYPE html>
<html>
<head>
```

```
<title>box-pack</title>
<style>
body,html{
    height:100%;
    width:100%;
}
body{
    margin:0;
    padding:0;
    display:box; /*标准声明，盒子显示*/
    display:-moz-box; /*兼容 Mozilla Gecko 引擎浏览器*/
    -mozbox-box-orient:horizontal; /*兼容 Mozilla Gecko 引擎浏览器*/
    box-orient:horizontal; /*CSS 3 标准声明*/
    -moz-box-pack:center;
    box-pack:center;
    -moz-box-align:center;
    box-align:center;
    background:#04082b url(a.jpg) no-repeat top center;
}
.box{
    border:solid 1px red;
    padding:4px;
}
</style>
</head>
<body>
    <div class=box>
        <img src=yueji.jpg>
    </div>
</body>
</html>
```

上面的代码中，display:box 语句定义了容器内元素以盒子形式显示，box-orient:horizontal 定义了盒子水平显示，box-pack:center 定义了盒子两侧空间平均分配，box-align:center 语句定义了上下两侧平均分配，即图片盒子居中显示。

在 Firefox 5.0 中浏览，效果如图 13-14 所示，可以看到中间盒子在容器中部显示。

图 13-14　设置盒子在中间显示

261

13.3.6　盒子空间的溢出管理(box-lines)

弹性布局中盒子内的元素很容易出现空间溢出的现象，与传统的盒子模型一样，CSS 3 允许使用 overflow 属性来处理溢出内容的显示。当然还可以使用 box-lines 属性来避免空间溢出的问题。语法格式如下：

```
box-lines: single | multiple
```

参数值 single 表示子元素都单行或单列显示，multiple 表示子元素可以多行或多列显示。

【例 13.14】(示例文件 ch13\13.14.html)

```
<!DOCTYPE html>

<html>
<head>
<title>box-lines</title>
<style>
.box{
    border:solid 1px red;
    width:600px;
    height:400px;
    display:box; /*标准声明，盒子显示*/
    display:-moz-box; /*兼容 Mozilla Gecko 引擎浏览器*/
    -mozbox-box-orient:horizontal; /*兼容 Mozilla Gecko 引擎浏览器*/
    -moz-box-lines:multiple;
    box-lines:multiple;
}
.box div{
    margin:4px;
    border:solid 1px #aaa;
    -moz-box-flex:1;
    box-flex:1;
}
.box div img{width120px;}
</style>
</head>
<body>
    <div class=box>
        <div><img src="b.jpg"></div>
        <div><img src="c.jpg"></div>
        <div><img src="d.jpg"></div>
        <div><img src="e.jpg"></div>
        <div><img src="f.jpg"></div>
    </div>
</body>
</html>
```

在 Firefox 5.0 中浏览，效果如图 13-15 所示，可以看到，右边盒子还是发生了溢出现象。这是因为目前各大主流浏览器还没有明确支持这种用法，所有导致 box-lines 属性被实际应用时显示无效。相信在未来的一段时间内，各个浏览器会支持该属性。

图 13-15　溢出管理

13.4　综合示例——图文排版效果

一个宣传页，需要包括文字和图片信息。本例将结合前面学习的盒子模型及其相关属性，创建一个旅游宣传页。具备步骤如下。

`step 01` 分析需求。

整个宣传页面需要一个 DIV 层包含并带有边框，DIV 层包括两个部分，上部空间包含一个图片，下面显示文本信息并带有底边框，下部空间显示两张图片。完成后，效果如图 13-16 所示。

`step 02` 构建 HTML 页面，使用 DIV 搭建框架：

```
<!DOCTYPE html>

<html>
<head>
<title>图文排版</title>
</head>

<body>
    <div class="big">
        <div class="up">
            <img src="top.jpg" border="0" />
            <p>·反季游正流行 众信旅游暑期邀你到南半球过冬 </p>
            <p>·西安世园会暨旅游推介会今日在沈阳举行！</p>
            <p>·澳大利亚旅游局中国区首代邓李宝茵八月底卸任</p>
            <p>·"彩虹部落"土族:旅游经济支撑下的文化记忆恢复(组图)</p>
        </div>
        <div class="down">
            <img src="bottom1.jpg" border="0" />  
                  <img src="bottom2.jpg" border="0" />
        </div>
    </div>
</body>
</html>
```

在 IE 9.0 中浏览，效果如图 13-17 所示，可以看到页面自上向下显示图片、段落信息和图片。

图 13-16　旅游宣传页　　　　　　　　图 13-17　构建 HTML 文档

step 03　添加 CSS 代码，修饰整体 DIV：

```
<style>
*{
    padding:0px;
    margin:0px;
}
body{
    font-family:"宋体";
    font-size:12px;
}
.big{
    width:220px;
    border:#0033FF 1px solid;
    margin:10px 0 0 20px;
}
</style>
```

CSS 样式代码在 body 标志选择器设置了字形和字体大小，并在 big 类选择器中，设置整个层的宽度、边框样式和外边距。

在 IE 9.0 中浏览，效果如图 13-18 所示，可以看到，页面图片信息和文本都在一个矩形盒子内显示，其边框颜色为蓝色，大小为 1 像素。

step 04　添加 CSS 代码，修饰字体和图片：

```
.up p{margin:5px;}
.up img{
    margin:5px;
    text-align:center;
}
.down{
    text-align:center;
    border-top:#FF0000 1px dashed;
}
.down img{margin-top:5px;}
```

上面的代码定义了段落、图片的外边距，例如 margin-top:5px 语句设置了下面图片的外边距为 5 像素，两个图片距离是 10 像素。

在 IE 9.0 中浏览，效果如图 13-19 所示，可以看到，字体居中显示，下面带有一个红色虚线，宽度为 1 像素。

图 13-18　设置整体 DIV 样式

图 13-19　设置各个元素的外边距

13.5　上机练习——淘宝导购菜单

网上购物已经成为一种时尚，其中淘宝网是网上购物网站影响比较大的网站之一。淘宝网的宣传页面到处都是。本例结合前面学习的知识，创建一个淘宝网宣传导航页面。

具体步骤如下。

step 01 分析需求。

根据实际效果，需要创建一个 DIV 层，包含三个部分，一个是左边导航栏，中间图片显示区域，右边导航栏，然后使用 CSS 颜色设置导航栏的字体和边框。示例完成后，具体效果如图 13-20 所示。

step 02 构建 HTML 页面，使用 DIV 搭建框架：

```html
<!DOCTYPE html>
<html>
<head>
<title>淘宝网</title>
</head>
<body>
<div class="wrap">
    <div class="area">
        <div>
            <div class="tab_area">
                <ul>
                    <li class="current"><a href="#">男 T 恤</a></li>
                    <li><a href="#">男衬衫</a></li>
                    <li><a href="#">休闲裤</a></li>
                    <li><a href="#">牛仔裤</a></li>
                    <li><a href="#">男短裤</a></li>
                    <li><a href="#">西裤</a></li>
                    <li><a href="#">皮鞋</a></li>
                    <li><a href="#">休闲鞋</a></li>
                    <li><a href="#">男凉鞋</a></li>
                </ul>
```

```
                </div>
                <div class="tab_area1">
                    <ul>
                        <li><a href="#">女 T 恤</a></li>
                        <li><a href="#">女衬衫</a></li>
                        <li><a href="#">开衫</a></li>
                        <li><a href="#">女裤</a></li>
                        <li><a href="#">女包</a></li>
                        <li><a href="#">男包</a></li>
                        <li><a href="#">皮带</a></li>
                        <li><a href="#">登山鞋</a></li>
                        <li><a href="#">户外装</a></li>
                    </ul>
                </div>
            </div>
            <div class="img_area">
                <img src=nantxu.jpg/>
            </div>
        </div>
    </div>
</body>
</html>
```

在 Firefox 5.0 中浏览效果如图 13-21 所示，三部分内容分别自上而下显示，第一部分是导航菜单栏，第二部分也是一个导航菜单栏，第三部分是一个图片信息。

图 13-20 淘宝宣传页

图 13-21 基本 HTML 显示

step 03 添加 CSS 代码，修饰整体样式：

```
<style type="text/css">
body, p, ul, li{margin:0; padding:0;}
body{font:12px arial,宋体,sans-serif;}
.wrap{
    width:318px;
    height:248px;
    background-color:#FFFFFF;
    float:left;
    border: 1px solid #F27B04;
}
.area{
    width:318px;
    float:left;
```

```
}
.tab_area{
    width:53px;
    height:248px;
    border-right:1px solid #F27B04;
    overflow:hidden;
}
.tab_area1{
    width:53px;
    height:248px;
    border-left:1px solid #F27B04;
    overflow:hidden;
    position:absolute;
    left:265px;
    top:1px;
}
.img_area{
    width:208px;
    height:248px;
    overflow:hidden;
    position:absolute;
    top:-2px;
    left:55px;
}
</style>
```

上面的 CSS 样式代码中，设置了 body 页面字体、段落、列表和列表选项的样式。需要注意的是，类选择器 tab_area 定义了左边列表选项，即左边的导航菜单，其宽度为 53 像素，高度为 248 像素，边框色为黄色。类选择 tab_area1 定义右边的列表选项，即右边的导航菜单，其宽度和高度与左侧的菜单相同，但此次使用 position 定义了这个 div 层显示的绝对位置，语句为"position:absolute; left:265px; top:1px;"。类选择器 img_area 定义中间图片的显示样式，也是使用 position 绝对定位。

在 Firefox 5.0 中浏览，效果如图 13-22 所示，可以看到，网页中显示了三个部分，左右两侧为导航菜单栏，中间是图片。

step 04 添加 CSS 代码，修饰列表选项：

```
img{border:0;}
li{list-style:none;}
a{
    font-size:12px;
    text-decoration:none
}
a:link,a:visited{color:#999;}
.tab_area ul li,.tab_area1 ul li{
    width:53px;
    height:27px;
    text-align:center;
    line-height:26px;
    float:left;
    border-bottom:1px solid #F27B04;
}
.tab_area ul li a,.tab_area1 ul li a{color:#3d3d3d;}
```

```
.tab_area ul li.current,.tab_area1 ul li.current{
    height:27px;
    background-color:#F27B04;
}
.tab_area ul li.current a,.tab_area1 ul li.current a{
    color:#fff;
    font-size:12px;
    font-weight:400;
    line-height:27px
}
```

上面的 CSS 样式代码，完成了对字体大小、颜色、是否带有下划线等属性的定义。

在 Firefox 5.0 中浏览，效果如图 13-23 所示，可以看到，网页中左右两个导航菜单相对于前面的情形，字体颜色发生了变化，大小也发生了变化。

图 13-22　设置整体布局样式

图 13-23　修饰列表选项

13.6　专家解惑

疑问 1：如何理解 margin 的加倍问题？

当 div 层被设置为 float 时，在 IE 下设置的 margin 会加倍。这是一个各种版本的 IE 都存在的 bug。其解决办法是，在这个 div 里面加上 display:inline;。例如：

```
<div id="imFloat"></div>
```

相应的 CSS 为：

```
#imFloat{
    float:left;
    margin:5px;
    display:inline;
}
```

疑问 2：margin:0 auto 表示什么含义？

margin:0 auto 定义元素向上补白 0 像素，左右为自动使用。这样，按照浏览器解析习惯，是可以让页面居中显示的，一般这个语句会用在 body 标记中。用 margin:0 auto 语句使页面居中时，一定要给元素一个高度，且不要让元素浮动，即不要加 float，否则效果将失效。

第 14 章
CSS + DIV 盒子的浮动与定位

网页设计中，能否很好地定位网页中的每个元素，是网页整体布局的关键。一个布局混乱、元素定位不准的页面，是每个浏览者都不喜欢的。而把每个元素都精确定位到合理位置，才是构建美观大方页面的前提。本章就来学习 CSS + DIV 盒子的浮动与定位。

14.1　定义 DIV

使用 DIV 进行网页排版，是现在流行的一种趋势。例如使用 CSS 属性，可以轻易设置 DIV 位置，演变出多种不同的布局方式。

14.1.1　什么是 DIV

<div>标记作为一个容器标记，被广泛地应用在 HTML 语言中。利用这个标记，加上 CSS 对其控制，可以很方便地实现各种效果。<div>标记早在 HTML 3.0 时代就已经出现，但那时并不常用，直到 CSS 的出现，才逐渐发挥出它的优势。

14.1.2　创建 DIV

<div>(division)，简单而言，就是一个区块容器标记，即<div>...</div>之间相当于一个容器，可以容纳段落、标题、表格、图片，乃至章节、摘要和备注等各种 HTML 元素。因此，可以把<div>...</div>中的内容视为一个独立的对象，用于 CSS 的控制。声明时，只需要对<div>进行相应的控制，其中的各标记元素都会因此而改变。

【例 14.1】(示例文件 ch14\14.1.html)

```
<!DOCTYPE html>
<html>
<head>
<title>div 层</title>
<style type="text/css">
<!--
div{
    font-size:18px;
    font-weight:bolder;
    font-family:"幼圆";
    color:#FF0000;
    background-color:#eeddcc;
    text-align:center;
    width:300px;
    height:100px;
    border:1px #992211 dotted;
}
-->
</style>
</head>
<body>
    <center>
        <div>
            这是 div 层
        </div>
    </center>
</body>
</html>
```

该例通过 CSS 对 div 块进行控制，绘制了一个 div 容器，容器中放置了一段文字。

在 IE 9.0 中浏览，效果如图 14-1 所示，可以看到一个矩形方块的 div 层，居中显示，字体显示为红色，边框为浅红色，背景色为浅黄色。

图 14-1　div 层显示

14.2　盒子的定位

网页中，各种元素需要有自己合理的、从而搭建整个页面的结构。在 CSS 3 中，可以通过 position 这个属性，对页面中的元素进行定位。

语法格式如下所示：

```
position: static | absolute | fixed | relative
```

其参数含义如表 14-1 所示。

表 14-1　position 属性

参 数 名	说 明
static	元素定位的默认值，无特殊定位，对象遵循 HTML 定位规则，不能通过 z-index 进行层次分级
relative	相对定位，对象不可重叠，可以通过 left、right、bottom 和 top 等属性在正常文档中偏移位置，可以通过 z-index 进行层次分级
absolute	生成绝对定位的元素，相对于 static 定位以外的第一个父元素进行定位。元素的位置通过 left、top、right 及 bottom 属性进行规定
fixed	生成绝对定位的元素，相对于浏览器窗口进行定位。元素的位置通过 left、top、right 及 bottom 属性进行规定

14.2.1　静态定位

静态定位就是指没有使用任何移动效果的定义方式，语法格式如下：

```
position: static
```

【例 14.2】(示例文件 ch14\14.2.html)

```html
<!DOCTYPE html>
<html>
<head>
<style type="text/css">
h2.pos_left{
    position:static;
    left:-20px
}
h2.pos_right{
    position:static;
    left:20px
}
</style>
</head>
<body>
<h2>这是位于正常位置的标题</h2>
<h2 class="pos_left">这个标题相对于其正常位置不会向左移动</h2>
<h2 class="pos_right">这个标题相对于其正常位置不会向右移动</h2>
</body>
</html>
```

在 IE 9.0 中的浏览效果如图 14-2 所示，可以看到，页面显示了三个标题，最上面的标题正常显示，下面两个标题即使设置了向左或向右移动，但结果还是以正常显示，这就是静态定位。

图 14-2　静态定位显示

14.2.2　相对定位

如果对一个元素进行相对定位，首先它将出现在它所在的位置上。然后通过设置垂直或水平位置，让这个元素"相对于"它的原始起点进行移动。再一点，相对定位时，无论是否进行移动，元素仍然占据原来的空间。因此，移动元素会导致它覆盖其他框。

相对定位的语法格式如下所示：

```css
position:relative
```

【例 14.3】(示例文件 ch14\14.3.html)

```html
<!DOCTYPE html>
```

```
<html>
<head>
<style type="text/css">
h2.pos_left{
    position:relative;
    left:-20px
}
h2.pos_right{
    position:relative;
    left:20px
}
</style>
</head>
<body>
    <h2>这是位于正常位置的标题</h2>
    <h2 class="pos_left">这个标题相对于其正常位置向左移动</h2>
    <h2 class="pos_right">这个标题相对于其正常位置向右移动</h2>
</body>
</html>
```

在 IE 9.0 中浏览，效果如图 14-3 所示，可以看到，页面显示了三个标题，最上面的标题正常显示，下面两个标题分别以正常标题为原点，向左或向右分别移动了 20 像素。

图 14-3　相对定位显示

14.2.3　绝对定位

绝对定位是参照浏览器的左上角，配合 top、left、bottom 和 right 进行定位的，如果没有设置上述的 4 个值，则默认是依据父级的坐标原点为原始点的。绝对定位可以通过上、下、左、右来设置元素，使之处在任何一个位置。

绝对定位与相对定位的区别在于：绝对定位的坐标原点为上级元素的原点，与上级元素有关；相对定位的坐标原点为本身偏移前的原点，与上级元素无关。

在父层 position 属性为默认值时，上、下、左、右的坐标原点以 body 的坐标原点为起始位置。绝对定位的语法格式如下：

```
position:absolute
```

只要将上面的代码加入到样式中，使用样式的元素就可以以绝对定位的方式显示了。

【例 14.4】(示例文件 ch14\14.4.html)

```
<!DOCTYPE html>
<html>
<head>
<title>绝对定位</title>
</head>
<body>
    <div style="background-color: Black; width:200px; height:200px">
       <h2 style="position:absolute; left:80px; top:80px; width:110px;
          height:50px; background-color:Red;">这是绝对定位</h2>
    </div>
</body>
</html>
```

在 IE 9.0 中浏览，效果如图 14-4 所示，可以看到，红色元素框以浏览器左上角为原点显示，坐标位置为(80px, 80px)，宽度为 110 像素，高度为 50 像素。

图 14-4　使用绝对定位

14.2.4　固定定位

固定定位的参照位置不是上级元素块，而是浏览器窗口。所以可以使用固定定位来设定类似传统框架样式布局，以及广告框架或导航框架等。使用固定定位的元素可以脱离页面，无论页面如何滚动，始终处在页面的同一位置上。

固定定位的语法格式如下所示：

```
position:fixed
```

【例 14.5】(示例文件 ch14\14.5.html)

```
<!DOCTYPE html>
<html>
<head>
<title>CSS 固定定位</title>
<style type="text/css">...
* {
    padding:0;
    margin:0;
}
```

```
#fixedLayer {
    width:100px;
    line-height:50px;
    background: #FC6;
    border:1px solid #F90;
    position:fixed;
    left:10px;
    top:10px;
}
</style>
</head>
<body>
    <div id="fixedLayer">固定不动</div>
    <p>我动了</p>
    <p>我动了</p>
    <p>我动了</p>
    <p>我动了</p>
    <p>我动了</p>
    <p>我动了</p>
    <p>我动了</p>
    <p>我动了</p>
    <p>我动了</p>
    <p>我动了</p>
    <p>我动了</p>
    <p>我动了</p>
</body>
</html>
```

在 IE 9.0 中浏览，效果如图 14-5 所示，可以看到，拉动滚动条时，无论页面内容怎么变化，其黄色框都"固定不动"，始终处在页面左上角顶部。

图 14-5　使用固定定位

14.2.5　盒子的浮动

除了使用 position 进行定位外，还可以使用 float 定位。float 定位只能在水平方向上定位，而不能在垂直方式上定位。float 属性表示浮动属性，它用来改变元素块的显示方式。

float 定位的语法格式如下：

```
float: none | left |right
```

float 属性如表 14-2 所示。

表 14-2　float 属性

属 性 值	说　明
none	元素不浮动
left	浮动在左面
right	浮动在右面

实际上，使用 float 可以实现两列布局，也就是让一个元素在左浮动，一个元素在右浮动，并控制好这两个元素的宽度。

【例 14.6】(示例文件 ch14\14.6.html)

```
<!DOCTYPE html>
<html>
<head>
<title>float 定位</title>
<style>
* {
    padding:0px;
    margin:0px;
}
.big {
    width:600px;
    height:100px;
    margin:0 auto 0 auto;
    border:#332533 1px solid;
}
.one {
    width:300px;
    height:20px;
    float:left;
    border:#996600 1px solid;
}
.two {
    width:290px;
    height:20px;
    float:right;
    margin-left:5px;
    display:inline;
    border:#FF3300 1px solid;
}
</style>
</head>
<body>
    <div class="big">
        <DIV class="one">
            <p>非诚勿扰</p>
        </DIV>
        <DIV class="two">
            <p>开心一刻</p>
        </DIV>
```

```
    </div>
</body>
</html>
```

在 IE 9.0 中浏览，效果如图 14-6 所示，可以看到，显示了一个大矩形框，大矩形框中存在两个小的矩形框，并且并列显示。

图 14-6　float 浮动布局

使用 float 属性不但改变了元素的显示位置，同时会对相邻内容造成影响。定义了 float 属性的元素会覆盖在其他元素上，而被覆盖的区域将处于不可见状态。使用该属性能够实现内容环绕图片的效果。

如果不想让 float 下面的其他元素浮动环绕在该元素周围，可以使用 CSS 3 的 clear 属性，来清除这些浮动元素。clear 属性的语法格式如下：

```
clear: none | left | right | both
```

其中，none 表示允许两边都可以有浮动对象，both 表示不允许有浮动对象，left 表示不允许左边有浮动对象，right 表示不允许右边有浮动对象。使用 float 以后，在必要的时候就需要通过 clear 语句清除 float 带来的影响，以免出现"其他 DIV 跟着浮动"的效果。

14.3　其他 CSS 布局定位方式

在了解了盒子的定位之后，下面再来介绍其他的 CSS 布局定位方式。

14.3.1　溢出(overflow)定位

如果元素框被指定了大小，而元素的内容不适合该大小，例如元素内容较多，元素框显示不下，就可以使用溢出属性 overflow 来控制这种情况。overflow 属性的语法格式如下：

```
overflow: visible | auto | hidden | scroll
```

各属性值及其说明如表 14-3 所示。overflow 属性适用于下列情况：

● 当元素有负边界时。
● 框宽宽于上级元素的内容区，换行不被允许。
● 元素框宽于上级元素区域的宽度。
● 元素框高于上级元素区域的高度。
● 元素定义了绝对定位。

表 14-3 overflow 属性

属 性 值	说 明
visible	若内容溢出，则溢出内容可见
hidden	若内容溢出，则溢出内容隐藏
scroll	保持元素框大小，在框内应用滚动条显示内容
auto	等同于 scroll，它表示在需要时应用滚动条

【例 14.7】(示例文件 ch14\14.7.html)

```html
<!DOCTYPE html>
<html>
<head>
<title>overflow属性</title>
<style>
div{
    position:absolute; color:#445633;
    height:200px; width:30%;
    float:left;
    margin:0px; padding:0px;
    border-right:2px dotted #cccccc;
    border-bottom:2px solid #cccccc;
    padding-right:10px;
    overflow:auto;
}
</style>
</head>
<body>
    <div>
        <p>综艺节目排名</p><p>1 非诚勿扰</p><p>2 康熙来了</p>
        <p>3  快乐大本营</p><p>4  娱乐大风暴</p><p>5 天天向上</p><p>6 爱情连连看</p>
        <p>7 锵锵三人行</p><p>8 我们约会吧</p>
    </div>
</body>
</html>
```

在 IE 9.0 中浏览，效果如图 14-7 所示，可以看到，在一个元素框中显示了多个元素，拉动显示的滚动条，可查看全部元素。若 overflow 设置的值为 hidden，则会隐藏多余的元素。

图 14-7 溢出定位

14.3.2　隐藏(visibility)定位

visibility 属性指定是否显示一个元素生成的元素框。这意味着元素仍占据其本来的空间，不过可以完全不可见。即设定元素的可见性。

visibility 属性的语法格式如下：

```
visibility: inherit | visible | collapse | hidden
```

其属性值如表 14-4 所示。

表 14-4　visibility 属性

属 性 值	说　　明
visible	元素可见
hidden	元素隐藏
collapse	主要用来隐藏表格的行或列。隐藏的行或列能够被其他内容使用。对于表格外的其他对象，其作用等同于 hidden

如果元素 visibility 属性的属性值设定为 hidden，表现为元素隐藏，即不可见。但是，元素不可见，并不等同于元素不存在，它仍旧会占有部分页面位置，影响页面的布局，就如同可见一样。换句话说，元素仍然处于页面中的位置上，只是无法看到它而已。

【例 14.8】(示例文件 ch14\14.8.html)

```
<!DOCTYPE html>

<html>
<head>
<title>float 属性</title>
<style type="text/css">
.div{
    padding:5px;
}
.pic{
    float:left;
    padding:20px;
    visibility:visible;
}
h1{
    font-weight:bold;
    text-align:center
}
</style>
</head>

<body>
    <h1>插花</h1>
    <div class="div">
        <div class="pic">
            <img src="08.jpg"  width=150px height=100px />
```

```
        </div>
        <p>插花就是把花插在瓶、盘、盆等容器里，而不是栽在这些容器中。所插的花材，或枝、或
花、或叶，均不带根，只是植物体上的一部分，并且不是随便乱插的，而是根据一定的构思来选材，遵
循一定的创作法则，插成一个优美的形体(造型)，借此表达一种主题，传递一种感情和情趣，使人看
后赏心悦目，获得精神上的美感和愉快。
        </p>
        <p>
在我国插花的历史源远流长，发展至今已为人们日常生活所不可缺少。一件成功的插花作品，并不是一
定要选用名贵的花材、高价的花器。一般看来并不起眼的绿叶一个花蕾，甚至路边的野花野草常见的水
果、蔬菜，都能插出一件令人赏心悦目的优秀作品来。使观赏者在心灵上产生共鸣的是创作者唯一的目
的，如果不能产生共鸣那么这件作品也就失去了观赏价值。具体地说、即插花作品在视觉上首先要立即
引起一种感观和情感上的自然反应，如果未能立刻产生反应，那么摆在眼前的这些花材将无法吸引观者
的目光。在插花作品中引起观赏者情感产生反应的要素有三点：一是创意[或称立意)、指的是表达什
么主题，应选什么花材；二是构思(或称构图)，指的是这些花材怎样巧妙配置造型，在作品中充分展
现出各自的美；三是插器，指的是与创意相配合的插花器皿。三者有机配合，作品便会给人以美的
享受。
        </p>
    </div>
</body>
</html>
```

在 IE 9.0 中浏览，效果如图 14-8 所示，可以看到，图片在左边显示，并被文本信息所环
绕。此时 visibility 属性为 visible，表示图片可以看见。

图 14-8　隐藏定位显示

14.3.3　z-index 空间定位

z-index 属性用于调整定位时重叠块的上下位置，与它的名称一样，想象页面为 x-y 轴，
垂直于页面的方向为 z 轴，z-index 值大的页面位于其值小的上方，如图 14-9 所示。

图 14-9　z-index 空间定位模型

【例 14.9】 (示例文件 ch14\14.9.html)

```html
<!DOCTYPE html>

<html>
<title>z-index 属性</title>
<style type="text/css">
<!--
body{
    margin:10px;
    font-family:Arial;
    font-size:13px;
}
#block1{
    background-color:#ff0000;
    border:1px dashed#000000;
    padding:10px;
    position:absolute;
    left:20px;
    top:30px;
    z-index:1;        /*高低值 1*/
}
#block2{
    background-color:#ffc24c;
    border:1px dashed#000000;
    padding:10px;
    position:absolute;
    left:40px;
    top:50px;
    z-index:0;            /*高低值 0*/
}
#block3{
    background-color:#c7ff9d;
    border:1px dashed#000000;
    padding:10px;
    position:absolute;
    left:60px;
    top:70px;
    z-index:-1;     /*高低值-1*/
}
-->
</style>
</head>
<body>
    <div id="block1">AAAAAAAAAA</div>
    <div id="block2">BBBBBBBBBB</div>
    <div id="block3">CCCCCCCCCC</div>
</body>
</html>
```

在上面的例子中，对 3 个有重叠关系的块分别设置了 z-index 的值。设置前与设置后的效果分别如图 14-10 所示。

图 14-10　z-index 空间定位

14.4　新增的 CSS 3 多列布局

在 CSS 3 没有推出之前，网页设计者如果要设计多列布局，不外乎有两种方式，一种是浮动布局，另一种是定位布局。浮动布局比较灵活，但容易发生错位。定位布局可以精确地确定位置，不会发生错位，但无法满足模块的适应能力。为了解决多列布局的难题，CSS 3 新增了多列自动布局，目前支持多列自动布局的浏览器为火狐浏览器。

14.4.1　设置列宽度

在 CSS 3 中，可以使用 column-width 属性定义多列布局中每列的宽度，可以单独使用，也可以与其他多列布局属性组合使用。

column-width 的语法格式如下：

```
column-width: [<length> | auto]
```

其中属性值<length>是由浮点数和单位标识符组成的长度值，不可为负值。auto 根据浏览器计算值自动设置。

【例 14.10】(示例文件 ch14\14.10.html)

```
<!DOCTYPE html>
<html>
<head>
<title>多列布局属性</title>
<style>
body{
    -moz-column-width:300px; /*兼容 Webkit 引擎，指定列宽是 300 像素*/
    column-width:300px; /*CSS 3 标准化指定列宽是 300 像素*/
}
h1{
    color:#333333;
    background-color:#DCDCDC;
    padding:5px 8px;
    font-size:20px;
    text-align:center;
    padding:12px;
}
```

```
h2{
    font-size:16px;text-align:center;
}
p{color:#333333;font-size:14px;line-height:180%;text-indent:2em;}
</style>
</head>
<body>
<h1>支付宝新动向</h1>
<h2>支付宝进军农村支付市场</h2>
<p>12 月 19 日下午消息，支付宝公司确认，已于今年 7 月成立了新农村事业部，意在扩展三四线城市
和农村的非电商类的用户规模。</p>
<p>支付宝方面表示，支付宝的新农村事业部目前在农村的拓展将分两路并进，分别是农村便民支付普
及和农村金融服务合作。</p>
<p>农村便民支付普及方面，支付宝计划与各大农商行、电信经销网点合作，为农村用户提供各种支付
应用的指导和咨询服务，从而实现网络支付的农村普及。</p>
….
</body>
</html>
```

上面代码的 body 标记选择器中，使用 column-width 指定了要显示的多列布局的每列的宽带。然后分别定义标题 h1、h3 和段落 p 的样式，例如字体大小、字体颜色、行高和对齐方式等。在 Firefox 中浏览，效果如图 14-11 所示，可以看到页面文章分为两列显示，列宽相同。

图 14-11　设置列宽度

14.4.2　设置列数

在 CSS 3 中，可以直接使用 column-count 指定多列布局的列数，而不需要通过列宽度自动调整列数。

column-count 的语法格式如下：

```
column-count: auto | <integer>
```

上面的属性值<integer>表示值是一个整数，用于定义栏目的列数，取值为大于 0 的整数。不可以为负值。auto 属性值表示根据浏览器计算值自动设置。

【例 14.11】(示例文件 ch14\14.11.html)

```
<!DOCTYPE html>
<html>
<head>
```

```
<title>多列布局属性</title>
<style>
body{
    -moz-column-count:4;  /*Webkit 引擎，定义多列布局列数*/
    column-count:3;  /*CSS 3 标准，定义多列布局列数*/
}
h1{
    color:#333333;
    background-color:#DCDCDC;
    padding:5px 8px;
    font-size:20px;
    text-align:center;
    padding:12px;
}
h2{
    font-size:16px;text-align:center;
}
p{
    color:#333333;
    font-size:14px;
    line-height:180%;
    text-indent:2em;
}
</style>
</head>
<body>
<h1>支付宝新动向</h1>
<h2>支付宝进军农村支付市场</h2>
<p>
12 月 19 日下午消息，支付宝公司确认，已于今年 7 月成立了新农村事业部，意在扩展三四线城市和
农村的非电商类的用户规模。</p>
<p>支付宝方面表示，支付宝的新农村事业部目前在农村的拓展将分两路并进，分别是农村便民支付普
及和农村金融服务合作。
</p>
<p>
农村便民支付普及方面，支付宝计划与各大农商行、电信经销网点合作，为农村用户提供各种支付应用
的指导和咨询服务，从而实现网络支付的农村普及。
</p>
<p>
比如，新农村事业部会与一些贷款公司和涉农机构合作。贷款机构将资金通过支付宝借贷给农户，资金
不流经农户之手而是直接划到卖房处。比如，农户需要贷款购买化肥，那贷款机构的资金直接通过支付
宝划到化肥商家处。
这种贷后资金监控合作模式能够确保借款资金定向使用，降低法律和坏账风险。此外，可以减少涉事公
司大量人工成本，便于公司信息数据统计，并完善用户的信用记录。
支付宝方面认为，三四线城市和农村市场已经成为电商和支付企业的下一个金矿。2012 年淘宝天猫的
交易额已经突破 1 万亿，其中三四线以下地区的增长速度超过 60%，远高于一二线地区。
</p>
</body>
</html>
```

　　上面的 CSS 代码除了 column-count 属性设置外，其他样式属性与上一个例子基本相同，
就不介绍了。

　　在 Firefox 中浏览，效果如图 14-12 所示，可以看到，页面根据指定的情况，显示了 4 列

布局，其布局宽度由浏览器自动调整。

图 14-12 设置列数

14.4.3 设置列间距

多列布局中，可以根据内容和喜好的不同，调整多列布局中列之间的距离，从而完成整体版式规划。在 CSS 3 中，column-gap 属性用于定义两列之间的间距。

column-gap 属性的语法格式如下：

```
column-gap: normal | <length>
```

其中属性值 normal 表示根据浏览器默认设置进行解析，一般为 1em；属性值<length>表示由浮点数和单位标识符组成的长度值，不可为负值。

【例 14.12】(示例文件 ch14\14.12.html)

```
<!DOCTYPE html>
<html>
<head>
<title>多列布局属性</title>
<style>
body{
    -moz-column-count:2; /*Webkit 引擎定义多列布局列数*/
    column-count:2; /*CSS 3 定义多列布局列数*/
    -moz-column-gap:5em; /*Webkit 引擎定义多列布局列间距*/
    column-gap:5em; /*CSS 3 定义多列布局列间距*/
    line-height:2.5em;
}
h1{
    color:#333333;
    background-color:#DCDCDC;
    padding:5px 8px;
    font-size:20px;
    text-align:center;
    padding:12px;
}
h2{
    font-size:16px;text-align:center;
}
```

```
p{color:#333333;font-size:14px;line-height:180%;text-indent:2em;}
</style>
</head>


<body>
<h1>支付宝新动向</h1>
<h2>支付宝进军农村支付市场</h2>
<p>
12 月 19 日下午消息，支付宝公司确认，已于今年 7 月成立了新农村事业部，意在扩展三四线城市和
农村的非电商类的用户规模。
</p>
<p>
支付宝方面表示，支付宝的新农村事业部目前在农村的拓展将分两路并进，分别是农村便民支付普及和
农村金融服务合作。
</p>
<p>
农村便民支付普及方面，支付宝计划与各大农商行、电信经销网点合作，为农村用户提供各种支付应用
的指导和咨询服务，从而实现网络支付的农村普及。
</p>
</body>
</html>
```

上面代码中，用-moz-column-count 私有属性设定了多列布局的列数，用-moz-column-gap 私有属性设定列间距为 5em，行高为 2.5em。

在 Firefox 中浏览，效果如图 14-13 所示，可以看到，页面还是分为两个列，但列之间的距离比原来增大了不少。

图 14-13　设置列间距

14.4.4　设置列边框样式

在 CSS 3 中，边框样式使用 coumn-rule 属性来定义，包括边框宽度、边框颜色和边框样式等。

coumn-rule 属性的语法格式如下：

```
column-rule: <length> | <style> | <color>
```

其中属性值的含义如表 14-5 所示。

表 14-5　column-rule 属性

属 性 值	含　义
\<length\>	由浮点数和单位标识符组成的长度值，不可为负值。用于定义边框的宽度，其功能与 column-rule-width 属性相同
\<style\>	定义边框样式，功能与 column-rule-style 属性相同
\<color\>	定义边框颜色，功能与 column-rule-color 属性相同

【例 14.13】(示例文件 ch14\14.13.html)

```
<!DOCTYPE html>
<html>
<head>
<title>多列布局属性</title>
<style>
body{
    -moz-column-count:3;
    column-count:3;
    -moz-column-gap:3em;
    column-gap:3em;
    line-height:2.5em;
    -moz-column-rule:dashed 2px gray; /*Webkit 引擎定义多列布局边框样式*/
    column-rule:dashed 2px gray; /*CSS 3 定义多列布局边框样式*/
}
h1{
    color:#333333;
    background-color:#DCDCDC;
    padding:5px 8px;
    font-size:20px;
    text-align:center;
    padding:12px;
}
h2{
    font-size:16px;text-align:center;
}
p{color:#333333;font-size:14px;line-height:180%;text-indent:2em;}
</style>
</head>
<body>
<h1>支付宝新动向</h1>
<h2>支付宝进军农村支付市场</h2>
<p>12 月 19 日下午消息，支付宝公司确认，已于今年 7 月成立了新农村事业部，意在扩展三四线城市和农村的非电商类的用户规模。</p>
<p>支付宝方面表示，支付宝的新农村事业部目前在农村的拓展将分两路并进，分别是农村便民支付普及和农村金融服务合作。</p>
<p>农村便民支付普及方面，支付宝计划与各大农商行、电信经销网点合作，为农村用户提供各种支付应用的指导和咨询服务，从而实现网络支付的农村普及。</p>
</body>
</html>
```

在 body 标记选择器中，定义了多列布局的列数、列间距和列边框样式，其边框样式是灰色破折线样式，宽度为 2 像素。

在 Firefox 中浏览，效果如图 14-14 所示，可以看到，页面列之间添加了一个边框，其样式为破折线。

图 14-14　设置列边框样式

14.5　综合示例——定位网页的布局样式

一个美观大方的页面，必然是一个布局合理的页面。左右布局是网页中比较常见的一种方式，即根据信息种类的不同，将信息分别在当前页面左右侧显示。本例将利用前面学习的知识，创建一个左右布局的页面。

具体步骤如下所示。

step 01　分析需求。

首先需要将整个页面分为左右两个模块，左模块放置一类信息，右模块放置一类信息。可以设定其宽度和高度。

step 02　创建 HTML 页面，实现基本列表。

创建 HTML 页面，同时用 DIV 在页面中划分左边 DIV 层和右边 DIV 层两个区域，并且将信息放入到相应的 DIV 层中，注意 DIV 层内引用 CSS 样式名称：

```
<!DOCTYPE html>
<html>
<head>
<title>布局</title>
</head>
<body>
<center>
    <div class="big">
        <p class=pp>女人</p>
        <div class="left">
            <h1>女人</h1>
            <p> · 男人性福告白：女人的性感与年龄成正比 09:59 </p>
            <p> · 六类食物能有效对抗紫外线 11:15 </p>
            <p> · 打造夏美人 受 OL 追捧的清爽发型 10:05 </p>
            <p> · 美丽帮帮忙：别让大油脸吓跑男人 09:47 </p>
            <p> · 简约雪纺清凉衫 百元搭出欧美范儿 14:51 </p>
            <p> · 花边连衣裙超勾人 7 月穿搭出新意 11:04 </p>
```

```
        </div>
        <div class="right">
            <h1>健康</h1>
            <p>·女性养生：让女人老得快的 10 个原因 19:18 </p>
            <p>·养生盘点：喝豆浆的九大好处和七大禁忌 09:14</p>
            <p>·养生警惕：14 个护肤心理"错"觉 19:57</p>
            <p>·柿子番茄骨汤 8 种营养师最爱的食物 15:16</p>
            <p>·夏季养生指南："夫妻菜"宜常吃 10:48 </p>
            <p>·10 条食疗养生方法，居家宅人的养生经 13:54 </p>
        </div>
    </div>
</center>
</body>
</html>
```

在 IE 9.0 中浏览，效果如图 14-15 所示，可以看到，页面显示了两个模块，分别是"女人"和"健康"，二者上下排列。

step 03 添加 CSS 代码，修饰整体样式和 DIV 层：

```
<style>
* {
    padding:0px;
    margin:0px;
}body {
    font:"宋体";
    font-size:18px;
}
.big{
    width:570px;
    height:210px;
    border:#C1C4CD 1px solid;
}
</style>
```

在 IE 9.0 中浏览，效果如图 14-16 所示，可以看到，页面比较原来字体变小，并且大的 DIV 显示了边框。

图 14-15　上下排列

图 14-16　修饰整体样式

step 04 添加 CSS 代码，设置两个层左右并列显示：

```
.left{
    width:280px;
```

```
    float:right;  //设置右边悬浮
    border:#C1C4CD 1px solid;
}
.right{
    width:280px;
    float:left;  //设置左边悬浮
    margin-left:6px;
    border:#C1C4CD 1px solid;
}
```

在 IE 9.0 中浏览，效果如图 14-17 所示，可以看到，页面中文本信息左右并列显示，但字体没有发生变化。

step 05 添加 CSS 代码，定义文本样式：

```
h1{
    font-size:14px;
    padding-left:10px;
    background-color:#CCCCCC;
    height:20px;
    line-height:20px;
}
p{
    margin:5px;
    line-height:18px;
    color:#2F17CD;
}
.pp{
    width:570px;
    text-align:left;
    height:20px;
    background-color:D5E7FD;
    position:relative;
    left:-3px;
    top:-3px;
    font-size:16px;
    text-decoration:underline;
}
```

在 IE 9.0 中浏览，效果如图 14-18 所示，可以看到页面中文本信息左右并列显示，其字体颜色为蓝色，行高为 18 像素。

图 14-17　设置左右悬浮

图 14-18　文本修饰样式

14.6 上机练习——制作阴影文字效果

下面结合前面所学的知识，来制作阴影文字效果。具体的操作步骤如下。

step 01 打开记事本文件，在其中输入如下代码：

```html
<!DOCTYPE html>
<html>
<head>
<title>文字阴影效果</title>
<style type="text/css">
<!--
body{
    margin:15px;
    font-family:黑体;
    font-size:60px;
    font-weight:bold;
}
#block1{
    position:relative;
    z-index:1;
}
#block2{
    color:#AAAAAA;    /*阴影颜色*/
    position:relative;
    top:-1.06em;      /*移动阴影*/
    left:0.1em;
    z-index:0;        /*阴影重叠关系*/
}
-->
</style>
</head>
<body>
    <div id="father">
        <div id="block1">定位阴影效果</div>
        <div id="block2">定位阴影效果</div>
    </div>
</body>
</html>
```

step 02 在 IE 9.0 中浏览，效果如图 14-19 所示，可以看到文字显示了阴影效果。

图 14-19 文字的阴影效果

14.7　专　家　答　疑

疑问 1：DIV 如何居中显示？

如果想让 DIV 居中显示，需要设置 margin 的属性参数，设置为块参数的一半数值。举例来说，如果 DIV 的宽度和高度分别为 500px 和 400px，则需要设置以下参数：

```
margin-left:-250px;
margin-top:-200px;
```

疑问 2：position 设置对 CSS 布局有何影响？

CSS 属性中常见的 4 个属性是 top、right、bottom 和 left，表示的是块在页面中的具体位置，但是这些属性的设置必须要与 position 配合使用，才会产生效果。当 position 的属性设置为 relative 时，上述 CSS 的 4 个属性表示各个边界离原来位置的距离；当 position 的属性设置为 absolute 时，表示的是块的各个边界离页面边框的距离。然而，当 position 的属性设置为 static 时，则上述 4 个属性的设置不能生效，子块的位置也不会发生变化。

第 15 章
固定宽度网页布局
的剖析与制作

　　使用 CSS + DIV 布局可以使网页结构清晰化，并将内容、结构与表现相分离，以方便设计人员对网页进行改版和引用数据。本章就来对固定宽度网页的布局进行剖析，并制作相关的网页布局样式。

15.1　CSS 排版观念

DIV 在 CSS + DIV 页面排版中是一个块的概念，DIV 的起始标记和结束标记之间的所有内容都是用来构成这个块的，其中所包含的元素特性由 DIV 标记属性来控制，或者是通过使用样式表格式化这个块来进行控制。

CSS + DIV 页面排版的思想是首先在整体上进行<div>标记的分块，然后对各个块进行 CSS 定位，最后再在各个块中添加相应的内容。

15.1.1　将页面用 DIV 分块

使用 DIV + CSS 页面排版布局，需要对网页有一个整体构思，即网页可以划分几个部分。例如上、中、下结构，还是左右两列结构，还是三列结构。这时就可以根据网页构思，将页面划分几个 DIV 块，用来存放不同的内容。当然了，大块中还可以存放不同的小块。最后，通过 CSS 属性，对这些 DIV 进行定位。

在现在的网页设计中，一般情况下的网站都是上中下结构的，即上面是页面头部，中间是页面内容，最下面是页脚，整个上中下结构最后放到一个 DIV 容器中，方便控制。页面头部一般用来存放 Logo 和导航菜单，页面内容包含页面要展示的信息、链接和广告等，页脚存放的是版权信息和联系方式等。

将上中下结构放置到一个 DIV 容器中，方便后面排版并且方便对页面进行整体调整。如图 15-1 所示。

图 15-1　网页的结构

15.1.2　设置各块的位置

复杂的网页布局，不是单纯的一种结构，而是包含多种网页结构。例如总体上是上中下，中间内分为两列布局等，如图 15-2 所示为网页的一种结构。

页面总体结构确定后，一般情况下，页头和页脚变化就不大了。会发生变化的，就是页面主体，此时需要根据页面展示的内容，决定中间布局采用什么样式，三列水平分布还是两列分布等。

整体页面容器

页头

页面主体左侧

页面主体右侧

页脚

图 15-2　网页结构

15.1.3　用 CSS 定位

页面版式确定后，就可以利用 CSS 对 DIV 进行定位了，使其在指定位置出现，从而实现对页面的整体规划，然后再向各个页面添加内容。

下面创建一个总体为上中下布局，页面主体布局为左右布局的页面的 CSS 定位示例。

1. 创建 HTML 页面，使用 DIV 构建层

首先构建 HTML 网页，使用 DIV 划分最基本的布局块，其代码如下所示：

```
<html>
<head>
<title>CSS 排版</title>
</head>

<body>
    <div id="container">
        <div id="banner">页面头部</div>
        <div id="content">
            <div id="right">
                页面主体右侧
            </div>
            <div id="left">
                页面主体左侧
            </div>
        </div>
        <div id="footer">页脚</div>
    </div>
</body>
</html>
```

上面的代码中，创建了 5 个层，其中 ID 名称为 container 的 DIV 层是一个布局容器，即所有的页面结构和内容都是在这个容器内实现；名称为 banner 的 DIV 层是页头部分；名称为 footer 的 DIV 层是页脚部分，名称为 content 的 DIV 层是中间主体，该层包含了两个层，一个是 right 层，一个 left 层，分别放置不同的内容。

在 IE 9.0 中浏览，效果如图 15-3 所示，可以看到，网页中显示了这几个层，从上到下依次排列。

图 15-3　使用 DIV 构建层

2. CSS 设置网页的整体样式

然后需要对 body 标记和 container 层(布局容器)进行 CSS 修饰，从而对整体样式进行定义。代码如下所示：

```
<style type="text/css">
<!--
body {
    margin:0px;
    font-size:16px;
    font-family:"幼圆";
}
#container{
    position:relative;
    width:100%;
}
-->
</style>
```

上面的代码只是设置了文字大小、字形、布局容器 container 的宽度、层定位方式，布局容器撑满整个浏览器。

在 IE 9.0 中浏览，效果如图 15-4 所示，可以看到，此时，与上一个显示页面相比，发生的变化不大，只不过字形和字体大小发生了变化，因为 container 没有带边框和背景色，无法显示该层。

图 15-4　设置网页的整体样式

3. CSS 定义页头部分

接下来就可以使用 CSS 对页头进行定位了，即 banner 层，使其在网页上显示。
代码如下：

```
#banner{
    height:80px;
    border:1px solid #000000;
    text-align:center;
    background-color:#a2d9ff;
    padding:10px;
    margin-bottom:2px;
}
```

上面首先设置了 banner 层的高度为 80 像素，宽度充满整个 container 布局容器，下面分别设置了边框样式、字体对齐方式、背景色、内边距和外边距的底部等。

在 IE 9.0 中浏览，效果如图 15-5 所示，可以看到，在页面顶部显示了一个浅绿色的边框，边框充满整个浏览器，边框中间显示了一个"页面头部"的文本信息。

图 15-5 定义网页头部

4. CSS 定义页面主体

在页面主体如果两个层并列显示，需要使用 float 属性，将一个层设置到左边，一个层设置到右边。其代码如下所示：

```
#right{
    float:right;
    text-align:center;
    width:80%;
    border:1px solid #ddeecc;
    margin-left:1px;
    height:200px;
}
#left{
    float:left;
    width:19%;
    border:1px solid #000000;
    text-align:center;
    height:200px;
    background-color:#bcbcbc;
}
```

上面的代码设置了这两个层的宽度，right 层占有空间的 80%，left 层占有空间的 19%，并分别设置了两个层的边框样式、对齐方式、背景色等。

在 IE 9.0 中浏览，效果如图 15-6 所示，可以看到页面主体部分分为两个层，并列显示，左边背景色为灰色，占有的空间较小，右侧背景色为白色，占有的空间较大。

图 15-6　定义网页主体

5. CSS 定义页脚

最后需要设置页脚部分，页脚通常在主体下面。因为页面主体中使用了 float 属性设置层浮动，所以需要在页脚层设置 clear 属性，使其不受浮动的影响。其代码如下所示：

```
#footer{
    clear:both;              /* 不受 float 影响 */
    text-align:center;
    height:30px;
    border:1px solid #000000;
    background-color:#ddeecc;
}
```

上面的代码设置页脚对齐方式、高度、边框和背景色等。

在 IE 9.0 中浏览，效果如图 15-7 所示，可以看到，页面底部显示了一个边框，背景色为浅绿色，边框充满整个 DIV 布局容器。

图 15-7　定义网页页脚

15.2　固定宽度网页剖析与布局

CSS 的排版是一种全新的排版理念，与传统的表格排版布局完全不同，首先在页面上分块，然后应用 CSS 属性重新定位，在本节中，我们对固定宽度布局进行深入的讲解，使读者能够熟练掌握这些方法。

15.2.1　网页单列布局模式

网页单列布局模式是最简单的一种布局形式，它也被称为"网页 1-1-1 型布局模式"，如图 15-8 所示为网页单列布局模式示意图。

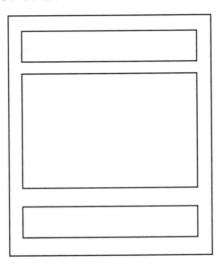

图 15-8　网页单列布局模式

制作单列布局网页的操作步骤如下。

`step 01` 打开记事本文件，在其中输入如下代码，该段代码的作用是在页面中放置第一个圆角矩形框：

```
<!DOCTYPE html>

<head>
<title>单列网页布局</title>
</head>

<body>
<div class="rounded">
    <h2>页头</h2>
    <div class="main">
        <p>
        锄禾日当午，汗滴禾下土<br/>
        锄禾日当午，汗滴禾下土
        </p>
    </div>
```

```
        <div class="footer">
            <p>
            </p>
        </div>
    </div>
</body>
</html>
```

代码中，这组<div>...</div>之间的内容是固定结构的，其作用就是实现一个可以变化宽度的圆角框。在 IE 9.0 中浏览，效果如图 15-9 所示。

step 02 设置圆角框的 CSS 样式。为了实现圆角框效果，加入如下样式代码：

```
<style>
body {
    background:#FFF;
    font:14px 宋体;
    margin:0;
    padding:0;
}
.rounded {
    background: url(images/left-top.gif) top left no-repeat;
    width:100%;
}
.rounded h2 {
    background:url(images/right-top.gif) top right no-repeat;
    padding:20px 20px 10px;
    margin:0;
}
.rounded .main {
    background:url(images/right.gif) top right repeat-y;
    padding:10px 20px;
    margin:-20px 0 0 0;
}
.rounded .footer {
    background:url(images/left-bottom.gif) bottom left no-repeat;
}
.rounded .footer p {
    color:red;
    text-align:right;
    background:url(images/right-bottom.gif) bottom right no-repeat;
    display:block;
    padding:10px 20px 20px;
    margin:-20px 0 0 0;
    font:0/0;
}
</style>
```

在代码中定义了整个盒子的样式，如文字大小等，其后的 5 段以.rounded 开头的 CSS 样式都是为实现圆角框进行的设置。

这段 CSS 代码在后面的制作中，都不需要调整，直接放置在<style></style>之间即可，在 IE 9.0 中浏览，效果如图 15-10 所示。

图 15-9 添加网页圆角框

图 15-10 设置圆角框的 CSS 样式

step 03 设置网页固定宽度。为该圆角框单独设置一个 id，把针对它的 CSS 样式放到这个 id 的样式定义部分。设置 margin，实现在页面中居中，并用 width 属性确定固定宽度，代码如下：

```css
#header {
    margin:0 auto;
    width:760px;
}
```

注意 这个宽度不要设置在 ".rounded" 相关的 CSS 样式中，因为该样式会被页面中的各个部分公用，如果设置了固定宽度，其他部分就不能正确显示了。

另外，在 HTML 部分的<div class="rounded">...</div>的外面套一个 div，代码如下：

```html
<div id="header">
    <div class="rounded">
        <h2>页头</h2>
        <div class="main">
            <p>
            锄禾日当午，汗滴禾下土<br/>
            锄禾日当午，汗滴禾下土
            </p>
        </div>
        <div class="footer">
            <p></p>
        </div>
    </div>
</div>
```

在 IE 9.0 中浏览，效果如图 15-11 所示。

step 04 设置其他圆角矩形框。将放置的圆角框再复制出两个，并分别设置 id 为 "content"和"footer"，分别代表 "内容" 和 "页脚"。完整的页面框架代码如下：

```html
<div id="header">
    <div class="rounded">
        <h2>页头</h2>
        <div class="main">
            <p>
            锄禾日当午，汗滴禾下土<br/>
            锄禾日当午，汗滴禾下土
```

```
        </p>
    </div>
    <div class="footer">
        <p></p>
    </div>
</div>
</div>
</div>
<div id="content">
    <div class="rounded">
        <h2>正文</h2>
        <div class="main">
            <p>
            锄禾日当午，汗滴禾下土<br />
            锄禾日当午，汗滴禾下土
            </p>
        </div>
        <div class="footer">
            <p>查看详细信息&gt;&gt;</p>
        </div>
    </div>
</div>
<div id="pagefooter">
    <div class="rounded">
        <h2>页脚</h2>
        <div class="main">
            <p>锄禾日当午，汗滴禾下土</p>
        </div>
        <div class="footer">
            <p></p>
        </div>
    </div>
</div>
```

修改 CSS 样式代码如下：

```
#header,#pagefooter,#content{
    margin:0 auto;
    width:760px;
}
```

从 CSS 代码中可以看到，3 个 div 的宽度都设置为固定值 760 像素，并且通过设置 margin 的值来实现居中放置，即左右 margin 都设置为 auto。在 IE 9.0 中浏览，效果如图 15-12 所示。

图 15-11　设置网页的固定宽度

图 15-12　添加其他网页圆角框

15.2.2　网页 1-2-1 型布局模式

网页 1-2-1 型布局模式是网页制作中最常用的一个模式，模式结构如图 15-13 所示。在布局结构中增加了一个 "side" 栏。但是在通常状况下，两个 div 只能竖直排列。为了让 content 和 side 能够水平排列，必须把它们放到另一个 div 中，然后使用浮动或者绝对定位的方法，使 content 和 side 并列起来。

header	
content	side
footer	

图 15-13　网页 1-2-1 型布局模式

制作网页 1-2-1 型布局的操作步骤如下。

step 01 修改网页单列布局的结果代码。这一步用前面完成的结果作为素材，在 HTML 中把 content 部分复制出一个新的，这个新的 id 设置为 side。然后在它们的外面套一个 div，命名为 "container"，修改部分的框架代码如下：

```html
<div id="container">
    <div id="content">
        <div class="rounded">
            <h2>正文 1</h2>
            <div class="main">
                <p>
                锄禾日当午，汗滴禾下土<br />
                锄禾日当午，汗滴禾下土
                </p>
            </div>
            <div class="footer">
                <p>查看详细信息&gt;&gt;</p>
            </div>
        </div>
    </div>
    <div id="side">
        <div class="rounded">
            <h2>正文 2</h2>
            <div class="main">
                <p>
                锄禾日当午，汗滴禾下土<br />
                锄禾日当午，汗滴禾下土
                </p>
            </div>
            <div class="footer">
                <p>查看详细信息&gt;&gt;</p>
            </div>
        </div>
    </div>
</div>
```

修改 CSS 样式，代码如下：

```css
#header,#pagefooter,#container{
    margin:0 auto;
    width:760px;
}
#content{}
#side{}
```

从上述代码中可以看出，#container、#header、#pagefooter 并列使用相同的样式，#content、#side 的样式暂时先空着，这时的效果如图 15-14 所示。

step 02 实现正文 1 与正文 2 的并列排列。这里有两种方法来实现，首先使用绝对定位法来实现，具体的代码如下：

```css
#header,#pagefooter,#container{
    margin:0 auto;
    width:760px;
}
#container{position:relative;}
#content{
    position:absolute;
    top:0;
    left:0;
    width:500px;
}
#side{
    margin:0 0 0 500px;
}
```

在上述代码中，为了使#content 能够使用绝对定位，必须考虑用哪个元素作为它的定位基准。显然应该是 container 这个 div。因此将#container 的 position 属性设置为 relative，使它成为下级元素的绝对定位基准，然后将#content 这个 div 的 position 设置为 absolute，即绝对定位，这样它就脱离了标准流，#side 就会向上移动，占据原来#content 所在的位置。将#content 的宽度和#side 的左 margin 设置为相同的数值，就正好可以保证它们并列紧挨着放置，且不会相互重叠。运行结果如图 15-15 所示。

图 15-14　修改网页单列布局样式

图 15-15　正文 1 与正文 2 的并列排列

step 03 实现正文 1 与正文 2 的并列排列，这里使用浮动法来实现。在 CSS 样式部分，稍作修改，加入如下样式代码：

```
#content{
    float:left;
    width:500px;
}
#side{
    float:left;
    width:260px;
}
```

运行结果如图 15-16 所示。

图 15-16 正文 1 与正文 2 的并列排列

 使用浮动法修改正文布局模式非常灵活，例如要 side 从页面右边移到左边，即交换与 content 的位置，只需要稍微修改一下 CSS 代码，即可以实现，代码如下：

```
#content{
    float:right;
    width:500px;
}
#side{
    float:left;
    width:260px;
}
```

15.2.3 网页 1-3-1 型布局模式

网页 1-3-1 型布局模式也是网页制作中最常用的模式，模式结构如图 15-17 所示。

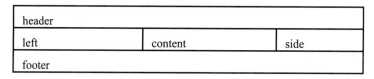

header		
left	content	side
footer		

图 15-17 网页 1-3-1 型布局模式

这里使用浮动方式来排列横向并排的 3 栏，制作过程与 "1-1-1" 到 "1-2-1" 布局转换一样，只要控制好#left、#content、#side 这 3 栏都使用浮动方式，3 列的宽度之和正好等于总宽度。具体过程不再详述，制作完之后的代码如下：

```
<!DOCTYPE html>
<head>
<title>1-3-1 固定宽度布局</title>
<style type="text/css">
body {
    background: #FFF;
    font: 14px 宋体;
    margin:0;
    padding:0;
}
.rounded {
    background: url(images/left-top.gif) top left no-repeat;
    width:100%;
}
.rounded h2 {
    background:
    url(images/right-top.gif)
    top right no-repeat;
    padding:20px 20px 10px;
    margin:0;
}
.rounded .main {
    background: url(images/right.gif) top right repeat-y;
    padding:10px 20px;
    margin:-20px 0 0 0;
}
.rounded .footer {
    background: url(images/left-bottom.gif) bottom left no-repeat;
}
.rounded .footer p {
    color:red;
    text-align:right;
    background:url(images/right-bottom.gif) bottom right no-repeat;
    display:block;
    padding:10px 20px 20px;
    margin:-20px 0 0 0;
    font:0/0;
}
#header,#pagefooter,#container{
    margin:0 auto;
    width:760px;
}
#left{
    float:left;
    width:200px;
}
#content{
    float:left;
    width:300px;
}
#side{
```

```
        float:left;
        width:260px;
}
#pagefooter{
        clear:both;
}
</style>
</head>
<body>
<div id="header">
    <div class="rounded">
        <h2>页头</h2>
        <div class="main">
            <p>
            锄禾日当午，汗滴禾下土<br/>
            锄禾日当午，汗滴禾下土
            </p>
        </div>
        <div class="footer">
            <p></p>
        </div>
    </div>
</div>
<div id="container">
    <div id="left">
        <div class="rounded">
            <h2>正文</h2>
            <div class="main">
                <p>
                锄禾日当午，汗滴禾下土<br />
                锄禾日当午，汗滴禾下土
                </p>
            </div>
            <div class="footer">
                <p>
                查看详细信息&gt;&gt;
                </p>
            </div>
        </div>
    </div>
    <div id="content">
        <div class="rounded">
            <h2>正文 1</h2>
            <div class="main">
                <p>
                锄禾日当午，汗滴禾下土<br />
                锄禾日当午，汗滴禾下土
                </p>
            </div>
            <div class="footer">
                <p>
                查看详细信息&gt;&gt;
                </p>
            </div>
```

```
            </div>
        </div>
        <div id="side">
            <div class="rounded">
                <h2>正文 2</h2>
                <div class="main">
                    <p>
                    锄禾日当午，汗滴禾下土<br />
                    锄禾日当午，汗滴禾下土
                    </p>
                </div>
                <div class="footer">
                    <p>
                    查看详细信息&gt;&gt;
                    </p>
                </div>
            </div>
        </div>
    </div>
    <div id="pagefooter">
        <div class="rounded">
            <h2>页脚</h2>
            <div class="main">
                <p>
                锄禾日当午，汗滴禾下土
                </p>
            </div>
            <div class="footer">
                <p>
                </p>
            </div>
        </div>
    </div>
</body>
</html>
```

在 IE 9.0 浏览器中浏览，效果如图 15-18 所示。

图 15-18　网页 1-3-1 型布局模式

15.3　专 家 答 疑

疑问 1：如何把 3 个 div 都紧靠页面的侧边？

在实际网页制作中，经常需要解决这样的问题，怎么把 3 个或者多个 div 都紧靠页面的左侧或者右侧呢？方法很简单，只需要修改几个 div 的 margin 值即可，具体的步骤如下。

如果要使它们紧贴浏览器窗口左侧，可以将 margin 设置为"0 auto 0 0"，即只保留右侧的一根"弹簧"，就会把内容挤到极左边了。反之，如果要使它们紧贴浏览器窗口右侧，可以将 margin 设置为"0 0 0 auto"，只保留左侧的一根"弹簧"，就会把内容挤到最右边了。

疑问 2：IE 浏览器和 Firefox 浏览器，显示 float 浮动布局会出现不同的效果，为什么？

两个相连的 DIV 块，如果一个设置为左浮动，一个设置为右浮动，这时在 Firefox 浏览器中就会出现设置失效的问题。其原因是 IE 浏览器会根据设置来判断 float 浮动，而在 Firefox 中，如果上一个 float 没有被清除的话，下一个 float 会自动沿用上一个 float 的设置，而不使用自己的 float 设置。

这个问题的解决办法，就是在每一个 DIV 块设置 float 后，在最后加入一句清除浮动的代码 clear:both，这样就会清除前一个浮动的设置了，下一个 float 也就不会再使用上一个浮动设置，从而可以使用自己所设置的浮动了。

第 16 章
自动缩放网页布局的剖析与制作

上一章讲述了固定宽度的布局，本章将讲述自动缩放网页布局的制作方法和技巧。变宽度的布局要比固定宽度的布局复杂一些，根本的原因在于宽度不确定，导致很多参数无法确定，必须使用一些技巧来完成。本章将依次讲述如何解决这些自动缩放布局中遇到的问题。

16.1 自动缩放网页 1-2-1 型布局模式

对于一个"1-2-1"变宽度的布局样式，会产生两种不同的情况：第一是这两列按照一定的比例同时变化；第二是一列固定，另一列变化。

16.1.1 网页 1-2-1 等比例变宽布局

对于等比例变宽布局样式，可以在前面制作的固定宽度网页布局样式中的"1-2-1"浮动法布局的基础上完成本案例。原来的"1-2-1"浮动布局中的宽度都是用像素数值确定的固定宽度，下面就来对它进行改造，使它能够自动调整各个模块的宽度。

具体的代码如下：

```
#header,#pagefooter,#container{
    margin:0 auto;
    Width:768px; /*删除原来的固定宽度*/
    width:85%; /*改为比例宽度*/
}
#content{
    float:right;
    Width:500px; /*删除原来的固定宽度*/
    width:66%; /*改为比例宽度*/
}
#side{
    float:left;
    Width:260px; /*删除原来的固定宽度*/
    width:33%; /*改为比例宽度*/
}
```

在 IE 9.0 浏览器中预览，效果如图 16-1 所示。

图 16-1 网页 1-2-1 布局样式

在这个页面中，网页内容的宽度为浏览器窗口宽度的 85%，页面中左侧的边栏的宽度与右侧的内容栏的宽度保持 1:2 的比例，可以看到，无论浏览器窗口宽度如何变化，它们都等比例变化。这样就实现了各个 DIV 的宽度都会等比例适应浏览器窗口。

在实际应用中还需要注意以下两点：

- 不要使一列或多个列的宽度太大，以至于其内部的文字行宽太宽，造成阅读困难。
- 这种方法制作的圆角框如果超过一定宽度，就会出现裂缝。

16.1.2　网页 1-2-1 单列变宽布局

"1-2-1" 单列变宽布局样式是常用的网页布局样式，用户可以通过 margin 属性变通地实现单列变宽布局。这里仍然在 "1-2-1" 浮动法布局的基础上进行修改，修改后的代码如下：

```
#header,#pagefooter,#container{
    margin:0 auto;
    width:85%;
    min-width:500px;
    max-width:800px;
}
#contentWrap{
    margin-left:-260px;
    float:left;
    width:100%;
}
#content{margin-left:260px;}
#side{
    float:right;
    width:260px;
}
#pagefooter{clear:both;}
```

在 IE 9.0 浏览器中预览，效果如图 16-2 所示。

图 16-2　网页 1-2-1 单列变宽布局

16.2　自动缩放网页 1-3-1 型布局模式

网页"1-3-1"布局可以产生很多不同的变化方式，例如：

- 三列都按比例来适应宽度。
- 一列固定，其他两列按比例适应宽度。
- 两列固定，其他一列适应宽度。

对于后两种情况，又可以根据特殊的一列与另外两列的不同位置，产生出多种变化。

16.2.1　网页 1-3-1 三列宽度等比例布局

对于"1-3-1"布局的第一种情况，即三列按固定比例伸缩适应总宽度，与前面介绍的"1-2-1"布局完全一样，只要分配好每一列的百分比就可以了。这里就不再介绍具体的制作过程了。

16.2.2　网页 1-3-1 单侧列宽度固定的变宽布局

对于一列固定、其他两列按比例适应宽度的情况，可以使用浮动方法进行制作。解决的方法与"1-2-1"单列固定一样，这里把活动的两个看成一个，在容器里面再套一个 div，即由原来的一个 wrap 变为两层，分别叫作 outerWrap 和 innerWrap。这样，outerWrap 就相当于上面"1-2-1"方法中的 wrap 容器。新增加的 innerWrap 是以标准流方式存在的，宽度会自然伸展，由于设置 200 像素的左侧 margin，因此它的宽度就是总宽度减去 200 像素了。innerWrap 里面的 navi 和 content 就会都以这个新宽度为宽度基准。

实现的具体代码如下：

```
<!DOCTYPE html>
<html>
<head>
<title>"1-3-1"单侧列宽度固定的变宽布局</title>
<style type="text/css">
body {
    background:#FFF;
    font:14px 宋体;
    margin:0;
    padding:0;
}
.rounded {
    background: url(images/left-top.gif) top left no-repeat;
    width:100%;
}
.rounded h2 {
    background:url(images/right-top.gif) top right no-repeat;
    padding:20px 20px 10px;
    margin:0;
}
.rounded .main {
```

```
        background:url(images/right.gif) top right repeat-y;
        padding:10px 20px;
        margin:-20px 0 0 0;
}
.rounded .footer {
        background:url(images/left-bottom.gif) bottom left no-repeat;
}
.rounded .footer p {
        color:red;
        text-align:right;
        background:url(images/right-bottom.gif) bottom right no-repeat;
        display:block;
        padding:10px 20px 20px;
        margin:-20px 0 0 0;
        font:0/0;
}
#header,#pagefooter,#container{
        margin:0 auto;
        width:85%;
}
#outerWrap{
        float:left;
        width:100%;
        margin-left:-200px;
}
#innerWrap{
        margin-left:200px;
}
#left{
        float:left;
        width:40%;
}
#content{
        float:right;
        width:59.5%;
}
#content img{
        float:right;
}
#side{
        float:right;
        width:200px;
}
#pagefooter{
        clear:both;
}
</style>
</head>
<body>
<div id="header">
    <div class="rounded">
        <h2>页头</h2>
        <div class="main">
            <p>
```

```
                锄禾日当午，汗滴禾下土</p>
            </div>
            <div class="footer">
                <p></p>
            </div>
        </div>
    </div>
    <div id="container">
        <div id="outerWrap">
            <div id="innerWrap">
                <div id="left">
                    <div class="rounded">
                        <h2>正文</h2>
                        <div class="main">
                            <p>
                            锄禾日当午，汗滴禾下土<br/>
                            锄禾日当午，汗滴禾下土</p>
                        </div>
                        <div class="footer">
                            <p>
                            查看详细信息&gt;&gt;
                            </p>
                        </div>
                    </div>
                </div>
                <div id="content">
                    <div class="rounded">
                        <h2>正文 1</h2>
                        <div class="main">
                            <p>
                            锄禾日当午，汗滴禾下土</p>
                        </div>
                        <div class="footer">
                            <p>
                            查看详细信息&gt;&gt;
                            </p>
                        </div>
                    </div>
                </div>
            </div>
        </div>
    </div>
    <div id="side">
        <div class="rounded">
            <h2>正文 2</h2>
            <div class="main">
                <p>
                锄禾日当午，汗滴禾下土<br/>
                锄禾日当午，汗滴禾下土</p>
            </div>
            <div class="footer">
                <p>
                查看详细信息&gt;&gt;
                </p>
            </div>
```

```
                </div>
        </div>
</div>

<div id="pagefooter">
        <div class="rounded">
                <h2>贝脚</h2>
                <div class="main">
                        <p>
                        锄禾日当午，汗滴禾下土
                        </p>
                </div>
                <div class="footer">
                        <p>
                        </p>
                </div>
        </div>
</div>
</body>
</html>
```

在 IE 9.0 中进行浏览，当页面收缩时，可以看到如图 16-3 所示的运行结果。

图 16-3　网页 1-3-1 单侧列宽固定的变宽布局

16.2.3　网页 1-3-1 中间列宽度固定的变宽布局

这种布局的形式是固定列被放在中间，它的左右各有一列，并按比例适应总宽度，这是一种很少见的布局形式。实现"1-3-1"中间列宽度固定的变宽布局的代码如下：

```
<!DOCTYPE html>
<head>
<title>"1-3-1"中间列宽度固定的变宽布局</title>
<style type="text/css">
body {
    background:#FFF;
    font:14px 宋体;
    margin:0;
    padding:0;
}
```

```css
.rounded {
    background:url(images/left-top.gif) top left no-repeat;
    width:100%;
}
.rounded h2 {
    background: url(images/right-top.gif) top right no-repeat;
    padding:20px 20px 10px;
    margin:0;
}
.rounded .main {
    background:url(images/right.gif) top right repeat-y;
    padding:10px 20px;
    margin:-20px 0 0 0;
}
.rounded .footer {
    background:url(images/left-bottom.gif) bottom left no-repeat;
}
.rounded .footer p {
    color:red;
    text-align:right;
    background:url(images/right-bottom.gif) bottom right no-repeat;
    display:block;
    padding:10px 20px 20px;
    margin:-20px 0 0 0;
    font:0/0;
}
#header,#pagefooter,#container{
    margin:0 auto;
    width:85%;
}
#naviWrap{
    width:50%;
    float:left;
    margin-left:-150px;
}
#left{
    margin-left:150px;
}
#content{
    float:left;
    width:300px;
}
#content img{
    float:right;
}
#sideWrap{
    width:49.9%;
    float:right;
    margin-right:-150px;
}
#side{
    margin-right:150px;
}
#pagefooter{
```

```
        clear:both;
}
</style>
</head>
<body>
<div id="header">
    <div class="rounded">
        <h2>页头</h2>
        <div class="main">
            <p>
            锄禾日当午，汗滴禾下土</p>
        </div>
        <div class="footer">
            <p></p>
        </div>
    </div>
</div>
<div id="container">
    <div id="naviWrap">
        <div id="left">
            <div class="rounded">
                <h2>正文</h2>
                <div class="main">
                    <p>
                    锄禾日当午，汗滴禾下土</p>
                </div>
                <div class="footer">
                    <p>
                    查看详细信息&gt;&gt;
                    </p>
                </div>
            </div>
        </div>
    </div>
    <div id="content">
        <div class="rounded">
            <h2>正文 1</h2>
            <div class="main">
                <p>
                锄禾日当午，汗滴禾下土</p>
            </div>
            <div class="footer">
                <p>
                查看详细信息&gt;&gt;
                </p>
            </div>
        </div>
    </div>
    <div id="sideWrap">
        <div id="side">
            <div class="rounded">
                <h2>正文 2</h2>
                <div class="main">
                    <p>
```

```
            锄禾日当午，汗滴禾下土
            </p>
        </div>
        <div class="footer">
            <p>
            查看详细信息&gt;&gt;
            </p>
        </div>
        </div>
        </div>
    </div>
</div>
<div id="pagefooter">
    <div class="rounded">
        <h2>页脚</h2>
        <div class="main">
            <p>
            锄禾日当午，汗滴禾下土
            </p>
        </div>
        <div class="footer">
            <p>
            </p>
        </div>
    </div>
</div>
</body>
</html>
```

在 IE 9.0 中浏览，效果如图 16-4 所示。在上述代码中，页面中间列的宽度是 300 像素，两边列等宽(不等宽的道理是一样的)，即总宽度减去 300 像素后剩余宽度的 50%，制作的关键是如何实现"(100%-300px)/2"的宽度。现在需要在 left 和 side 两个 div 外面分别套一层 div，把它们"包裹"起来，依靠嵌套的两个 div，实现相对宽度和绝对宽度的结合。

图 16-4　网页 1-3-1 中间列宽度固定的变宽布局

16.2.4　网页 1-3-1 双侧列宽度固定的变宽布局

三列中的左右两列宽度固定，中间列宽度自适应变宽布局的实际应用很广泛，下面还是通过浮动定位进行了解。关键思想就是把三列的布局看作是嵌套的两列布局，利用 margin 的负值来实现三列浮动。代码如下：

```html
<!DOCTYPE html>

<head>
<title> "1-3-1" 双侧列宽度固定的变宽布局</title>
<style type="text/css">
body {
    background:#FFF;
    font:14px 宋体;
    margin:0;
    padding:0;
}
.rounded {
    background:url(images/left-top.gif) top left no-repeat;
    width:100%;
}
.rounded h2 {
    background: url(images/right-top.gif) top right no-repeat;
    padding:20px 20px 10px;
    margin:0;
}
.rounded .main {
    background:url(images/right.gif) top right repeat-y;
    padding:10px 20px;
    margin:-20px 0 0 0;
}
.rounded .footer {
    background:url(images/left-bottom.gif) bottom left no-repeat;
}
.rounded .footer p {
    color:red;
    text-align:right;
    background:url(images/right-bottom.gif) bottom right no-repeat;
    display:block;
    padding:10px 20px 20px;
    margin:-20px 0 0 0;
    font:0/0;
}
#header,#pagefooter,#container{
    margin:0 auto;
    width:85%;
}
#side{
    width:200px;
    float:right;
}
#outerWrap{
    width:100%;
    float:left;
    margin-left:-200px;
}
#innerWrap{
```

```
        margin-left:200px;
    }
    #left{
        width:150px;
        float:left;
    }
    #contentWrap{
        width:100%;
        float:right;
        margin-right:-150px;
    }
    #content{
        margin-right:150px;
    }
    #content img{
        float:right;
    }
    #pagefooter{
        clear:both;
    }
    </style>
    </head>

    <body>
    <div id="header">
        <div class="rounded">
            <h2>页头</h2>
            <div class="main">
                <p>
                锄禾日当午，汗滴禾下土
                </p>
            </div>
            <div class="footer">
                <p></p>
            </div>
        </div>
    </div>
    <div id="container">
        <div id="outerWrap">
            <div id="innerWrap">
                <div id="left">
                    <div class="rounded">
                        <h2>正文</h2>
                        <div class="main">
                            <p>锄禾日当午，汗滴禾下土</p>
                        </div>
                        <div class="footer">
                            <p>
                            查看详细信息&gt;&gt;
                            </p>
                        </div>
                    </div>
                </div>
                <div id="contentWrap">
```

```
            <div id="content">
                <div class="rounded">
                    <h2>正文 1</h2>
                    <div class="main">
                        <p>
                        锄禾日当午，汗滴禾下土
                        </p>
                    </div>
                    <div class="footer">
                        <p>
                        查看详细信息&gt;&gt;
                        </p>
                    </div>
                </div>
            </div>
        </div><!-- end of contetnwrap-->
    </div><!-- end of inwrap-->
</div><!-- end of outwrap-->
<div id="side">
    <div class="rounded">
        <h2>正文 2</h2>
        <div class="main">
            <p>锄禾日当午，汗滴禾下土</p>
        </div>
        <div class="footer">
            <p>
            查看详细信息&gt;&gt;
            </p>
        </div>
    </div>
</div>
<div id="pagefooter">
    <div class="rounded">
        <h2>页脚</h2>
        <div class="main">
            <p>
            锄禾日当午，汗滴禾下土
            </p>
        </div>
        <div class="footer">
            <p>
            </p>
        </div>
    </div>
</div>
</div>
</body>
</html>
```

在 IE 9.0 中浏览，效果如图 16-5 所示。

在上述代码中，先把左边和中间两列看作一组活动列，而右边的一列作为固定列，使用前面的"改进浮动"法就可以实现。然后，再把两列各自当作独立的列，左侧列为固定列，再次使用"改进浮动"法，就可以最终完成整个布局了。

图 16-5 网页 1-3-1 双侧列宽度固定的变宽布局

16.2.5 网页 1-3-1 中列和左侧列宽度固定的变宽布局

这种布局的中间列和它一侧的列是固定宽度，另一侧列宽度自适应。很显然，这种布局就很简单了，同样使用改进浮动法来实现。由于两个固定宽度列是相邻的，因此就不用使用两次改进浮动法了，只需要一次就可以做到。

实现"1-3-1"中列和左侧列宽度固定的变宽布局的代码如下：

```
<!DOCTYPE html>
<html>
<head>
<title>1-3-1 中列和左侧列宽度固定的变宽布局</title>
<style type="text/css">
body {
    background:#FFF;
    font:14px 宋体;
    margin:0;
    padding:0;
}
.rounded {
    background:url(images/left-top.gif) top left no-repeat;
    width:100%;
}
.rounded h2 {
    background: url(images/right-top.gif) top right no-repeat;
    padding:20px 20px 10px;
    margin:0;
}
.rounded .main {
    background: url(images/right.gif) top right repeat-y;
    padding:10px 20px;
    margin:-20px 0 0 0;
}
.rounded .footer {
    background: url(images/left-bottom.gif) bottom left no-repeat;
```

```
}
.rounded .footer p {
    color:red;
    text-align:right;
    background:url(images/right-bottom.gif) bottom right no-repeat;
    display:block;
    padding:10px 20px 20px;
    margin:-20px 0 0 0;
    font:0/0;
}
#header,#pagefooter,#container{
    margin:0 auto;
    width:85%;
}
#left{
    float:left;
    width:150px;
}
#content{
    float:left;
    width:250px;
}
#content img{
    float:right;
}
#sideWrap{
    float:right;
    width:100%;
    margin-right:-400px;
}
#side{
    margin-right:400px;
}
#pagefooter{
    clear:both;
}
</style>
</head>

<body>
<div id="header">
    <div class="rounded">
        <h2>页头</h2>
        <div class="main">
            <p>
            锄禾日当午，汗滴禾下土</p>
        </div>
        <div class="footer">
            <p></p>
        </div>
    </div>
</div>
<div id="container">
    <div id="left">
```

```
    <div class="rounded">
        <h2>正文</h2>
        <div class="main">
            <p>
            锄禾日当午，汗滴禾下土</p>
        </div>
        <div class="footer">
            <p>
            查看详细信息&gt;&gt;
            </p>
        </div>
    </div>
</div>
<div id="content">
    <div class="rounded">
        <h2>正文 1</h2>
        <div class="main">
            <p>
            锄禾日当午，汗滴禾下土</p>
        </div>
        <div class="footer">
            <p>
            查看详细信息&gt;&gt;
            </p>
        </div>
    </div>
</div>
<div id="sideWrap">
    <div id="side">
        <div class="rounded">
            <h2>正文 2</h2>
            <div class="main">
                <p>
                锄禾日当午，汗滴禾下土</p>
            </div>
            <div class="footer">
                <p>
                查看详细信息&gt;&gt;
                </p>
            </div>
        </div>
    </div>
</div>
</div>
<div id="pagefooter">
    <div class="rounded">
        <h2>页脚</h2>
        <div class="main">
            <p>
            锄禾日当午，汗滴禾下土
            </p>
        </div>
        <div class="footer">
            <p>
```

```
            </p>
        </div>
    </div>
</div>
</body>
</html>
```

在 IE 9.0 中浏览，效果如图 16-6 所示。在代码中，把左侧的 left 和 content 列的宽度分别固定为 150 像素和 250 像素，右侧的 side 列宽度变化。那么 side 列的宽度就等于 "100%-150px-250px"。因此根据改进浮动法，在 side 列的外面再套一个 sideWrap 列，使 sideWrap 的宽度为 100%，并通过设置负的 margin，使它向右平移 400 像素。然后再对 side 列设置正的 margin，限制右边界，这样就可以实现希望的效果了。

图 16-6　网页 1-3-1 中列和左侧列宽度固定的变宽布局

16.3　分列布局背景色的使用

在前面的各种布局案例中，所有的例子都没有设置背景色，但是在很多页面布局中，对各列的背景色是有要求的，例如希望每一列都有各自的背景色。

16.3.1　设置固定宽度布局的列背景色

这里用固定宽度网页剖析与布局小节中的 "1-3-1 网页布局.html" 作为框架基础，直接修改其 CSS 样式表就可以了，具体的 CSS 代码如下：

```
body{
    font:14px 宋体;
    margin:0;
}
#header,#pagefooter {
    background:#CF0;
    width:760px;
    margin:0 auto;
```

```
}
h2{
    margin:0;
    padding:20px;
}
p{
    padding:20px;
    text-indent:2em;
    margin:0;
}
#container {
    position: relative;
    width:760px;
    margin:0 auto;
    background:url(images/16-7.gif);
}
#left {
    width:200px;
    position:absolute;
    left:0px;
    top:0px;
}
#content {
    right:0px;
    top:0px;
    margin-right:200px;
    margin-left:200px;
}
#side {
    width:200px;
    position:absolute;
    right:0px;
    top:0px;
}
```

在 IE 9.0 中浏览，效果如图 16-7 所示。

图 16-7　设置固定宽度布局的列背景色

在上述代码中，left、content、side 没有使用背景色，是因为各列的背景色只能覆盖到其内容的下端，而不能使每一列的背景色都一直扩展到最下端，因为每个 div 只负责自己的高度，根本不管它旁边的列有多高，要使并列的各列的高度相同，是很困难的，通过给 container 设定一个宽度为 760px 的背景，这个背景图按样式中的 left、content、side 宽度进行颜色制作，变相实现给三列加背景的功能。

16.3.2 设置特殊宽度变化布局的列背景色

宽度变化的布局分栏背景色因为列宽不确定，无法在图像处理软件中制作这个背景图，那么应该怎么办呢？由于这种变化组合有很多，依据以下情况进行举例说明：

● 两侧列宽度固定，中间列变化的布局。

● 三列的总宽度为 100%，也就是说两侧不露出 body 的背景色。

● 中间列最高。

这种情况下，中间列的高度最高，可以设置自己的背景色，左侧可以使用 container 来设置背景图像，可以利用 body 来实现右侧栏的背景，CSS 样式代码如下：

```
body{
    font:14px 宋体;
    margin:0;
    background-color:blue;
}
#header,#pagefooter {
    background:#CF0;
    width:100%;
    margin:0 auto;
}
h2{
    margin:0;
    padding:20px;
}
p{
    padding:20px;
    text-indent:2em;
    margin:0;
}
#container {
    width:100%;
    margin:0 auto;
    background:url(images/background-left.gif) repeat-y top left;
    position: relative;
}
#left {
    width:200px;
    position:absolute;
    left:0px;
    top:0px;
}
#content {
    right:0px;
```

```
    top:0px;
    margin-right:200px;
    margin-left:200px;
    background-color:#F00;
}
#side {
    width:200px;
    position:absolute;
    right:0px;
    top:0px;
}
```

在 IE 9.0 中浏览，效果如图 16-8 所示。

图 16-8　设置特殊宽度变化布局的列背景色

16.4　综合案例——单列宽度变化布局

前面的例子虽然实现了分栏的不同背景色，但是它的限制条件太多了。有没有更通用一些的方法呢？

仍然假设布局是中间活动、两侧列宽度固定的布局。由于 container 只能设置一个背景图像，因此可以在 container 里面再套一层 div，这样两层容器就可以各设置一个背景图像，一个左对齐，一个右对齐，各自在竖直方向平铺。由于左右两列都是固定宽度，因此所有图像的宽度分别等于左右两列的宽度就可以了。

CSS 样式代码如下：

```
body{
    font:14px 宋体;
    margin:0;
}
#header,#pagefooter {
    background:#CF0;
    width:85%;
    margin:0 auto;
}
h2{
```

```
    margin:0;
    padding:20px;
}
p{
    padding:20px;
    text indent:2em;
    margin:0;
}
#container {
    width:85%;
    margin:0 auto;
    background:url(images/background-right.gif) repeat-y top right;
    position:relative;
}
#innerContainer {
    background:url(images/background-left.gif) repeat-y top left;
}
#left {
    width:200px;
    position:absolute;
    left:0px;
    top:0px;
}
#content {
    right:0px;
    top:0px;
    margin-right:200px;
    margin-left:200px;
    background-color:#9F0;
}
#side {
    width:200px;
    position:absolute;
    right:0px;
    top:0px;
}
```

在 IE 9.0 中浏览，效果如图 16-9 所示。

图 16-9 设置单列宽度变化布局的列背景色

在代码中，3 列总宽度为浏览器窗口宽度的 85%，左右列各 200 像素，中间列自适应。header、footer 和 container 的宽度改为 85%，然后在 container 里面套一个 innerContainer，这样用 container 设置 side 背景，用 innerContainer 设置 left 背景，用 content 设置自己的背景。

16.5　上机练习——多列等比例宽度变化布局

对于 3 列按比例同时变化的布局，上面的方法就无能为力了，这时仍然使用制作背景图的方法。假设 3 列按照 "1:2:1" 的比例同时变化，也就是左、中、右 3 列所占的比例分别为 25%、50% 和 25%。先制作一个足够宽的背景图像，背景图像同样按照 "1:2:1" 设置 3 列的颜色。页面代码如下：

```html
<!DOCTYPE html>

<html>
<head>
<title>设置多列等比例宽度变化布局的列背景</title>
<style type="text/css">
body{
    font:14px 宋体;
    margin:0;
}
#header,#pagefooter {
    background:#CF0;
    width:85%;
    margin:0 auto;
}
h2{
    margin:0;
    padding:20px;
}
p{
    padding:20px;
    text-indent:2em;
    margin:0;
}
#container {
    width:85%;
    margin:0 auto;
    background:url(images/16-10.gif) repeat-y  25% top;
    position:relative;
}
#innerContainer {
    background:url(images/16-10.gif) repeat-y  75% top;
}
#left {
    width:25%;
    position:absolute;
    left:0px;
    top:0px;
}
```

```
#content {
    right:0px;
    top:0px;
    margin-right:25%;
    margin-left:25%;
}
#side {
    width:25%;
    position:absolute;
    right:0px;
    top:0px;
}
</style>
</head>

<body>
<div id="header">
    <h2>页头</h2>
    <p>
    锄禾日当午，汗滴禾下土</p>
</div>
<div id="container">
    <div id="innerContainer">
        <div id="left">
            <h2>正文</h2>
            <p>
            锄禾日当午，汗滴禾下土
            </p>
        </div>
        <div id="content">
            <h2>正文 1</h2>
            <p>
            锄禾日当午，汗滴禾下土
            </p>
        </div>
        <div id="side">
            <h2>正文 2</h2>
            <p>
            锄禾日当午，汗滴禾下土
            </p>
        </div>
    </div>
</div>
<div id="pagefooter">
    <h2>页脚</h2>
    <p>
    锄禾日当午，汗滴禾下土
    </p>
</div>
</body>
</html>
```

在 IE 9.0 中浏览，效果如图 16-10 所示。

图 16-10　设置多列等比例宽度变化布局的列背景

16.6　专家答疑

疑问 1：自动缩放网页布局中，网页框架百分比的关系是什么？

对于框架中百分比关系的问题，初学者往往比较困惑，以 16.1.1 小节中的样式做个说明，container 等外层 div 的宽度设置为 85%，是相对浏览器窗口而言的比例；而后面 content 和 side 这两个内层 div 的比例是相对于外层 div 而言的。这里分别设置为 66%和 33%，二者相加为 99%，而不是 100%，这是为了避免由于舍入误差造成总宽度大于它们的容器的宽度，而使某个 div 被挤到下一行中。如果希望精确，写成 99%也可以。

疑问 2：DIV 层高度设置好，还是不设置好？

在 IE 浏览器中，如果设置了高度值，但是内容很多，会超出所设置的高度，这时浏览器就会自己撑开高度，以实现显示全部内容的效果，不受所设置的高度值限制。

而在 Firefox 浏览器中，如果固定了高度的值，那么容器的高度就会被固定住，就算内容过多，也不会撑开，也会显示全部内容，但是如果容器下面还有内容的话，那么这一块就会与下一块内容重合。

这个问题的解决办法，就是不要设置高度的值，这样，浏览器就会根据内容自动判断高度，不会出现内容重合的问题。

第 17 章
CSS 3 和 JavaScript 的搭配应用

网页的吸引人之处，莫过于具有动态效果，利用 CSS 伪类元素，可以轻易地实现超级链接的动态效果。不过利用 CSS 能实现的动态效果非常有限。在网页设计中，还可以将 CSS 与 JavaScript 结合，从而创建出具有动态效果的页面。

17.1 JavaScript 语法基础

JavaScript 是一种面向对象、结构化、多用途的语言，它支持 Web 应用程序的客户端和服务器方面构件的开发。在客户端，利用 JavaScript 脚本语言，可以设计出多种网页特效，从而增加网页的浏览量。

17.1.1 什么是 JavaScript

JavaScript 最初由网景公司的 Brendan Eich 设计，是一种动态、弱类型、基于原型的语言，内置支持类，经过近 20 年的发展，它已经成为健壮的、基于对象和事件驱动的并具有相对安全性的客户端脚本语言，同时也是一种广泛应用于客户端 Web 开发的脚本语言，常用来给 HTML 网页添加动态功能，比如响应用户的各种操作。

JavaScript 可以弥补 HTML 语言的缺陷，实现 Web 页面客户端的动态效果，其主要作用如下。

(1) 动态改变网页内容

HTML 语言是静态的，一旦编写，内容是无法改变的。JavaScript 可以弥补这种不足，可以将内容动态地显示在网页中。

(2) 动态改变网页的外观

JavaScript 通过修改网页元素的 CSS 样式，可实现动态改变网页的外观。例如，修改文本的颜色、大小等属性，让图片的位置动态地改变等。

(3) 验证表单数据

为了提高网页的效率，用户在填写表单时，可以在客户端对数据进行合法性验证，验证成功之后，才能提交到服务器上，进而减少服务器的负担和网络带宽的压力。

(4) 响应事件

JavaScript 是基于事件的语言，因此可以影响用户或浏览器产生的事件。只有事件产生时才会执行某段 JavaScript 代码，如当用户单击"计算"按钮时，程序才显示运行结果。

> 注意 几乎所有浏览器都支持 JavaScript，如 Internet Explorer(IE)、Firefox、Netscape、Mozilla、Opera 等。

17.1.2 数据类型

在 JavaScript 中，有 4 种基本的数据类型：数值型(整数和实数)、字符串型(用""号或''括起来的字符或数值)、布尔型(用 True 或 False 来表示)和空值。此外，JavaScript 还定义了其他的复合数据类型，例如 Date 对象是日期和时间类型的。

JavaScript 具有的数据类型如表 17-1 所示。

表 17-1　JavaScript 的基本数据类型

数据类型	数据类型名称	示　例
number	数值类型	123、071(十进制)、0x1fa(十六进制)
string	字符串类型	'Hello'、'get the &'、'b@911.com'、"Hello"
object	对象类型	Date、Window、Document、Function
boolean	布尔类型	true 和 false
null	空类型	null
undefined	未定义类型	没有被赋值的变量所具有的"值"

1. 数值型

JavaScript 的数值类型可以分为 4 类，即整数、浮点数、内部常量和特殊值。

整数可以为正数、0 或者负数；浮点数可以包含小数点、也可以包含一个"e"(大小写均可，在科学记数法中表示"10 的幂")，或者同时包含这两项。整数可以以 10(十进制)、8(八进制)和 16(十六进制)作为基数来表示。

内部常量和特殊值一般不常用，在这里就不再详细介绍了。

2. 字符串

字符串是用一对单引号(')或双引号("")和引号中的部分所构成的。一个字符串也是 JavaScript 中的一个对象，有专门的属性。

引号中间的部分可以是任意多的字符，如果没有，则是一个空字符串。如果要在字符串中使用双引号，则应该将其包含在使用单引号的字符串中，使用单引号时则反之。

3. 布尔型

布尔类型 Boolean 表示一个逻辑数值，用于表示两种可能的情况：逻辑真，用 true 来表示；逻辑假，用 false 来表示。通常，我们使用 1 表示真，0 表示假。

4. undefined

未定义数据类型 undefined 表示变量被创建后，该变量未被过赋值，那么此时变量的值就是未定义数据类型。对于数字，未定义数值表示为 NaN；对于字符串，未定义数值表示为 undefined；对于逻辑数值，未定义数值表示为假。

5. null

在 JavaScript 中，使用 null 声明的变量并不是 0。null 是一个特殊的类型，它表示一个空值，即没有值，而不是 0，0 是有值的。

由于 JavaScript 采用弱类型的形式，因而一个数据的变量或常量不必首先做声明，而是在使用或赋值时确定其数据类型。当然也可以先声明该数据类型，它是通过在赋值时自动说明其数据类型的。

17.1.3 变量

在 JavaScript 中，使用 var 关键字来声明变量。语法格式如下所示：

```
var var_name;
```

JavaScript 是一种区分大小写的语言，因此变量 temp 和变量 Temp 代表不同的含义。另外，在命名变量时，必须遵循以下规则：

- 变量名由字母、数字、下划线和美元符组成。
- 变量名必须以字母、下划线(_)或美元符($)开始。
- 变量名不能是保留字。

JavaScript 语言使用等号(=)给变量赋值，等号左边是变量，等号右边是数值。对变量赋值的语法如下：

```
变量 = 值;
```

JavaScript 中的变量分为全局变量和局部变量两种。其中局部变量就是在函数里定义的变量，在这个函数里定义的变量仅在该函数中有效。如果不写 var，直接对变量进行赋值，那么 JavaScript 将自动地把这个变量声明为全局变量。

使用示例如下：

```
var yourAppleNumber = 100
//等价于
var yourAppleNumber
yourAppleNumber = 100
```

17.1.4 运算符的简单应用

在 JavaScript 程序中，要完成各种各样的运算，是离不开运算符的。它用于将一个或几个值进行运算，而得出所需要的结果值。在 JavaScript 中，常用的运算符有算术运算符、逻辑运算符、比较运算符。

1. 算术运算符

算术运算符是最简单，最常用的运算符，所以有时也称它们为简单运算符。可以使用它们进行通用的数学计算，如表 17-2 所示。

表 17-2　算术运算符

运 算 符	说 明	示 例
+	加法运算符，用于实现对两个数求和	x+100、100+1000、+100
-	减法运算符或负值运算符	100-60、-100
*	乘法运算符	100*6
/	除法运算符	100/50
%	求模运算符，也就是算术中的求余	100%30

续表

运 算 符	说　　明	示　　例
++	将变量值加 1 后，再将结果赋值给该变量	x++用于在参与其他运算之前先将自己加 1 后，再用新的值参与其他运算。 ++x用于先用原值参与其他运算后，再将自己加 1
--	将变量值减 1 后，再将结果赋值给该变量	x--、--x，与++的用法相同

2. 比较运算符

比较运算符用于对运算符的两个表达式进行比较，然后根据比较结果返回布尔类型的值，例如，比较两个值是否相同或比较两个数值的大小等。在表 17-3 中列出了 JavaScript 支持的比较运算符。

表 17-3　比较运算符

运 算 符	说　　明	示　　例
==	判断左右两边的表达式是否相等，当左边表达式等于右边的表达式时返回 true，否则返回 false	Number == 100 Number1 == Number2
!=	判断左边表达式是否不等于右边的表达式，当左边的表达式不等于右边的表达时返回 true，否则返回 false	Number != 100 Number1 != Number2
>	判断左边的表达式是否大于右边的表达式，当左边的表达式大于右边的表达式时，返回 true，否则返回 false	Number > 100 Number1 > Number2
>=	判断左边的表达式是否大于等于右边的表达式，当左边的表达式大于等于右边的表达式时，返回 true，否则返回 false	Number >= 100 Number1 >= Number2
<	判断左边的表达式是否小于右边的表达式，当左边的表达式小于右边的表达式时返回 true，否则返回 false	Number < 100 Number1 < Number2
<=	判断左边的表达式是否小于等于右边的表达式，当左边的表达式小于等于右边的表达式时，返回 true，否则返回 false	Number <= 100 Number <= Number2

3. 逻辑运算符

逻辑运算符通常用于执行布尔运算，它们常与比较运算符一起使用，来表示复杂的比较运算，这些运算涉及的变量通常不止一个，而且常用于 if、while 和 for 语句中。表 17-4 列出了 JavaScript 支持的逻辑运算符。

表 17-4　逻辑运算符

运 算 符	说　　明	示　　例
&&	逻辑与，若两边的表达式的值都为 true，则返回 true；任意一个值为 false，则返回 false	100>60 && 100<200 返回 true 100>50&&10>100 返回 false
||	逻辑或，只有表达式的值都为 false 时，才返回 false	100>60||10>100 返回 true 100>600||50>60 返回 false

续表

运　算　符	说　　明	示　　例
!	逻辑非，若表达式的值为 true，则返回 false，否则返回 true	!(100>60) 返回 false !(100>600) 返回 true

除了上面介绍的常用运算符外，JavaScript 还支持条件表达式运算符"? :"，这个运算符是个三元运算符，它有三个部分，一个计算条件和两个根据条件返回的真假值。格式如下：

条件? 表示式 1 ：表达式 2

在使用条件运算符时，如果条件为真，则表达使用表达式 1 的值，否则使用表达式 2 的值。示例如下：

(x>y)? 100*3 ：11

如果 x 的值大于 y 值，则表达式的值为 300；否则，当 x 的值小于或等于 y 值时，表达式的值为 11。

【例 17.1】(示例文件 ch17\17.1.html)

```
<!DOCTYPE html>
<HTML>
<HEAD>
<SCRIPT LANGUAGE = "JavaScript">
var a=3;
var b=5;
var c=b-a;
document.write(c+"<br>");
if(a>b)
{document.write("a 大于 b<br>");}
else
{document.write("a 小于 b<br>");}
document.write(a>b?"2":"3");
</SCRIPT>
</HEAD>
<BODY></BODY>
</HTML>
```

上面的代码创建了两个变量 a 和 b，变量 c 的值是 b 和 a 的差，然后使用 if 语句判断 a 和 b 的大小，并输出结果。最后使用了一个三元运算符，如果 a>b，则输出 2，否则输出 3。
表示在网页中换行，"+"是一个连接字符串。在 IE 9.0 中浏览，效果如图 17-1 所示，可以看到，网页上输出了 JavaScript 语句执行的结果。

图 17-1　使用运算符

17.1.5　流程控制语句的简单应用

JavaScript 编程中，对流程的控制主要是通过条件判断、循环控制语句及 continue、break 来完成的，其中条件判断按预先设定的条件执行程序，它包括 if 语句和 switch 语句；而循环控制语句则可以重复完成任务，它包括 while 语句、do-while 语句及 for 语句。

1. if 语句

if 语句是使用是最为普遍的条件选择语句，每一种编程语言都有一种或多种形式的 if 语句，在编程中，它是经常被用到的。

其格式如下所示：

```
if(条件语句)
{
    执行语句;
}
```

其中的"条件语句"可以是任何一种逻辑表达式，如果"条件语句"的返回结果为 true，则程序先执行后面大括号{}对中的"执行语句"，然后接着执行它后面的其他语句。如果"条件语句"的返回结果为 false，则程序跳过"条件语句"后面的"执行语句"，直接去执行程序后面的其他语句。大括号的作用就是将多条语句组合成一个复合语句，作为一个整体来处理，如果大括号中只有一条语句，这对大括号{}可以省略。

2. if-else 语句

if-else 语句通常用于一个条件需要两个程序分支来执行的情况。

格式如下所示：

```
if(条件语句)
{
    执行语句块 1;
}
else
{
    执行语句块 2;
}
```

这种格式在 if 从句的后面添加一个 else 从句，这样，当条件语句返回结果为 false 时，执行 else 后面部分的从句。

【例 17.2】(示例文件 ch17\17.2.html)

```
<!DOCTYPE html>
<HTML>
<HEAD>
<SCRIPT LANGUAGE = "JavaScript">
var a="john";
if(a!="john")
{
    document.write(
```

```
   "<h1 style='text-align:center;color:red;'>欢迎 JOHN 光临</h1>");
}
else{
   document.write("<p style='font-size:15px;font-weight:bolder;
   color:blue'>请重新输入名称</p>");
}
</SCRIPT>
</HEAD>
<BODY></BODY>
</HTML>
```

上面的代码中，使用 if-else 语句对变量 a 的值进行判断，如果 a 值不等于"john"，则输出红色标题，否则输出蓝色信息。

在 IE 9.0 中浏览，效果如图 17-2 所示，可以看到，网页上输出了蓝色信息"请重新输入名称"。

图 17-2   使用 if-else 语句判断

3. switch 选择语句

switch 选择语句用于将一个表达式的结果与多个值进行比较，并根据比较结果选择执行语句。

格式如下所示：

```
switch (表达式)
{
   case 取值1:
      语句块 1; break;
   case 取值2:
      语句块 2; break;
   ...
   case 取值n:
      语句块 n; break;
   default:
      语句块 n+1;
}
```

case 语句只是相当于定义一个标记位置，程序根据 switch 条件表达式的结果，直接跳转到第一个匹配的标记位置处，开始顺序执行后面的所有程序代码，包括后面的其他 case 语句下的代码，直至遇到 break 语句或函数返回语句为止。default 语句是可选的，它匹配上面所有的 case 语句定义的值以外的其他值，也就是说，当前面所有取值都不满足时，就执行 default 后面的语句块。

4. while 语句

while 语句是循环语句，也是条件判断语句。
格式如下所示：

```
while(条件表达式语句)
{
    执行语句块
}
```

当"条件表达式语句"的返回值为 true 时，则执行大括号{}中的语句块，当执行完大括号{}中的语句块后，再次检测条件表达式的返回值，如果返回值还为 true，则重复执行大括号{}中的语句块，直到返回值为 false 时，结束整个循环过程，接着往下执行 while 代码段后面的程序代码。

5. do-while 语句

do-while 语句的功能与 while 语句差不多，只不过它是在执行完第一次循环之后才检测条件表达式的值，这意味着包含在大括号中的代码块至少要被执行一次，另外，注意 do-while 语句结尾处的 while 条件语句的括号后有一个分号";"。
格式如下所示：

```
do
{
    执行语句块
}while(条件表达式语句);
```

6. for 语句

for 语句通常由两部分组成，一部分是条件控制部分，一部分是循环部分。
格式如下所示：

```
for(初始化表达式；循环条件表达式；循环后的操作表达式)
{
    执行语句块
}
```

在使用 for 循环前，要先设定一个计数器变量，可以在 for 循环之前预先定义，也可以在使用时直接进行定义。在上述语法格式中，"初始化表达式"表示计数器变量的初始值；"循环条件表达式"是一个计数器变量的表达式，决定了计数器的最大值；"循环后的操作表达式"表示循环的步长，也就是每循环一次，计数器变量值的变化，该变化可以是增大的，也可以是减小的，或进行其他运算。for 循环是可以嵌套的，也就是在一个循环里还可以有另一个循环。

【例 17.3】(示例文件 ch17\17.3.html)

```
<!DOCTYPE html>
<HTML>
<HEAD>
<SCRIPT LANGUAGE = "JavaScript">
```

```
for(var i=0;i<5;i++){
    document.write("<p style='font-size:"+i+"0px'>欢迎学习 JavaScript</p>");
}
</SCRIPT>
</HEAD>
<BODY></BODY>
</HTML>
```

上面代码使用 for 循环输出了不同字体大小的语句。在 IE 9.0 中浏览，效果如图 17-3 所示，可以看到网页输出不同大小的语句，这些语句从小到大。

图 17-3　使用 for 循环

除了上面的语句之外，JavaScript 还可以使用中断语句 break 和 continue。break 语句可以中止循环体中的执行语句和 switch 语句。一个无标号的 break 语句会把控制传给当前循环(while、do、for 或 switch)的下一条语句，如果有标号，控制会被传递给当前方法中的带有这一标号的循环语句。continue 语句只能出现在循环语句(while、do、for)的循环体语句中，无标号的 continue 语句的作用是跳过当前循环的剩余部分，接着执行下一次循环。

17.1.6　函数的简单应用

如果在一个程序中需要使用某个功能代码达到 10 次或更多，这时，可以将这个功能代码组成一个可以调用的函数，通过调用该函数来执行相应的语句，这样，程序就将变得非常简洁，并便于后期进行维护。

在 JavaScript 中定义一个函数时，必须以 function 关键字开头，函数名跟在关键字的后面，接着是函数参数列表和函数所执行的程序代码段。定义一个函数的语法格式如下：

```
function 函数名(参数列表)
{
    程序代码;
    return 表达式;
}
```

在上述格式中，参数列表表示在程序中调用某个函数时一起传递到函数中的某种类型的值或变量，如果这样的参数多于一个，那么两个参数之间需要用逗号隔开。虽然有些函数并不需要接收任何参数，但在定义函数时，也不能省略函数名后面的那对小括号，保留小括号中的内容为空即可。

另外，函数中的程序代码必须位于一对大括号之间，如果主程序要求返回一个结果集，就必须使用 return 语句，后面跟上这个要返回的结果。当然，return 语句后面可以跟上一个表达式，返回值将是表达式的运算结果。如果在函数程序代码中省略了 return 语句后的表达式，或者函数结束时没有 return 语句，这个函数就返回一个为 undefined 的值。

【例 17.4】(示例文件 ch17\17.4.html)

```
<!DOCTYPE html>
<HTML>
<HEAD>
<TITLE>计算器</TITLE>
<SCRIPT language="JavaScript" >
function compute(op)
{
    var num1=0;
    var num2=0;
    num1=parseFloat(document.myform.num1.value);
    num2=parseFloat(document.myform.num2.value);
    if (op=="+")
        document.myform.result.value=num1+num2 ;
    if (op=="-")
        document.myform.result.value=num1-num2 ;
    if (op=="*")
        document.myform.result.value=num1*num2 ;
    if (op=="/"  && num2!=0)
        document.myform.result.value=num1/num2 ;
}
</SCRIPT>
</HEAD>
<BODY>
<FORM action="" method="post" name="myform" id="myform">
    <P>第一个数
    <INPUT name="num1" type="text" id="num1" size="25">
    <BR>
    第二个数
    <INPUT name="num2" type="text" id="num2" size="25">
    </P>
    <P>
    <INPUT name="addButton" type="button" id="addButton" value=" + "
      onClick="compute('+')">
    <INPUT name="subButton" type="button" id="subButton" value=" - "
      onClick="compute('-')">
    <INPUT name="mulButton" type="button" id="mulButton" value=" × "
      onClick="compute('*')">
    <INPUT name="divButton" type="button" id="divButton" value=" ÷ "
      onClick="compute('/')">
    </P>
    <P>计算结果
    <INPUT name="result" type="text" id="result" size="25">
    </P>
</FORM>
<P>  </P>
</BODY>
</HTML>
```

在 IE 9.0 中浏览，效果如图 17-4 所示，在网页中输入两个不同的数值后，可以求它们的和、差、积和商。

图 17-4　使用函数

JavaScript 不但允许用户根据自己的需要自定义函数，还支持大量的系统函数。常用的系统函数如表 17-5 所示。

表 17-5　常用系统函数

函数名称	说　明
eval()	返回字符串表达式中的值
parseInt()	返回不同进制的数，默认是十进制，用于将一个字符串按指定的进制转换成一个整数
parseFloat()	返回实数，用于将一个字符串转换成对应的小数
escape()	返回对一个字符串进行编码后的结果字符串
encodeURI	返回一个对 URI 字符串编码后的结果
decodeURI	将一个已编码的 URI 字符串解码成最原始的字符串返回
unescape ()	将一个用 escape 方法编码的结果字符串解码成原始字符串并返回
isNaN()	检测 parseInt()和 parseFloat()函数的返回值是否为非数值型，如果是，返回 true，否则，返回 false
abs(x)	返回 x 的绝对值
acos(x)	返回 x 的反余弦值(余弦值等于 x 的角度)，用弧度表示
asin(x)	返回 x 的反正弦值
atan(x)	返回 x 的反正切值
atan2(x,y)	返回复平面内点(x，y)对应的复数的幅角，用弧度表示，其值在-π 到 π 之间
ceil(x)	返回大于等于 x 的最小整数
cos(x)	返回 x 的余弦
exp(x)	返回 e 的 x 次幂(e^x)
floor(x)	返回小于等于 x 的最大整数
log(x)	返回 x 的自然对数(ln x)
max(a,b)	返回 a、b 中较大的数
min(a,b)	返回 a、b 中较小的数
pow(n,m)	返回 n 的 m 次幂(n^m)

函数名称	说　明
random()	返回大于 0 小于 1 的一个随机数
round(x)	返回 x 四舍五入后的值
sin(x)	返回 x 的正弦
sqrt(x)	返回 x 的平方根
tan(x)	返回 x 的正切
isFinite()	如果括号内的数值是"有限"的(介于 Number.MIN_VALUE 和 Number.MAX_VALUE 之间)，就返回 true；否则返回 false
toString()	用法：<对象>.toString();把对象转换成字符串。如果在括号中指定一个数值，则转换过程中，所有数值转换成特定进制

17.2　常见的 JavaScript 编写工具

　　JavaScript 是一种脚本语言，代码不需要编译成二进制，而是以文本的形式存在，因此任何文本编辑器都可以作为其开发环境。

　　通常使用的 JavaScript 编辑器有记事本和 Dreamweaver。

17.2.1　记事本工具

　　记事本是 Windows 系统自带的文本编辑器，也是最简洁方便的文本编辑器，由于记事本的功能过于单一，所以要求开发者必须熟练掌握 JavaScript 语言的语法、对象、方法和属性等。对于初学者是个极大的挑战，因此，不建议使用记事本。但是由于记事本简单方便、打开速度快，所以常用来做局部修改。记事本程序窗口如图 17-5 所示。

图 17-5　记事本程序窗口

　　在记事本中编写 JavaScript 程序的方法很简单，只需打开记事本程序，然后在出现的窗口中输入相关的 JavaScript 代码即可。

【例 17.5】(示例文件 ch17\17.5.html)

本例在记事本中编写 JavaScript 脚本。打开记事本文件，在窗口中输入如下代码：

```html
<html>
<body>
<script type="text/javascript">
    document.write("Hello JavaScript!")
</script>
</body>
</html>
```

将记事本文件保存为*.html 格式的文件，然后再使用 IE 9.0 浏览器打开，即可浏览最后的效果，如图 17-6 所示。

图 17-6　页面效果

17.2.2　Dreamweaver

Adobe 公司的 Dreamweaver CS6 用户界面非常友好，是一款非常优秀的网页开发工具，并深受广大用户的喜爱。Dreamweaver CS6 的主界面如图 17-7 所示。

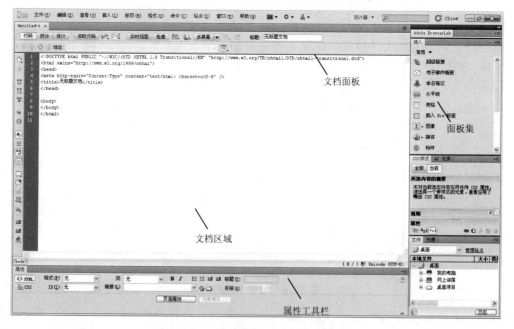

图 17-7　Dreamweaver CS6 的主界面

除了上述编辑器外，还有很多种编辑器可以用来编写 JavaScript 程序。如 Aptana、1st JavaScript Editor、JavaScript Menu Master、Platypus JavaScript Editor、SurfMap JavaScript Editor 等。"工欲善其事，必先利其器"，选择一款适合自己的 JavaScript 编辑器，可以让程序员的工作事半功倍。

17.3　JavaScript 在 HTML 中的使用

创建好 JavaScript 脚本后，下面就可以在 HTML 中使用 JavaScript 脚本了。把 JavaScript 嵌入 HTML 中有多种形式：在 HTML 网页头中嵌入、在 HTML 网页中嵌入、在 HTML 网页的元素事件中嵌入、在 HTML 中调用已经存在的 JavaScript 文件等。

17.3.1　在 HTML 网页头中嵌入 JavaScript 代码

JavaScript 脚本一般放在 HTML 网页头部的<head>与</head>标签对之间。这样，不会因为 JavaScript 影响整个网页的显示结果。

在 HTML 网页头部的<head>与</head>标签对之间嵌入 JavaScript 的格式如下：

```
<html>
<head>
<title>在 HTML 网页头中嵌入 JavaScript 代码<title>
<script language="JavaScript">
<!--
...
JavaScript 脚本内容
...
//-->
</script>
</head>
<body>
...
</body>
</html>
```

在<script>与</script>标签中添加相应的 JavaScript 脚本，这样就可以直接在 HTML 文件中调用 JavaScript 代码了，以实现相应的效果。

【例 17.6】(示例文件 ch17\17.6.html)

```
<html>
<head>
<script language = "javascript">
    document.write("欢迎来到 javascript 动态世界");
</script>
</head>
<body>
    <p>学习 javascript！！！</p>
</body>
</html>
```

该示例的功能是在 HTML 文档里输出一个字符串，即"欢迎来到 JavaScript 动态世界"。在 IE 9.0 中浏览，效果如图 17-8 所示，可以看到网页输出了两句话，其中第一句就是 JavaScript 中输出语句。

图 17-8　使用嵌入 JavaScript 代码

 在 JavaScript 语法中，分号";"是 JavaScript 程序作为一个语句结束的标识符。

17.3.2　在 HTML 网页中嵌入 JavaScript 代码

当需要使用 JavaScript 脚本生成 HTML 网页内容时，如某些 JavaScript 实现的动态树，就应该把 JavaScript 放在 HTML 网页主体部分的<body>与</body>标签对中。

具体的代码格式如下：

```
<html>
<head>
<title>在 HTML 网页中嵌入 JavaScript 代码<title>
</head>
<body>
<script language="JavaScript">
<!--
...
JavaScript 脚本内容
...
//-->
</script>
</body>
</html>
```

另外，JavaScript 代码可以在同一个 HTML 网页的头部与主体部分同时嵌入，并且在同一个网页中可以多次嵌入 JavaScript 代码。

【例 17.7】(示例文件 ch17\17.7.html)

```
<html>
<head>
</head>
<body>
    <p>学习 JavaScript！！！ </p>
    <script language = "javascript">
```

```
        document.write("欢迎来到 JavaScript 动态世界");
    </script>
</body>
</html>
```

该示例的功能是在 HTML 文档里输出一个字符串，即"欢迎来到 JavaScript 动态世界"；在 IE 9.0 中浏览，效果如图 17-9 所示，可以看到，网页输出了两句话，其中第二句就是 JavaScript 中输出的语句。

图 17-9　嵌入 JavaScript 代码

17.3.3　在 HTML 网页元素的事件中嵌入 JavaScript 代码

在开发 Web 应用程序的过程中，开发者可以给 HTML 文档设置不同的事件处理器，一般是设置某 HTML 元素的属性来引用一个脚本，如可以是一个简单的动作，该属性一般以 on 开头，如按下鼠标事件 OnClick()等。这样，当需要对 HTML 网页中的该元素进行事件处理时（验证用户输入的值是否有效），如果事件处理的 JavaScript 代码量较少，就可以直接在对应的 HTML 网页的元素事件中嵌入 JavaScript 代码。

【例 17.8】(示例文件 ch17\17.8.html)

下面的 HTML 文档的作用是对文本框是否为空进行判断，如果为空，则弹出提示信息，其具体内容如下：

```
<html>
<head>
<title>判断文本框是否为空</title>
<script language="JavaScript">
function validate()
{
    var _txtNameObj = document.all.txtName;
    var _txtNameValue = _txtNameObj.value;
    if((_txtNameValue == null) || (_txtNameValue.length < 1))
    {
        window.alert("文本框内容为空，请输入内容");
        _txtNameObj.focus();
        return;
    }
}
</script>
</head>
```

```
<body>
<form method=post action="#">
    <input type="text" name="txtName" />
    <input type="button" value="确定" onclick="validate()" />
</form>
</body>
</html>
```

在上面的 HTML 文档中使用了 JavaScript 脚本, 其作用是, 当文本框失去焦点时, 就会对文本框的值进行长度检验, 如果值为空, 即可弹出"文本框内容为空, 请输入内容"的提示信息。

上面的 HTML 文档在 IE 9.0 浏览器中的显示结果如图 17-10 所示。直接单击其中的"确定"按钮, 即可看到相应的提示信息, 如图 17-11 所示。

图 17-10　显示结果

图 17-11　提示信息

17.3.4　在 HTML 中调用已经存在的 JavaScript 文件

如果 JavaScript 的内容较长, 或者多个 HTML 网页中都调用相同的 JavaScript 程序, 可以将较长的 JavaScript 或者通用的 JavaScript 写成独立的*.js 文件, 直接在 HTML 网页中调用。

【例 17.9】(示例文件 ch17\17.9.html)

下面的 HTML 文件就是使用 JavaScript 脚本来调用外部的 JavaScript 文件:

```
<html>
<head>
<title>使用外部文件</title>
<script src = "hello.js"></script>
</head>
<body>
<p>此处引用了一个javascript 文件</p>
</body>
</html>
```

hello.js 文件中仅包含一行 alert("欢迎大家学习 JavaScript")代码。

在 IE 9.0 中浏览, 效果如图 17-12 所示, 可以看到, 网页首先弹出一个对话框, 显示提示信息。单击"确定"按钮后, 会显示网页内容。

图 17-12　导入 JavaScript 文件

(1)　可见，通过这种从外部引用 JavaScript 文件的方式，也可以实现相应的功能，这种功能具有下面几个优点：

- 将脚本程序同现有页面的逻辑结构分离。通过外部脚本，可以轻易实现多个页面完成同一功能的脚本文件，可以很方便地通过更新一个脚本内容实现批量更新。
- 浏览器可以实现对目标脚本文件的高速缓存。这样可以避免引用同样功能的脚本代码而导致下载时间的增加。

(2)　与 C 语言使用外部头文件(.h 文件等)相似，引入 JavaScript 脚本代码时，使用外部脚本文件的方式符合结构化编程思想，但也有一些缺点，具体表现在以下两个方面：

- 并不是所有支持 JavaScript 脚本的浏览器都支持外部脚本，如 Netscape 2 和 Internet Explorer 3 都不支持外部脚本。
- 外部脚本文件功能过于复杂，或其他原因导致的加载时间过长，则可能导致页面事件得不到处理或得不到正确的处理，程序员必须小心使用，并确保脚本加载完成后，其中定义的函数才被页面事件调用，否则浏览器会报错。

综上所述，引入外部 JavaScript 脚本文件的方法是效果与风险并存的，设计人员应该权衡其优缺点，以决定是将脚本代码嵌入到目标 HTML 文件中，还是通过引用外部脚本的方式来实现相同的功能。一般情况下，将实现通用功能的 JavaScript 脚本代码作为外部脚本文件引用，而实现特有功能的 JavaScript 代码则直接嵌入到 HTML 文件中的<head>与</head>标记对之间载入，使其及时并正确响应页面事件。

17.3.5　通过 JavaScript 伪 URL 引入 JavaScript 脚本代码

在多数支持 JavaScript 脚本的浏览器中，可以通过 JavaScript 伪 URL 地址调用语句来引入 JavaScript 脚本代码。伪 URL 地址的一般格式为：

```
JavaScript:alert("已点击文本框！")
```

由此可知：伪 URL 地址语句一般以 JavaScript 开始，后面就是要执行的操作。

【例 17.10】(示例文件 ch17\17.10.html)

```
<html>
<head>
<meta http-equiv=content-type content="text/html; charset=gb2312">
```

```
<title>伪 URL 地址引入 JavaScript 脚本代码</title>
</head>
<body>
<center>
<p>使用伪 URL 地址引入 JavaScript 脚本代码</p>
<form name="Form1">
    <input type=text name="Text1" value="点击"
      onclick="JavaScript:alert('已经用鼠标点击文本框!')">
</form>
</center>
</body>
</html>
```

在 IE 浏览器中预览上面的 HTML 文件，然后用鼠标点击其中的文本框，就会看到"已经用鼠标点击文本框!"的提示信息，其显示结果如图 17-13 所示。

图 17-13　使用伪 URL 地址引入 JavaScript 脚本代码

伪 URL 地址可用于文档中的任何地方，同时触发任意数量的 JavaScript 函数或对象固有的方法。由于这种方式的代码短而精，且效果好，所以在表单数据合法性验证上，如验证某些字段是否符合要求等方面应用广泛。

17.4　JavaScript 与 CSS 3 的结合使用

JavaScript 是一种脚本语言，可以直接在网页上被浏览器解释运行。如果将 JavaScript 的程序和 CSS 的静态效果结合起来，可以创建出大量的动态特效，如动态内容、动态样式等。

17.4.1　设置动态内容

JavaScript 与 CSS 相结合，可以动态改变 HTML 页面元素内容和样式，这种效果是 JavaScript 常用的功能之一。其实现也比较简单，需要利用 innerHTML 属性，innerHTML 属性是一个字符串，用来设置或获取位于对象起始和结束标签内的 HTML。

【例 17.11】 (示例文件 ch17\17.11.html)

```
<!DOCTYPE html>
<html>
<head>
```

```
<title>改变内容</title>
<script type="text/javascript">
function changeit(){
    var html = document.getElementById("content");
    var html1 = document.getElementById("content1");
    var t = document.getElementById("tt");
    var temp = "<br><style>#abc {color:red;font-size:36px;}</style>"
                + html.innerHTML;
    html1.innerHTML = temp;
}
</script>
</head>

<body>
<div id="content">
    <div id="abc">
        祝祖国生日快乐！
    </div>
</div>
<div id="content1">
</div>
<input type="button" onclick="changeit()" value="改变 HTML 内容">
</body>
</html>
```

在上面 HTML 代码中，创建了几个 DIV 层，层下面有一个按钮，并且为按钮添加了一个单击事件，即调用 changeit 函数。

在 JavaScript 程序的 changeit 函数中，首先使用 getElementById 方法获取 HTML 对象，然后使用 innerHTML 属性设置 html1 层的显示内容。

在 IE 9.0 中浏览，效果如图 17-14 所示，在显示页面中，有一个段落和按钮。当单击按钮时，会显示如图 17-15 所示的窗口，可以看到，段落内容和样式发生了变化，即增加了一个段落，并且字体变大，颜色为红色。

图 17-14　动态内容显示前

图 17-15　动态内容显示后

17.4.2　改变动态样式

要动态改变 HTML 元素的样式，首先需要获取要改变的 HTML 对象，然后利用对象的相关样式属性设定不同的显示样式。在实现过程中，需要利用 styleSheets 属性，它表示当前 HTML 网页上的样式属性集合，可以以数组形式获取；属性 rules 表示是第几个选择器；属性 cssRules 表示是第几条规则。

【例 17.12】

(示例文件 ch17\17.12.html)

```
<!DOCTYPE html>
<html><head>
<link rel="stylesheet" type="text/css" href="17.12.css" />
<script>
function fnInit(){
    //访问 styleSheet 中的一条规则，将其 backgroundColor 改为蓝色
    var oStyleSheet = document.styleSheets[0];
    var oRule = oStyleSheet.rules[0];
    oRule.style.backgroundColor = "#0000FF";
    oRule.style.width = "200px";
    oRule.style.height = "120px";
}
</script>
<title>动态样式</title>
</head>
<body>
    <div class="class1">我会改变颜色</div>
    <a href=# onclick="fnInit()">改变背景色</a>
<body></html>
```

上面 HTML 代码中，定义了一个 DIV 层，其样式规则为 class1，下面创建了一个超级链接，并且为超级链接定义了一个单击事件，当被单击时，会调用 fnInit 函数。在 JavaScript 程序的 fnInit 函数中，首先使用"document.styleSheets[0]"语句获取当前的样式规则的集合，然后使用"rules[0]"获取第一条样式规则元素，最后使用"oRule.style"样式对象分别设置背景色，宽度和高度样式。

(示例文件 ch17\17.12.css)

```
.class1
{
    width:100px;
    background-color:red;
    height:80px;
}
```

此选择器比较简单，定义了宽度、高度和背景色。在 IE 9.0 中浏览，效果如图 17-16 所示，网页显示了一个 div 层和超级链接。当单击超级链接时，会显示如图 17-17 所示的页面，此时，DIV 层背景色变为蓝色，并且层高度和宽度变大。

图 17-16　动态样式改变前

图 17-17　动态样式改变后

17.4.3　动态定位网页元素

JavaScript 程序结合 CSS 样式属性，可以动态地改变 HTML 元素所在的位置。如果动态改变 HTML 元素的坐标位置，需要重新设定当前 HTML 元素的坐标位置。此时需要使用新的元素属性 pixelLeft 和 pixelTop，其中 pixelLeft 属性返回定位元素左边界偏移量的整数像素值；因为属性的非像素值返回的是包含单位的字符串，例如 30px。利用这个属性，可以单独处理以像素为单位的数值。pixelTop 属性以此类推。

【例 17.13】(示例文件 ch17\17.13.html)

```html
<!DOCTYPE html>
<html>
<head>
<style type="text/css">
#d1 {
    position:absolute;
    width:300px;
    height:300px;
    visibility:visible;
    color:#fff;
    background:#555;
}
#d2 {
    position:absolute;
    width:300px;
    height:300px;
    visibility:visible;
    color:#fff;
    background:red;
}
#d3 {
    position:absolute;
    width:150px;
    height:150px;
    visibility:visible;
    color:#fff;
    background:blue;
}
</style>
<script>
var d1, d2, d3, w, h;
window.onload = function() {
    d1 = document.getElementById('d1');
    d2 = document.getElementById('d2');
    d3 = document.getElementById('d3');
    w = window.innerWidth;
    h = window.innerHeight;
}
function divMoveTo(d, x, y) {
    d.style.pixelLeft = x;
    d.style.pixelTop = y;
}
```

网站开发案例课堂

```
function divMoveBy(d, dx, dy) {
    d.style.pixelLeft += dx;
    d.style.pixelTop += dy;
}
</script>
</head>
<body id="bodyId">
<form name="form1">
<h3>移动定位</h3>
<p>
<input type="button" value="移动 d2" onclick="divMoveBy(d2,100,100)"><br>
<input type="button" value="移动 d3 到 d2(0,0)"
  onclick="divMoveTo(d3,0,0)"><br>
<input type="button" value="移动 d3 到 d2(75,75)"
  onclick="divMoveTo(d3,75,75)"><br>
</p>
</form>
<div id="d1"><b>d1</b></div>
<div id="d2">
    <b>d2</b><br><br>d2 包含 d3
    <div id="d3">
        <b>d3</b><br><br>d3 是 d2 的子层
    </div>
</div>
</body>
</html>
```

在 HTML 代码中定义了三个按钮，并为三个按钮添加了不同的单击事件，即可以调用不同的 JavaScript 函数。然后定义了三个 div 层，分别为 d1、d2 和 d3，d3 是 d2 的子层。在 style 标记中，分别使用 ID 选择器定义了三个层的显示样式，例如绝对定位、是否显示、背景色、宽度和高度。在 JavaScript 代码中，使用"window.onload = function()"语句表示页面加载时执行这个函数，函数内使用 getElementById 语句获取不同的 DIV 对象。在 divMoveTo 函数和 divMoveBy 函数内，都重新定义了新的坐标位置。

在 IE 9.0 中浏览，效果如图 17-18 所示，页面显示了三个按钮，每个按钮执行不同的定位操作；下面显示了三个层，其中 d2 层包含 d3 层。当单击第二个按钮时，可以重新动态定位 d3 的坐标位置，显示效果如图 17-19 所示。对于其他按钮，有兴趣的读者可以测试。

图 17-18　动态定位前

图 17-19　动态定位后

17.4.4　设置网页元素的显示与隐藏

在有的网站中，有时根据需要，会自动或手动隐藏一些层，从而为其他层节省显示空间。实现层手动隐藏或展开，需要 CSS 代码和 JavaScript 代码相结合使用。实现该例需要用到 display，通过该值，可以设置元素以块显示，还是不显示。

【例 17.14】(示例文件 ch17\17.14.html)

```
<!DOCTYPE html>

<html>
<head>
<title>隐藏和显示</title>
<script language="JavaScript" type="text/JavaScript">
<!--
function toggle(targetid){
    if (document.getElementById){
        target = document.getElementById(targetid);
        if (target.style.display=="block"){
            target.style.display = "none";
        } else {
            target.style.display = "block";
        }
    }
}
-->
</script>
<style type="text/css">
.div{border:1px #06F solid;height:50px;width:150px;display:none;}
a {width:100px; display:block}
</style>
</head>

<body>
<a href="#" onclick="toggle('div1')">显示/隐藏</a>
<div id="div1" class="div">
    <img src="11.jpg" />
    <p>市场价: 390 元</p>
    <p>购买价: 190 元</p>
</div>
</body>
</html>
```

代码中创建了一个超级链接和一个 DIV 层 div1，DIV 层中包含了图片和段落信息。在类选择器 div 中，定义了边框样式、高度和宽度，并使用 display 属性设定层不显示。JavaScript 代码首先根据 ID 名称 targetid，判断 display 的当前属性值，如果值为 block，设置为 none，如果值为 none，则设置值为 block。

在 IE 9.0 中浏览，效果如图 17-20 所示，页面显示了一个超级链接。当单击 "显示/隐藏" 超级链接时，会显示如图 17-21 所示的效果，此时显示一个 DIV 层，层里面包含了图片和段落信息。

图 17-20　动态显示前　　　　　图 17-21　动态显示后

17.5　HTML 5、CSS 3 和 JavaScript 的搭配应用

　　HTML 5、CSS 3 和 JavaScript 的搭配应用，可以制作出各式各样的动态网页效果，本节就来介绍几个示例，来学习 HTML 5、CSS 3 和 JavaScript 搭配应用的技巧。

17.5.1　设定左右移动的图片

　　本例将使用 HTML 5、JavaScript 和 CSS 创建一个左右移动的图片，具体步骤如下所示。

　　(1)　分析需求。

　　要实现左右移动的图片，需要在页面上定义一张图片，然后利用 JavaScript 程序代码获取图片对象，并使其在一定范围内(即水平方向上)自由移动。完成后的效果如图 17-22 所示。

图 17-22　图片移动

　　(2)　创建 HTML 页面，导入图片：

```
<!DOCTYPE html>
<html>
<head>
<title>左右移动图片</title>
```

```
</head>
<body>
<img src="01.jpg" name="picture"
  style="position: absolute; top: 70px; left: 30px;"
  BORDER="0" WIDTH="200" HEIGHT="160">
<script LANGUAGE="JavaScript">
<!--
setTimeout("moveLR('picture',300,1)",10);
//-->
</script>
</body>
</html>
```

上面的代码中，定义了一个图片，图片是绝对定位的，左边位置是(70,30)，无边框，宽度为 200 像素，高度为 160 像素。在 script 标记中，使用 setTimeout 方法，定时移动图片。在 IE 9.0 中浏览，效果如图 17-23 所示，可以看到网页上显示了一张图片。

图 17-23　显示图片

(3)　加入 JS 代码，实现图片左右移动：

```
<script LANGUAGE="JavaScript">
<!--
step = 0;
obj = new Image();
function anim(xp,xk,smer) //smer = direction
{
    obj.style.left = x;
    x += step*smer;
    if (x>=(xk+xp)/2) {
        if (smer == 1) step--;
        else step++;
    }
    else {
        if (smer == 1) step++;
        else step--;
    }
    if (x >= xk) {
        x = xk;
        smer = -1;
    }
    if (x <= xp) {
        x = xp;
```

网站开发案例课堂

```
        smer = 1;
    }
    // if (smer > 2) smer = 3;
    setTimeout('anim('+xp+','+xk+','+smer+')', 50);
}
function moveLR(objID,movingarea_width,c)
{
    if (navigator.appName=="Netscape") window_width = window.innerWidth;
    else window_width = document.body.offsetWidth;
    obj = document.images[objID];
    image_width = obj.width;
    x1 = obj.style.left;
    x = Number(x1.substring(0,x1.length-2)); // 30px -> 30
    if (c == 0) {
        if (movingarea_width == 0) {
            right_margin = window_width - image_width;
            anim(x,right_margin,1);
        }
        else {
            right_margin = x + movingarea_width - image_width;
            if (movingarea_width < x + image_width)
                window.alert("No space for moving!");
            else anim(x,right_margin,1);
        }
    }
    else {
        if (movingarea_width == 0)
            right_margin = window_width - image_width;
        else {
            x = Math.round((window_width-movingarea_width)/2);
            right_margin =
              Math.round((window_width+movingarea_width)/2)-image_width;
        }
        anim(x,right_margin,1);
    }
}
//-->
</script>
```

在 IE 9.0 中浏览，效果如图 17-24 所示，可以看到，网页上显示了一张图片，并在水平方向上自由移动。

图 17-24　最终效果

17.5.2　制作颜色选择器

本例将创建一个颜色选择器，可以自由获取颜色值。具体步骤如下。

step 01 分析需求。

本例原理非常简单，就是将几个常用的颜色值进行组合，组合在一起后合并，就是所要选择的颜色值。这些都是利用 JS 代码完成的。完成后，实际效果如图 17-25 所示。

图 17-25　设定页面背景色

step 02 创建基本的 HTML 页面：

```
<!DOCTYPE html>
<html>
<head><title>背景色选择器</title></head>
<body bgcolor="#FFFFFF"></body>
</html>
```

上述代码比较简单，只是实现了一个页面框架。

step 03 添加 JavaScript 代码，实现颜色选择：

```
<script language="JavaScript">
<!--
var hex = new Array(6)
hex[0] = "FF"
hex[1] = "CC"
hex[2] = "99"
hex[3] = "66"
hex[4] = "33"
hex[5] = "00"
function display(triplet)
{
    document.bgColor = '#' + triplet
    alert('现在的背景色是 #' + triplet)
}
function drawCell(red, green, blue)
{
    document.write('<TD BGCOLOR="#' + red + green + blue + '">')
    document.write('<A HREF="javascript:display(\''
                    + (red + green + blue) + '\')">')
    document.write('<IMG SRC="place.gif" BORDER=0 HEIGHT=12 WIDTH=12>')
    document.write('</A>')
```

```
        document.write('</TD>')
}
function drawRow(red, blue)
{
        document.write('<TR>')
        for (var i=0; i<6; ++i)
        {
                drawCell(red, hex[i], blue)
        }
        document.write('</TR>')
}
function drawTable(blue)
{
        document.write('<TABLE CELLPADDING=0 CELLSPACING=0 BORDER=0>')
        for (var i=0; i<6; ++i)
        {
                drawRow(hex[i], blue)
        }
        document.write('</TABLE>')
}
function drawCube()
{
        document.write('<TABLE CELLPADDING=5 CELLSPACING=0 BORDER=1><TR>')
        for (var i=0; i<6; ++i)
        {
                document.write('<TD BGCOLOR="#FFFFFF">')
                drawTable(hex[i])
                document.write('</TD>')
        }
        document.write('</TR></TABLE>')
}
drawCube()
// -->
</script>
```

上面代码中，创建了一个数组对象 hex，用来存放不同的颜色值。后面的几个函数分别将数组中的颜色组合在一起，并在页面显示，display 函数完成定义背景颜色和显示颜色值。

在 IE 9.0 中浏览，效果如图 17-26 所示，可以看到，页面显示了多个表格，每个单元格代表一种颜色。

图 17-26　最终效果

17.5.3　制作跑马灯效果

网页中有一种特效，称为跑马灯，即文字从左到右自动输出，与晚上写字楼的广告霓虹灯非常相似。在网页中，如果 CSS 样式设计非常完美，就会设计出更加靓丽的网页效果。具体步骤如下所示。

step 01 分析需求。

要完成跑马灯效果，需要使用 JavaScript 语言设置文字内容、移动速度和相应的输入框，使用 CSS 来设置显示文字的样式。输入框用来显示水平移动文字。本例完成后，实际效果如图 17-27 所示。

step 02 创建 HTML，实现输入表单：

```html
<!DOCTYPE html>
<html>
<head>
<title>跑马灯</title>
</head>
<body onLoad="LenScroll()">
<center>
    <form name="nextForm">
        <input type=text name="lenText">
    </form>
</center>
</body>
</html>
```

上面的代码非常简单，创建了一个表单，表单中存放了一个文本域，用于显示移动文字。在 IE 9.0 中浏览，效果如图 17-28 所示，可以看到，页面中只存在一个文本域，没有其他显示信息。

图 17-27　跑马灯效果

图 17-28　实现基本表单

step 03 添加 JavaScript 代码，实现文字移动：

```javascript
<script language="javascript">
var msg = "欢迎光临贝拉时尚风情杂货铺！";    //移动文字
var interval = 400;              //移动速度
var seq = 0;
function LenScroll() {
    document.nextForm.lenText.value =
        msg.substring(seq, msg.length) + "    " + msg;
    seq++;
    if (seq > msg.length)
```

```
        seq = 0;
        window.setTimeout("LenScroll();", interval);
    }
</script>
```

上面的代码中，创建了一个变量 msg，用于定义移动的文字内容，变量 interval 用于定义文字移动速度，LenScroll()函数用于在表单输入框中显示移动信息。

在 IE 9.0 中浏览，效果如图 17-29 所示，可以看到输入框中显示了移动信息，并且从右向左移动。

step 04 添加 CSS 代码，修饰输入框和页面：

```
<style type="text/css">
<!--
body{
    background-color:#FFFFFF;  /* 页面背景色 */
}
input{
    background:transparent;    /* 输入框背景透明 */
    border:none;               /* 无边框 */
    color:#ffb400;
    font-size:45px;
    font-weight:bold;
    font-family:黑体;
}-->
</style>
```

上面的代码设置了页面背景颜色为白色，在 input 标记选择器中，定义了边框背景为透明，无边框，字体颜色为黄色，大小为 45 像素，加粗并黑体显示。在 IE 9.0 中浏览，效果如图 17-30 所示，可以看到，页面中字体变大，颜色为黄色，没有输入框显示。

图 17-29　实现移动效果

图 17-30　最终效果

17.6　综合示例——制作树形导航菜单

树形导航菜单是网页设计中最常用的菜单之一。本例将创建一个树形导航菜单，具体步骤如下。

step 01 分析需求。

实现一个树形菜单，需要三个方面配合，一个是<ul>无序列表，用于显示的菜单，一个是 CSS 样式，修饰树形菜单样式，一个是 JavaScript 程序，实现单击时展开菜单选项。

本例完成后，效果如图 17-31 所示。

图 17-31　树形导航菜单

step 02 创建 HTML 页面，实现菜单列表：

```html
<!DOCTYPE html>
<html>
<head>
<title>树形菜单</title>
</head>
<body>
<ul id="menu_zzjs_net">
 <li>
  <label><a href="javascript:;">计算机图书</a></label>
  <ul class="two">
   <li>
    <label><a href="javascript:;">程序类图书</a></label>
    <ul class="two">
     <li>
      <label><input type="checkbox" value="123456">
       <a href="javascript:;">Java 类图书</a></label>
      <ul class="two">
       <li><label><input type="checkbox" value="123456">
        <a href="javascript:;">Java 语言类图像</a></label></li>
       <li>
        <label><input type="checkbox" value="123456">
         <a href="javascript:;">Java 框架类图像</a></label>
        <ul class="two">
         <li>
          <label><input type="checkbox" value="123456">
           <a href="javascript:;">Struts2 图书</a></label>
          <ul class="two">
           <li><label><input type="checkbox" value="123456">
            <a href="javascript:;">Struts1</a></label></li>
           <li><label><input type="checkbox" value="123456">
            <a href="javascript:;">Struts2</a></label></li>
          </ul>
         </li>
         <li><label><input type="checkbox" value="123456">
          <a href="javascript:;">Hibernate 入门</a></label></li>
```

```
      </ul>
     </li>
    </ul>
   </li>
  </ul>
 </li>
 <li>
 <label><a href="javascript:;">设计类图像</a></label>
 <ul class="two">
   <li><label><input type="checkbox" value="123456">
      <a href="javascript:;">PS 实例大全</a></label></li>
   <li><label><input type="checkbox" value="123456">
      <a href="javascript:;">Flash 基础入门</a></label></li>
  </ul>
 </li>
 </ul>
 </li>
</ul>
</body>
</html>
```

在 IE 9.0 中浏览，效果如图 17-32 所示，可以看到，在页面上显示了无序列表，并且显示了全部元素。

图 17-32　无序列表

step 03 添加 JavaScript 代码，实现单击展开效果：

```
<script type="text/javascript" >
function addEvent(el,name,fn){ //绑定事件
    if(el.addEventListener) return el.addEventListener(name,fn,false);
    return el.attachEvent('on'+name,fn);
}
function nextnode(node){ //寻找下一个兄弟并剔除空的文本节点
    if(!node) return;
    if(node.nodeType == 1)
        return node;
    if(node.nextSibling)
        return nextnode(node.nextSibling);
}
function prevnode(node){ //寻找上一个兄弟并剔除空的文本节点
    if(!node) return;
```

```
    if(node.nodeType == 1)
        return node;
    if(node.previousSibling)
        return prevnode(node.previousSibling);
}
function parcheck(self,checked){ //递归寻找父元素，并找到 input 元素进行操作
    var par = prevnode(self.parentNode.parentNode
      .parentNode.previousSibling),parspar;
    if(par&&par.getElementsByTagName('input')[0]){
        par.getElementsByTagName('input')[0].checked = checked;
        parcheck(par.getElementsByTagName('input')[0],
          sibcheck(par.getElementsByTagName('input')[0]));
    }
}
function sibcheck(self){ //判断兄弟节点是否已经全部选中
    var sbi = self.parentNode.parentNode.parentNode.childNodes,n=0;
    for(var i=0;i<sbi.length;i++){
        //由于孩子节点中包括空的文本节点，所以这里累计长度的时候也要算上去
        if(sbi[i].nodeType != 1) n++;
        else if(sbi[i].getElementsByTagName('input')[0].checked) n++;
    }
    return n==sbi.length?true:false;
}
addEvent(document.getElementById('menu_zzjs_net'),'click',function(e){
//绑定 input 点击事件，使用 menu_zzjs_net 根元素代理
    e = e||window.event;
    var target = e.target||e.srcElement;
    var tp = nextnode(target.parentNode.nextSibling);
    switch(target.nodeName){
        case 'A': //点击 A 标签展开和收缩树形目录，并改变其样式，会选中 checkbox
            if(tp&&tp.nodeName == 'UL'){
                if(tp.style.display != 'block' ){
                    tp.style.display = 'block';
                    prevnode(target.parentNode.previousSibling).className =
                      'ren'
                }else{
                    tp.style.display = 'none';
                    prevnode(target.parentNode.previousSibling).className =
                      'add'
                }
            }
            break;
        case 'SPAN': //点击图标，只展开或者收缩
            var ap = nextnode(nextnode(target.nextSibling).nextSibling);
            if(ap.style.display != 'block'){
                ap.style.display = 'block';
                target.className = 'ren'
            }else{
                ap.style.display = 'none';
                target.className = 'add'
            }
            break;
        case 'INPUT': //点击 checkbox，父亲元素选中，
                     //孩子节点中的 checkbox 也同时选中，孩子节点取消，父元素随之取消
```

```
            if(target.checked){
                if(tp){
                    var checkbox = tp.getElementsByTagName('input');
                    for(var i=0;i<checkbox.length;i++)
                        checkbox[i].checked = true;
                }
            }else{
                if(tp){
                    var checkbox = tp.getElementsByTagName('input');
                    for(var i=0;i<checkbox.length;i++)
                        checkbox[i].checked = false;
                }
            }
            parcheck(target,sibcheck(target));//当孩子节点取消选中的时候调用该方法
                                       //递归其父节点的checkbox，逐一取消选中
            break;
        }
    });
window.onload = function(){ //页面加载时给有孩子节点的元素动态添加图标
var labels = document.getElementById('menu_zzjs_net')
  .getElementsByTagName('label');
for(var i=0;i<labels.length;i++){
    var span = document.createElement('span');
    span.style.cssText ='display:inline-block;height:18px;
      vertical-align:middle;width:16px;cursor:pointer;';
    span.innerHTML = ' '
    span.className = 'add';
    if(nextnode(labels[i].nextSibling)&&nextnode(labels[i].nextSibling)
      .nodeName == 'UL')
        labels[i].parentNode.insertBefore(span,labels[i]);
    else
        labels[i].className = 'rem'
    }
}
</script>
```

在 IE 9.0 中浏览，效果如图 17-33 所示，可以看到无序列表在页面上显示，使用鼠标单击，可以展开或关闭相应的选项，但其样式非常难看。

图 17-33　实现鼠标单击事件

step 04 添加 CSS 代码，修饰列表选项：

```
<style type="text/css">
```

```
body{margin:0;padding:0;font:12px/1.5 Tahoma,Helvetica,Arial,sans-serif;}
ul,li,{margin:0;padding:0;}
ul{list-style:none;}
#menu_zzjs_net{margin:10px;width:200px;overflow:hidden;}
#menu_zzjs_net li{line-height:25px;}
#menu_zzjs_net .rem{padding-left:16px;}
#menu_zzjs_net .add{background:url() -4px -31px no-repeat;}
#menu_zzjs_net .ren{background:url() -4px -7px no-repeat;}
#menu_zzjs_net li a{color:#666666;padding-left:5px;
  outline:none;blr:expression(this.onFocus=this.blur());}
#menu_zzjs_net li input{vertical-align:middle;margin-left:5px;}
#menu_zzjs_net .two{padding-left:20px;display:none;}
</style>
```

在 IE 9.0 中浏览，效果如图 17-34 所示，可以看到，与原来相比，样式变得非常漂亮。

图 17-34 最终效果

17.7 上机练习——制作滚动的菜单

本例将结合前面学习的内容，创建一个向上滚动的菜单。具体步骤如下。

step 01 分析需求。

实现菜单自动从下到上滚动，需要把握两个元素，一个是使用 JS 实现要滚动的菜单，即导航栏，另一个是使用 JS 控制菜单移动方向。

本例完成后，效果如图 17-35 所示。

step 02 构建 HTML 页面：

```
<!DOCTYPE html>

<html>
<head>
<title>向上滚动的菜单</title>
</head>
<body bgcolor="#FFFFFF" text="#000000">
</body>
</html>
```

上面的代码比较简单，只是实现了一个空白页面，页面背景色为白色，前景色为黑色。在 IE 9.0 中浏览，效果如图 17-36 所示，可以看到，显示了一个空白页面。

图 17-35 菜单滚动　　　　　　　　图 17-36 空白 HTML 页面

step 03 加入 JavaScript 代码，实现菜单滚动：

```javascript
<script language=javascript>
<!--
var index = 9
link = new Array(8);
link[0] ='time1.htm'
link[1] ='time2.htm'
link[2] ='time3.htm'
link[3] ='time1.htm'
link[4] ='time2.htm'
link[5] ='time3.htm'
link[6] ='time1.htm'
link[7] ='time2.htm'
link[8] ='time3.htm'
text = new Array(8);
text[0] ='首页'
text[1] ='产品天地'
text[2] ='关于我们'
text[3] ='资讯动态'
text[4] ='服务支持'
text[5] ='会员中心'
text[6] ='网上商城'
text[7] ='官方微博'
text[8] ='企业文化'
document.write("<marquee scrollamount='1' scrolldelay='100'
  direction='up' width='150' height='150'>");
for (i=0; i<index; i++)
{
    document.write(
      " <img src='dian3.gif' width='12' height='12'><a href="
        + link[i] + " target='_blank'>");
    document.write(text[i] + "</A><br>");
}
document.write("</marquee>")
// -->
</script>
```

上面的代码创建了两个数组对象 link 和 text，用来存放菜单链接对象和菜单内容，然后在 JS 代码中，使用<marquee>定义页面在垂直方向上移动。

在 IE 9.0 中浏览，效果如图 17-37 所示，可以看到，页面左侧有一个菜单，自下向上自由地移动。

图 17-37　最终效果

17.8　专　家　答　疑

疑问 1：JS 中 innerHTML 与 innerText 的用法与区别？

假设现在有个 DIV 层，如下所示：

```
<div id="test">
  <span style="color:red">test1</span> test2
</div>
```

innerText 属性表示从起始位置到终止位置的内容，但它去除 HTML 标签。例如上面示例的 innerText 的值也就是 "test1 test2"，其中 span 标签去除了。

innerHTML 属性除了全部内容外，还包含对象标签本身。上面示例中的 text.outerHTML 的值也就是<div id="test">test1 test2</div>。

疑问 2：JS 如何控制换行？

无论使用哪种引号创建字符串，字符串中间不能包含强制换行符。
例如，下面这样是错误的：

```
var temp='<h2 class="a">A list</h2>
        <ol>
        </ol>';
```

正确写法是使用反斜杠来转义换行符：

```
var temp='<h2 class="a">A list</h2>\
<ol>\
</ol>'
```

第 18 章
CSS 与 XML 的综合运用

　　XML 是一种标准化的文本格式，可以在 Web 上表示结构化信息，利用它，可以存储有复杂结构的数据信息。XML 是 HTML 的补充，但 XML 并不是 HTML 的替代品。在将来的网页开发中，XML 将被用来描述、存储数据，而 HTML 则是用来格式化和显示数据的。

18.1　XML 语法基础

XML 是标记语言，可支持开发者为 Web 信息设计自己的标记。XML 要比 HTML 强大得多，它不再是固定定义的标记，而是允许定义数量不限的标记来描述文档中的资料，允许嵌套的信息结构。

18.1.1　XML 的基本应用

随着因特网的发展，为了控制网页显示样式，就增加了一些描述如何显现数据的标记，例如<center>、<b>等标记。但随着 HTML 的不断发展，W3C 组织意识到 HTML 存在着一些无法避免的问题：

- 不能解决所有解释数据的问题，例如影音文件或化学公式、音乐符号等其他型态的内容。
- 效能问题，需要下载整份文件，才能开始对文件做搜寻的动作。
- 扩充性、弹性、易读性均不佳。

为了解决以上问题，专家们使用 SGML 精简制作，并依照 HTML 的发展经验，产生出一套使用上规则严谨而又简单的描述数据的语言：XML。

XML(eXtensible Markup Language，可扩展标记语言)是 W3C 推荐参考的通用标记语言，同样也是 SGML 的子类，可以定义自己的一组标记。它具有下面几个特点。

(1)　XML 是一种元标记语言，所谓"元标记语言"就是开发者可以根据自己的需要，定义自己的标记，例如开发者可以定义<book>、<name>标记，任何满足 XML 命名规则的名称都可以作为标记，这就为不同的应用程序的应用打开了大门。

(2)　允许通过使用自定义格式，标识、交换和处理数据库可以理解的数据。

(3)　基于文本的格式，允许开发人员描述结构化数据，并在各种应用之间发送和交换这些数据。

(4)　有助于在服务器之间传输结构化数据。

(5)　XML 使用的是非专有的格式，不受版权、专利、商业秘密或是其他种类的知识产权的限制。XML 的功能是非常强大的，同时对于人类或是计算机程序来说，都容易阅读和编写。因而成为交换语言的首选。网络带给人类的最大好处是信息共享，在不同的计算机之间发送数据，而 XML 是用来告诉我们"数据是什么"的，利用 XML，可以在网络上交换任何一种信息。

【例 18.1】(示例文件 ch18\18.1.xml)

```
<?xml version="1.0" encoding="GB2312" ?>
<电器>
    <家用电器>
        <品牌>小天鹅洗衣机</品牌>
        <购买时间>2014-03-015</购买时间>
        <价格 币种="人民币">899 元</价格>
    </家用电器>
```

```
    <家用电器>
        <品牌>海尔冰箱</品牌>
        <购买时间>2014-03-15</购买时间>
        <价格 币种="人民币">3990</价格>
    </家用电器>
</电器>
```

此处需要将文件保存为 **XML** 文件。在该文件中，每个标记是用汉语编写的，是自定义标记。整个电器可以看作是一个对象，该对象包含了多个家用电器，家用电器是用来存储电器的相关信息的，也可以说，家用电器对象是一种数据结构模型。在页面中没有对哪个数据的样式进行修饰，而只告诉我们数据结构是什么，数据是什么。

在 IE 9.0 中浏览，效果如图 18-1 所示，可以看到，整个页面以树形结构显示，通过单击"-"，可以关闭整个树形结构，而单击"+"可以展开树形结构。

图 18-1　XML 文件显示

18.1.2　XML 文档的组成和声明

一个完整的 XML 文档由声明、元素、注释、字符引用和处理指令组成。在文档中，所有这些 XML 文档的组成部分都是通过元素标记来指明的。可以将 XML 文档分为三个部分，如图 18-2 所示。

图 18-2　XML 文档的组成

XML 声明必须作为 XML 文档的第一行，前面不能有空白、注释或其他的处理指令。完整的声明格式如下：

```
<?xml version="1.0" encoding="编码" standalone="yes/no" ?>
```

其中，version 属性不能省略，且必须在属性列表中排在第一位，指明所采用的 XML 的版本号，值为 1.0。该属性用来保证对 XML 未来版本的支持。encoding 属性是可选属性，该属性指定了文档采用的编码方式，即规定了采用哪种字符集对 XML 文档进行字符编码，常用的编码方式为 UTF-8 和 GB2312。如果没有使用 encoding 属性，那么该属性的默认值是 UTF-8，如果 encoding 属性值设置为 GB2312，则文档必须使用 ANSI 编码来保存，文档的标记以及标记内容只可以使用 ASCII 字符和中文。

使用 GB2312 编码的 XML 声明如下：

```
<?xml version="1.0" encoding="GB2312" ?>
```

XML 文档主体必须有根元素。所有的 XML 必须包含可定义根元素的单一标记对。所有其他的元素都必须处于这个根元素内部。所有的元素均可拥有子元素。子元素必须被正确地嵌套于它们的父元素内部。

根标记以及根标记内容共同构成 XML 文档的主体。没有文档主体的 XML 文档将不会被浏览器或其他 XML 处理程序所识别。

注释可以提高文档的阅读性，尽管 XML 解析器通常会忽略文档中的注释，但位置适当且有意义的注释可以大大提高文档的可读性。所以，XML 文档中不用于描述数据的内容都可以包含在注释中，注释以"<!--"开始，以"-->"结束，在起始符和结束符之间为注释内容，注释内容可以输入符合注释规则的任何字符串。

【例 18.2】(示例文件 ch18\18.2.xml)

```
<?xml version="1.0" encoding="gb2312"?>
<!--这是一个优秀学生名单-->
<学生名单>
    <学生>
        <姓名>刘五</姓名>
        <学号>21</学号>
        <性别>男</性别>
    </学生>
    <学生>
        <姓名>张三</姓名>
        <学号>22</学号>
        <性别>女</性别>
    </学生>
</学生名单>
```

上面的代码中，第一句代码是一个 XML 声明。"<学生>"标记是"<学生名单>"标记的子元素，而"<姓名>"标记和"<学号>"标记是"<学生>"的子元素。其中"<!--...-->"是一个注释。

在 IE 9.0 中浏览，效果如图 18-3 所示，可以看到，页面显示了一个树形结构，并且数据层次感非常好。

图 18-3　显示效果

18.1.3　XML 元素介绍

XML 的元素是以树形分层结构排列的，它可以嵌套在其他元素中。

1. 元素类别

在 XML 文档中，元素也分为非空元素和空元素两种类型。一个 XML 非空元素是由开始标记、结束标记以及标记之间的数据构成的。开始标记和结束标记用来描述标记之间的数据。标记之间的数据被认为是元素的值。非空元素的语法结构如下所示：

<开始标记>文本内容</结束标记>

而空元素就是不包含任何内容的元素，即开始标记和结束标记之间没有任何内容的元素。其语法结构如下所示：

<开始标记></结束标记>

可以把元素内容为文本的非空元素转换为空元素。例如，看下面这一行：

<hello>下午好</hello>

这里，<hello>是一个非空元素，如果把非空元素的文本内容转换为空元素的属性，那么转换后的空元素可以写为：

<hello content="下午好"></hello>

2. 元素命名规范

XML 元素命名规则与 Java、C 等命名规则类似，它也是一种对大小写敏感的语言。XML 元素命名必须遵守下列规则：

- 元素名中可以包含字母、数字和其他字符，如<place>、<地点>、<no123>等。元素名中虽然可以包含中文，但是在不支持中文的环境中将不能够解释包含中文字符的 XML 文档。
- 元素名中不能以数字或标点符号开头。例如<123no>、<.name>、<?error>都是非法的元素名称。
- 元素名中不能包含空格，如<no 123>。

3. 元素嵌套

元素的内容可以包含子元素。子元素本身也是元素，被嵌套在上层元素内。如果子元素嵌套了其他元素，那么它同时也是父元素。

例如，看下面所示的部分代码：

```xml
<?xml version="1.0" encoding="gb2312" ?>
<students>
    <student>
        <name>张三</name>
        <age>20</age>
    </student>
    ...
</students>
```

<student>是<students>的子元素，同时也是<name>和<age>的父元素，而<name>和<age>是<student>的子元素。

4. 元素举例

【例18.3】(示例文件 ch18\18.3.xml)

```xml
<?xml version="1.0" encoding="gb2312" ?>
<通信录>
    <!--"记录"标记中包含姓名、地址、电话和电子邮件-->
    <记录 date="2011/2/1">
        <姓名>张三</姓名>
        <地址>河南省郑州市中州大道</地址>
        <电话>0371-12345678</电话>
        <电子邮件>zs@tom.com</电子邮件>
    </记录>
    <记录 date="2014/3/12">
        <姓名>李四</姓名>
        <地址>河北省邯郸市工农大道</地址>
        <电话>13012345678</电话>
    </记录>
    <记录 date="2014/2/23">
        <姓名>王五</姓名>
        <地址>吉林省长春市幸福路</地址>
        <电话>13112345678</电话>
        <电子邮件>wangwu@sina.com</电子邮件>
    </记录>
</通信录>
```

文件代码中，第一行是 XML 声明，它声明该文档是 XML 文档，并给出文档所遵守的版本号以及文档使用的字符编码集。在这个例子中，遵守的是 XML 1.0 版本规范，字符编码是 gb2312 编码方式。<记录>是<通信录>的子标记，但<记录>标记同时是<姓名>和<地址>等标记的父元素。

在 IE 9.0 中浏览，效果如图 18-4 所示，可以看到页面显示了一个树形结构，每个标记中间包含相应的数据。

图 18-4　元素包含

18.2　用 CSS 修饰 XML 文件

我们知道，XML 文档本身只包含数据，而没有关于显示数据样式的信息。如果需要将 XML 文档数据美观地显示出来，而不是以树形结构显示，这时，可以通过 CSS 来控制 XML 文档中各个元素的呈现方式。

18.2.1　XML 使用 CSS

XML 文档数据需要使用 CSS 属性定义显示样式，其方法是把 CSS 代码做成独立文件，然后引入到 XML 中。在 XML 文档中引入样式表 CSS，可以将数据的内容和表示分离出来，并且能够实现 CSS 的重复使用。

XML 文件引用 CSS 文件时，XML 文件中必须使用下面的操作指令：

```
<?xml-stylesheet href="URI" type="text/css"?>
```

这里，xml-stylesheet 表示使用了样式表。样式表的 URI 表示要引入文件所在的路径，如果只是一个文件的名字，该 CSS 文件必须与 XML 文档放在同一个目录的下面；如果 URI 是一个链接，该链接必须是有效的、可访问的，type 表示该文件所属的类型是文本形式的，其内容是 CSS 代码。

【例 18.4】

(示例文件 ch18\18.4.xml)

```
<?xml version="1.0" encoding="GB2312" ?>
<?xml-stylesheet type="text/css" href="18.4.css"?>
<student>
    <name>孙福全</name>
    <sex>男</sex>
    <name>王小玲</name>
    <sex>女</sex>
</student>
```

(示例文件 ch18\18.4.css)

```
student{
    background-color:#ddeecc;
    font-family:"幼圆";
    text-align:center;
    display:block;
}
name{
    font-size:20px;
    color:red;
}
sex{
    font-size:12px;
    font-style:italic;
}
```

CSS 文件中，针对 student、name 和 sex 三个标记，设置了不同的显示样式。例如字体大小、字体颜色、对齐方式等。

在 IE 9.0 中浏览，效果如图 18-5 所示，可以看到 XML 文档不再是以树形结构显示，并且没有标记出现，而只是显示其标记中数据。

图 18-5 XML 引入 CSS 文件

18.2.2 设置字型属性

CSS 3 样式表提供了多种字体属性，使设计者对字体有更详细的设置，从而能够更加丰富页面效果。例如 font-style、font-variant、font-weight、font-size 和 font-family 等属性，这些属性前面已经介绍过了，这里就不再重复。这些字体属性同样可以应用于 XML 文件元素。

【例 18.5】

(示例文件 ch18\18.5.xml)

```
<?xml version="1.0" encoding="gb2312"?>
<?xml-stylesheet href="18.5.css" type="text/css"?>
<company>
    <name>水月网页设计工作室</name>
    <address>郑州市花园路松风大夏</address>
    <phone>13012345678</phone>
</company>
```

(示例文件 ch18\18.5.css)

```
company{
    color:#ddeecc;
```

```
        font:normal small-caps bolder 15pt "幼圆";
        background-color:#123543;
    }
    name{
        font-size:30px;
        display:block;
    }
    address{
        font-size:12px;
        display:block;
    }
    phone{
        font-size:12px;
        font-style:italic;
        display:block;
    }
```

上面的 CSS 代码针对 XML 中的标记进行了字体设置、背景颜色设置和前景色设置。

在 IE 9.0 中浏览，效果如图 18-6 所示，可以看到，网页显示了一个公司介绍信息，其中字体大小不一样，联系方式以斜体显示。

图 18-6　用 CSS 定义 XML 字体属性

18.2.3　设置色彩属性

颜色和背景是网页设计时两个重要的因素，一个颜色搭配协调、背景优美的文档总是能吸引不少的访问者。CSS 的强大表现功能在控制颜色和背景方面同样发挥得淋漓尽致。XML 元素的背景可设置成一种颜色或一幅影像。

CSS 3 中，若需要设置文本颜色，即网页的前景色，通常使用 color 属性；而定义元素背景的相关属性分别为 background-color、background-image、background-repeat、background-attachment、background-position。

这些前面都已经介绍，这里就不再重复了。

【例 18.6】

(示例文件 ch18\18.6.xml)

```
<?xml version="1.0" encoding="GB2312" ?>
<?xml-stylesheet href="18.6.css" type="text/css" ?>
<img>
    插花
</img>
```

(示例文件 ch18\18.6.css)

```
img{
    display:block;
    color:red;
    text-align:center;
    font-size:40px;
    left:50px;
    top:170px;
    background-image:URL("08.jpg");
    background-repeat:no-repeat;
    background-position:left;
}
```

上面的 CSS 代码设置背景以块显示，字体颜色为红色，字体大小为 40 像素，并居中显示。background-image 引入背景图片为 08.jpg，并设置了图片不重复。

在 IE 9.0 中浏览，效果如图 18-7 所示，可以看到，页面背景为一张图片，且不重复，在图片上显示了"插花"两个红色字。

图 18-7　CSS 定义 XML 背景

18.2.4　设置边框属性

在 CSS 3 中，可以使用 border-style、border-width 和 border-color 这三个属性来设定边框。页面元素的边框就是将元素内容及间隙包含在其中的边线，类似于表格的外边线。

页面元素边框包含三个方面来描述：宽度、样式和颜色，这三个方面决定了边框所显示出来的外观。

【例 18.7】

(示例文件 ch18\18.7.xml)

```
<?xml version="1.0" encoding="GB2312" ?>
<?xml-stylesheet href="18.7.css" type="text/css" ?>
<Border>
    <smallBorder>
        学校雷锋好榜样
    </smallBorder>
```

```
</Border>
```

(示例文件 ch18\18.7.css)

```
Border{
    border-style:solid;
    border-width:15px;
    border-color:#123456;
    width:200px;
    height:150px;
    text-align:center;
}
smallBorder{
    font-size:20px;
    color:red;
}
```

在 Border 标记中，设置边框显示样式，例如直线形显示，颜色为深蓝色，宽度为 15 像素，并且设置显示块的宽度为 200 像素，高度为 150 像素，边框内元素居中显示。

在 smallBorder 标记中设置了字体大小和字体颜色。

在 IE 9.0 中浏览，效果如图 18-8 所示，可以看到，页面中显示了一个边框，边框中显示的是红色字体，其内容是"学习雷锋好榜样"。

图 18-8　设置 XML 元素的边框

18.2.5　设置文本属性

在 CSS 3 中，提供了多种文本属性来实现对文本的控制，例如 text-indent 属性、text-align 属性、white-space 属性、line-height 属性、vertical-align 属性、text-transform 属性和 text-decoration 属性。这些前面已经介绍过，这里就不再介绍了。利用上面这些属性，可以控制 XML 元素的显示样式。

【例 18.8】

(示例文件 ch18\18.8.xml)

```
<?xml version="1.0" encoding="gb2312"?>
<?xml-stylesheet type="text/css" href="18.8.css"?>
<big>
    <one>健康</one>
    <two>
        <title>饮茶养生养颜 特殊时期慎饮茶</title>
```

```
        <content>
            金银花，味甘，性寒，具有清热解毒、疏散风热的作用。金银花为清热解毒之良药，既能
清里热，又能散表热，临床上主要用于治疗各种痈肿疮毒、热毒血痢及温热病等。金银花药性偏寒，不
适合长期饮用，仅适合在炎热的夏季暂时饮用以防治痢疾。
        </content>
    </two>
</big>
```

(示例文件 ch18\18.8.css)

```
big{
    width:500px;
    border:#6600FF 1px solid;
    height:200px;
    font-size:12px;
    font-family:"幼圆";
}

one{
    font-size:18px;
    width:500px;
    height:25px;
    line-height:25px;
    text-align:center;
    color:#FF3300;
    margin-top:5px;
    font-weight:800;
    text-decoration:underline;
}

title{
    margin:10px 0 10px 10px;
    display:block;
    color:#0033FF;
    font-size:14px;
    font-weight:800;
    text-align:center;
}

content{
    display:block;
    line-height:20px;
    width:490px;
    margin-left:10px;
    font-weight:800;
    text-indent:2em;
}
```

上面的 CSS 代码分别定义了不同标记的显示样式，例如宽度、高度、边框样式、字体大小、行高和是否带有下划线等。

在 IE 9.0 中浏览，效果如图 18-9 所示，可以看到，页面中显示了一个公告栏，栏中显示了不同颜色的字体，并且段落缩进两个单元格显示。

图 18-9　修饰 XML 文本

18.3　综合示例 1——招聘广告

CSS 3 结合 XML 文档，可以创建出多种多样的样式，例如在 HTML 页面中常见的招聘信息。本例将结合前面学习的 XML 和 CSS 知识，创建一个基于 XML 文档的招聘广告。具体步骤如下所示。

step 01　分析需求。

创建一个招聘广告，就文件而言包括两大部分，一个 XML 文档，一个 CSS 文件。XML文档需要包含招聘标题、招聘内容和联系方式，而 CSS 文件需要针对 XML 文档标记进行样式修饰。本例完成后，实际效果如图 18-10 所示。

图 18-10　招聘广告

step 02　构建 XML 文档：

```
<?xml version="1.0" encoding="GB2312" ?>
<?xml-stylesheet href="18.9.css" type="text/css" ?>
<zhaopin>
    <title>
        招聘广告
    </title>
    <content>
        因公司发展需要，现诚聘软件工程师 3 名。
        要求：具有 Java 基础，了解软件设计模式，熟练掌握 Eclipse 工具使用。
    </content>
    <address>
```

```
        联系方式:13012345678
    </address>
</zhaopin>
```

在 XML 文件中，有一个根标记<zhaopin>，下面包含了三个子标记，分别为<title>标记、<cotent>标记和<address>标记。标记中分别存放着相应的数据。

在 IE 9.0 中浏览，效果如图 18-11 所示，可以看到，页面中显示了一个树形结构，其元素中包含不同的信息。

step 03 添加 CSS 样式文件，修饰整体样式：

```
zhaopin{
    display:block;
    position:absolute;
    top:50px;
    left:50px;
    width:300px;
    height:300px;
    border:2px #ddeecc solid;
    text-align:center;
}
```

上面的代码定义了 zhaopin 元素以块形式显示，绝对定位，坐标为(50,50)，高度和宽度都是 300 像素。

在 IE 9.0 中浏览，效果如图 18-12 所示，可以看到，页面不再以树形结构显示，显示了一个边框，边框内显示的是 XML 文档的数据。

图 18-11　XML 文档显示

图 18-12　定义边框样式

step 04 添加 CSS 样式，修饰标题、内容和地址信息：

```
title{
    font-family:黑体;
    font-varanit:normal;
    font-size:50px;
    color:red;
}
content{
    display:block;
    font-family:"幼圆";
    font-varanit:normal;
    font-size:20px;
    color:blue;
```

```
    text-indent:2em;
    line-height:35px;
}
address{
    position:absolute;
    left:100px;
    top:260px;
    text-align:right;
    font-style:italic;
}
```

在 CSS 文件中，针对上面不同的标记，设置相应的样式，例如修饰字体、定位和块的大小。

在 IE 9.0 中浏览，效果如图 18-13 所示，可以看到，页面边框内，标题以红色字体显示，正文以蓝色字体显示，联系方式以斜体显示。

图 18-13　最终效果

18.4　综合示例 2——图文混排页面

图文搭配布局是页面显示的永恒话题，文字进行介绍，图形进行说明，二者相得益彰，互为补充。本例使用 XML 文档结合 CSS 文件完成图文混搭的布局。具体步骤如下所示。

step 01　分析需求。

将图形和文字放在一起进行布局，需要将图形放在一个指定位置显示，最好定义其显示大小，文字可以环绕图片，也可以放在一侧显示。本例完成后，效果如图 18-14 所示。

step 02　构建 XML 文档：

```
<?xml version="1.0" encoding="gb2312"?>
<?xml-stylesheet type="text/css" href="18.10.css"?>
<xinwen>
    <content>
        <right>
            <img></img>
            九典寿星口服液 三大服务保长寿
            <br />
            专家：立秋进补应适度缺啥补啥最重要
            <br />
```

```
                养生：起床后 5 个坏现象  说明你越来越老
                <br/>
            </right>
        ·国内 | 猪肉价格连续两周出现下跌  媒体称是"假摔"
        <br />
        ·财经 | 沪指午盘跌近百点挫 3.68%  大盘跌回一年前
        <br />
        ·互联网 | 网络借贷平台频现危机
        <br />
        ·体育 |世界女排大奖赛首站  中国队一胜二负列第三
        <br />
        ·娱乐 | 打工妹卖房拍电影自己当主角  遭亲友泼冷水 (图)
        <br />
        ·女人 | 阻击紫外线  彻查身体防晒死角
    </content>
</xinwen>
```

在 XML 文件中，首先定义了根标记 xinwen，然后定义了 content 标记，content 标记中包含了 right、img 和 br 标记。

在 IE 9.0 中浏览，效果如图 18-15 所示，可以看到页面中显示了一个树形结构，其元素中包含了不同的文本数据。

图 18-14　图文混排　　　　　　　　图 18-15　图文混排树形结构

step 03 添加 CSS 样式，修饰 xinwen、br 和 content 元素：

```
xinwen{
    width:400px;
    font-size:12px;
    font-family:"宋体";
    margin:0 auto 0 auto;
}
br{
    display:block;
}
content{
    width:350px;
    border:#CC6600 1px solid;
```

```
    float:left;
    line-height:25px;
    margin-left:10px;
    background-color:#ddeecc;
}
```

在 CSS 文件中，创建了不同的标记选择器，针对 XML 文件标记进行修饰。基本都是设置字体、边框、定位和背景属性。

需要说的是，由于使用了 XML 文档，所有
标记不能像在 HTML 里那样实现换行的效果，这里需要为 br 定义 CSS 样式，才能实现正文里的换行效果。

在 IE 9.0 中浏览，效果如图 18-16 所示，可以看到页面中显示了黄色边框，边框内显示了相关的列表信息。

step 04 添加 CSS 样式，修饰 img 和 right 元素：

```
img{
    width:115px;
    height:70px;
    background-image:url(003.jpg);
    float:left;
    margin:5px 0 0 5px;
}
right{
    border-bottom:#999999 dotted 2px;
}
```

上面的 CSS 代码定义了 img 元素的显示样式，例如宽度、高度、背景图片、左浮动和外边距距离等。

在 IE 9.0 中浏览，效果如图 18-17 所示，可以看到，页面边框内显示了一张图片。

图 18-16　修饰指定标记

图 18-17　最终效果

18.5　上机练习——古诗欣赏

在一些古典风格的网站中，往往有很多漂亮的古诗页面，用来展现诗歌。本例将模拟这种效果。具体步骤如下所示。

step 01 分析需求。

如果要对古诗内容进行展示，需要通过绝对定位的方法，为 XML 文档的段落文字排版。同样也可以导入一个漂亮的背景，配合文字展示。本例完成后，效果如图 18-18 所示。

step 02　创建 XML 文档：

```
<?xml version="1.0" encoding="gb2312"?>
<?xml-stylesheet type="text/css" href="18.11.css"?>
<qiu>
    <title>立秋</title>
    <author>宋　刘翰 </author>
    <content>
        乳鸦啼散玉屏空，一枕新凉一扇风。<br/>
        睡起秋色无觅处，满阶梧桐月明中 。<br/>
    </content>
</qiu>
```

创建 XML 文档，文档内容非常简单，创建了一个根标记 qiu，及其子标记 title、author 和 content。xml-stylesheet 表示引入一个 CSS 文件。在 IE 9.0 中浏览，效果如图 18-19 所示，可以看到，页面显示了一个树形结构。

图 18-18　古诗欣赏

图 18-19　古诗的树形结构

step 03　创建 CSS 文件，修饰 qiu 元素：

```
qiu{
    margin:0px;
    background:url(lan.jpg) no-repeat;  /*添加背景图片 */
    width:460px;
    height:320px;
    position:absolute;  /* 绝对定位 */
}
```

上面的代码定义了 qiu 标记的显示样式，例如外边距、背景图片、宽度、高度和绝对定位。在 IE 9.0 中浏览，效果如图 18-20 所示，可以看到，页面显示一段文字，无任何格式。

step 04　添加 CSS 代码，修饰 title 和 author 元素：

```
title{
    font-size:30px;
    color:green;
    position:absolute;
    left:140px;
```

```
    top:20px;
}
author{
    font-size:18px;
    color:#4f2b00;
    position;absolute;
    left:160px;
    top:50px;
}
```

上面的 CSS 代码定义了 title 标记的显示样式，例如字体大小、颜色、绝对定位和坐标位置；定义了 author 标记的显示样式，例如字体大小、字体颜色、绝对定位和坐标位置。

在 IE 9.0 中浏览，效果如图 18-21 所示，可以看到，页面中，在指定位置显示了标题和作者信息。

图 18-20　定义背景

图 18-21　定义标题和作者信息

step 05　添加 CSS 代码，来修饰 cotent 元素：

```
content{
    position:absolute;  /* 绝对定位 */
    font-size:24px;
    line-height:30px;  /* 行间距 */
    left:40px;
    top:70px;
    font-family:"幼圆";
}

br{
    display:block;   /* 让诗句分行显示 */
}
```

在 CSS 文件中，定义了 content 元素的显示样式，例如字体大小、行高、坐标位置等。这里的
标记也是起到了换行作用，当将标记的 display 属性定义为 block 块时，可以起到换行的效果。

在 IE 9.0 中浏览，效果如图 18-22 所示，可以看到，页面在指定位置显示了古诗，并且标题颜色为绿色，作者文字的颜色为黄色。

图 18-22   最终效果

18.6   专 家 答 疑

疑问 1：背景色和背景图片放在一起定义好吗？

在设定背景图片时，最好同时也设定背景色，这样，当背景图片因某种原因无法正常显示时，可以使用背景色来代替。当然，如果正常显示，背景图片会覆盖背景色的。

疑问 2：XML 和 HTML 文件有什么相同和不同？

HTML 和 XML 都是从 SGML 发展而来的标记语言，因此，它们有些共同点，如相似的语法和标记。不过 HTML 是在 SGML 定义下的一个描述性语言，只是一个 SGML 的应用。而 XML 是 SGML 的一个简化版本，是 SGML 的一个子集。

XML 是用来存放数据的，XML 不是 HTML 的替代品，XML 和 HTML 是两种不同用途的语言。XML 是被设计用来描述数据的。HTML 只是一种显示数据的标记语言。

第 19 章
CSS 与 Ajax 的综合应用

Ajax 是目前很新的一项网络技术。确切地说，Ajax 不是一项技术，而是一种用于创建更好、更快以及交互性更强的 Web 应用程序的技术组合。它能使浏览器为用户提供更为自然的浏览体验，就像在使用桌面应用程序一样。

19.1 Ajax 概述

Ajax 是一项很有生命力的技术，它的出现引发了 Web 应用的新革命。目前，网络上的许多站点中，使用 Ajax 技术的还非常有限，但是，可以预见，在不远的将来，Ajax 技术会成为整个网络的主流。

19.1.1 什么是 Ajax

Ajax 的全称为 Asynchronous JavaScript And XML，是一种 Web 应用程序客户机技术，它结合了 JavaScript、层叠样式表(Cascading Style Sheets，CSS)、HTML、XMLHttpRequest 对象和文档对象模型(Document Object Model，DOM)多种技术。运行在浏览器上的 Ajax 网页应用程序以一种异步的方式与 Web 服务器通信，并且只更新页面的一部分。通过利用 Ajax 技术，可以提供丰富的、基于浏览器的用户体验。

Ajax 让开发者在浏览器端更新被显示的 HTML 内容而不必刷新页面。换句话说，Ajax 可以使基于浏览器的应用程序更具交互性，而且更类似传统型桌面应用程序。Google 的 Gmail 和 Outlook Express 就是两个使用 Ajax 技术的例子。而且，Ajax 可以用于任何客户端脚本语言中，这包括 JavaScript、JScript 和 VBScript。

下面给出一个简单的例子，来具体了解一下什么是 Ajax。

【例 19.1】(示例文件 ch19\19.1.html)

本例从一个简单的角度入手，实现客户端与服务器异步通信，获取"你好，Ajax"的数据，并在不刷新页面的情况下将获得的"你好，Ajax"数据显示到页面上。

具体的步骤如下。

`step 01` 使用记事本创建 HelloAjax.jsp 文件。代码如下：

```jsp
<%@ page language="java" pageEncoding="gb2312"%>
<html>
  <head>
    <title>第一个 Ajax 实例</title>
    <style type="text/css">
     <!--
      body {
           background-image: url(images/img.jpg);
      }
     -->
    </style>
  </head>
<script type="text/javascript">
 ... //省略了 script 代码
</script>
<body><br>
  <center>
     <button onclick="hello()">Ajax</button>
     <P id="p">
          单击按钮后你会有惊奇的发现哟！
     </P>
```

```
    </center>
  </body>
</html>
```

JavaScript 代码嵌入在标签<script></script>之内，这里定义了一个 hello()函数，这个函数是通过一个按钮来驱动的。

step 02 在步骤 1 省略的代码部分创建 XMLHttpRequest 对象，创建完成后把此对象赋值给 xmlHttp 变量。为了获得多种浏览器支持，应使用 createXMLHttpRequest()函数，试着为多种浏览器创建 XmlHttpRequest 对象，代码如下：

```
var xmlHttp = false;
function createXMLHttpRequest()
{
    if (window.ActiveXObject)          //在 IE 浏览器中创建 XMLHttpRequest 对象
    {
        try{
            xmlHttp = new ActiveXObject("Msxml2.XMLHTTP");
        }
        catch(e){
            try{
                xmlHttp = new ActiveXObject("Microsoft.XMLHTTP");
            }
            catch(ee){
                xmlHttp = false;
            }
        }
    }
    else if (window.XMLHttpRequest)    //在非 IE 浏览器中创建 XMLHttpRequest 对象
    {
        try{
            xmlHttp = new XMLHttpRequest();
        }
        catch(e){
            xmlHttp = false;
        }
    }
}
```

step 03 在步骤 1 省略的代码部分再定义 hello()函数，hello()函数为要与之通信的服务器资源创建一个 URL，代码如下：

```
function hello()
{
    createXMLHttpRequest();    //调用创建 XMLHttpRequest 对象的方法
    xmlHttp.onreadystatechange = callback;   //设置回调函数
    xmlHttp.open(
        "post","HelloAjaxDo.jsp",true); //向服务器端 HelloAjaxDo.jsp 发送异步请求
    xmlHttp.setRequestHeader("Content-Type",
        "application/x-www-form-urlencoded;charset=gb2312");
    xmlHttp.send(null);
    function callback()
    {
        if(xmlHttp.readyState==4)
```

```
    {
        if(xmlHttp.status==200)
        {
            var data= xmlHttp.responseText;
            var pNode=document.getElementById("p");
            pNode.innerHTML=data;
        }
    }
}
}
```

> **提示**　函数 callback()是回调函数，它首先检查 XMLHttpRequest 对象的整体状态以保证它已经完成(readyStatus==4)，然后根据服务器的设定询问请求状态。如果一切正常(status==200)，就使用 "var data = xmlHttp.responseText;" 取得返回的数据，用 innerHTML 属性重写 DOM 的 pNode 节点的内容。

JavaScript 的变量类型使用的是弱类型，都使用 var 来声明。document 对象就是文档对应的 DOM 树。通过 "document.getElementById("p");" 可以通一个标签的 id 值来取得此标签的一个引用(树的节点)；"pNode.innerHTML=str;" 为节点添加内容，这样是覆盖了节点的原有内容，如果不想覆盖，可以使用 "pNode.innerHTML+=str;" 来追加内容。

step 04 通过步骤 3，可以知道要异步请求的是 HelloAjaxDo.jsp，下面需要创建此文件，代码如下：

```
<%@ page language="java" pageEncoding="gb2312"%>
<%
    out.println("你好，Ajax");
%>
```

step 05 将上述文件保存在 Ajax 站点下，启动 Tomcat 服务器，打开浏览器，在地址栏输入 "http://localhost:8080/Ajax/HelloAjax.jsp"，单击 "转到" 按钮，看到的结果如图 19-1 所示。

step 06 单击 Ajax 按钮，发现产生了变化，如图 19-2 所示。注意按钮下内容的变化，这个变化没有看到刷新页面的过程。

图 19-1　会变的页面

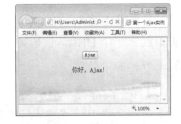

图 19-2　动态改变页面

19.1.2　Ajax 的关键元素

Ajax 不是单一的技术，而是 4 种技术的集合，要灵活地运用 Ajax，必须深入了解这些不同的技术，表 19-1 中列出了这些技术，以及它们在 Ajax 中所扮演的角色。

表 19-1　Ajax 涉及的技术

技　术	说　明
JavaScript	JavaScript 是通用的脚本语言，用来嵌入在各种应用之中。Web 浏览器中嵌入的 JavaScript 解释器允许通过程序与浏览器的很多内建功能进行交互。Ajax 应用程序是使用 JavaScript 编写的
CSS	CSS 为 Web 页面元素提供了一种可重用的可视化样式的定义方法。它提供了简单而又强大的方法，以一致的方式定义和使用可视化样式。在 Ajax 应用中，用户界面的样式可以通过 CSS 独立修改
DOM	DOM 以一组可以使用 JavaScript 操作的可编程对象展现出 Web 页面的结构。通过使用脚本修改 DOM，Ajax 应用程序可以在运行时改变用户界面，或者高效地重绘页面中的某个部分
XMLHttpRequest 对象	XMLHttpRequest 对象允许 Web 程序员从 Web 服务器以后台活动的方式获取数据。数据格式通常是 XML，但是也可以很好地支持任何基于文本的数据格式

Ajax 的 4 种技术中，CSS、DOM 和 JavaScript 都是很早就出现了的技术，它们以前结合在一起，称为动态 HTML，即 DHTML。

Ajax 的核心是 JavaScript 对象 XmlHttpRequest。该对象在 Internet Explorer 5 中首次引入，它是一种支持异步请求的技术。简而言之，XmlHttpRequest 使我们可以使用 JavaScript 向服务器提出请求并处理响应，而不阻塞用户。

19.1.3　CSS 在 Ajax 应用中的地位

CSS 在 Ajax 中主要用于美化网页，是 Ajax 的美术师。无论 Ajax 的核心技术采用什么形式，任何时候显示在用户面前的都是一个页面，是页面就需要美化，那么就需要 CSS 对显示在用户浏览器上的界面进行美化。

如果用户在浏览器中查看页面的源代码，就可以看到众多的<div>块以及 CSS 属性占据了源代码的很多部分，如图 19-3 所示。从这一点足以见得 CSS 在页面美化方面的重要性了。

图 19-3　源文件中的 CSS 代码

19.2　Ajax 快速入门

Ajax 作为一个新技术，结合了 4 种不同的技术，实现了客户端与服务器端的异步通信，并且对页面可实现局部更新，大大提高了浏览器的速度。

19.2.1　全面剖析 XMLHttpRequest 对象

XMLHttpRequest 对象是当今所有 Ajax 和 Web 2.0 应用程序的技术基础。尽管软件经销商和开源社团现在都在提供各种 Ajax 框架以进一步简化 XMLHttpRequest 对象的使用，但是，我们仍然很有必要理解这个对象的详细工作机制。

1．XMLHttpRequest 概述

Ajax 利用一个构建到所有现代浏览器内部的对象 XMLHttpRequest 来实现发送和接收 HTTP 请求与响应信息。一个经由 XMLHttpRequest 对象发送的 HTTP 请求并不要求页面中拥有或回寄一个<form>元素。

微软 Internet Explorer (IE) 5 中作为一个 ActiveX 对象形式引入了 XMLHttpRequest 对象。其他认识到这一对象重要性的浏览器制造商也都纷纷在他们的浏览器内实现了 XMLHttpRequest 对象，但是作为一个本地 JavaScript 对象，而不是作为一个 ActiveX 对象实现。

后来，在认识到实现这一类型的价值以及安全性特征之后，微软又在其 IE 7 中，把 XMLHttpRequest 实现为一个窗口对象属性。幸运的是，尽管其实现细节不同，但是，所有的浏览器实现都具有类似的功能，并且实质上是相同方法。目前，W3C 组织正在努力进行 XMLHttpRequest 对象的标准化。

2．XMLHttpRequest 对象的属性和事件

XMLHttpRequest 对象公开各种属性、方法和事件，以便于使用脚本处理和控制 HTTP 请求和响应。下面进行详细的讨论。

(1) readyState 属性

当 XMLHttpRequest 对象把一个 HTTP 请求发送到服务器时，将经历若干种状态，一直等待，直到请求被处理；然后，它才接收一个响应。这样一来，脚本才能正确地响应各种状态，XMLHttpRequest 对象公开了描述对象当前状态的 readyState 属性，如表 19-2 所示。

表 19-2　XMLHttpRequest 对象的 ReadyState 属性

ReadyState 取值	描　　述
0	描述一种"未初始化"状态；此时已经创建了一个 XMLHttpRequest 对象，但是还没有初始化
1	调用了 open()方法并且 XMLHttpRequest 已经准备好把一个请求发送到服务器
2	描述一种"发送"状态；此时，已经通过 send()方法把一个请求发送到服务器端，但是还没有收到一个响应

续表

ReadyState 取值	描 述
3	描述一种"正在接收"的状态；此时，已经接收到 HTTP 响应头部信息，但是消息体部分还没有完全接收结束
4	描述一种"已加载"状态；此时，响应已经被完全接收

(2) onreadystatechange 属性

无论 readyState 值何时发生改变，XMLHttpRequest 对象都会激发一个 readystatechange 事件。其中，onreadystatechange 属性接收一个 EventListener 值，该值向该方法指示无论 readyState 值何时发生改变，该对象都将激活。

(3) responseText 属性

这个 responseText 属性包含客户端接收到的 HTTP 响应的文本内容。当 readyState 值为 0、1 或 2 时，responseText 包含一个空字符串。当 readyState 值为 3(正在接收)时，响应中包含客户端还未完成的响应信息。当 readyState 为 4(已加载)时，该 responseText 包含完整的响应信息。

(4) responseXML 属性

responseXML 属性用于当接收到完整的 HTTP 响应时描述 XML 响应；此时，Content-Type 头部指定 MIME(媒体)类型为 text/xml、application/xml，或以+xml 结尾。如果 Content-Type 头部并不包含这些媒体类型之一，那么 responseXML 的值为 null。无论何时，只要 readyState 值不为 4，那么该 responseXML 的值也为 null。

其实，这个 responseXML 属性值是一个文档接口类型的对象，用来描述被分析的文档。如果文档不能被分析(例如，如果文档不是良构的，或不支持文档相应的字符编码)，那么 responseXML 的值将为 null。

(5) status 属性

status 属性描述了 HTTP 状态代码，而且其类型为 short。而且，仅当 readyState 值为 3(正在接收中)或 4(已加载)时，这个 status 属性才可用。当 readyState 的值小于 3 时，试图存取 status 的值将引发一个异常。

(6) statusText 属性

statusText 属性描述了 HTTP 状态代码文本；并且仅当 readyState 值为 3 或 4 时才可用。当 readyState 为其他值时，试图存取 statusText 属性将引发一个异常。

3. 创建 XMLHttpRequest 对象的方法

XMLHttpRequest 对象提供了各种方法，用于初始化和处理 HTTP 请求，下面详细介绍。

(1) abort()方法

用户可以使用 abort()方法来暂停与一个 XMLHttpRequest 对象相联系的 HTTP 请求，从而把该对象复位到未初始化状态。

(2) open()方法

用户需要调用 open()方法来初始化一个 XMLHttpRequest 对象。其中，method 参数是必须提供的，用于指定你想用来发送请求的 HTTP 方法。为了把数据发送到服务器，应该使用

POST 方法；为了从服务器端检索数据，应该使用 GET 方法。

(3) send()方法

在通过调用 open()方法准备好一个请求之后，用户需要把该请求发送到服务器。仅当 readyState 值为 1 时，用户才可以调用 send()方法；否则的话，XMLHttpRequest 对象将引发一个异常。

(4) setRequestHeader()方法

该 setRequestHeader()方法用来设置请求的头部信息。当 readyState 值为 1 时，用户可以在调用 open()方法后调用这个方法；否则，将得到一个异常。

(5) getResponseHeader()方法

getResponseHeader()方法用于检索响应的头部值。仅当 readyState 值是 3 或 4(换句话说，在响应头部可用以后)时，才可以调用这个方法；否则，该方法返回一个空字符串。

(6) getAllResponseHeaders()方法

该 getAllResponseHeaders()方法以一个字符串形式返回所有的响应头部(每一个头部占单独的一行)。如果 readyState 的值不是 3 或 4，则该方法返回 null。

19.2.2　发出 Ajax 请求

在 Ajax 中，许多使用 XMLHttpRequest 的请求都是从一个 HTML 事件(例如一个调用 JavaScript 函数的按钮点击(onclick)或一个按键(onkeypress))中被初始化的。Ajax 支持包括表单校验在内的各种应用程序。有时，在填充表单的其他内容之前，要求校验一个唯一的表单域。例如要求使用一个唯一的 UserID 来注册表单。如果不是使用 Ajax 技术来校验这个 UserID 域，那么整个表单都必须被填充和提交。如果该 UserID 不是有效的，这个表单必须被重新提交。例如，一个相应于一个要求必须在服务器端进行校验的 Catalog ID 的表单域可按如下形式指定：

```
<form name="validationForm" action="validateForm" method="post">
<table>
   <tr>
      <td>Catalog Id:</td>
      <td>
         <input type="text" size="20" id="catalogId" name="catalogId"
         autocomplete="off" onkeyup="sendRequest()">
      </td>
      <td><div id="validationMessage"></div></td>
   </tr>
</table>
</form>
```

HTML 使用 validationMessage div 来显示相应于这个输入域 Catalog Id 的一个校验消息。onkeyup 事件调用一个 JavaScript sendRequest()函数。这个 sendRequest()函数创建一个 XMLHttpRequest 对象。创建 XMLHttpRequest 对象的过程因浏览器实现的不同而有所区别。

如果浏览器支持 XMLHttpRequest 对象作为一个窗口属性，那么，代码可以调用 XMLHttpRequest 的构造器。如果浏览器把 XMLHttpRequest 对象实现为一个 ActiveXObject 对象，那么，代码可以使用 ActiveXObject 的构造器。下面的函数将调用一个 init()函数：

```
<script type="text/javascript">
function sendRequest(){
    var xmlHttpReq = init();
    function init(){
        if (window.XMLHttpRequest) {
            return new XMLHttpRequest();
        }
        else if (window.ActiveXObject) {
            return new ActiveXObject("Microsoft.XMLHTTP");
        }
    }
}
</script>
```

接下来，用户需要使用 Open()方法初始化 XMLHttpRequest 对象，从而指定 HTTP 方法和要使用的服务器 URL：

```
var catalogId =
  encodeURIComponent(document.getElementById("catalogId").value);
xmlHttpReq.open("GET", "validateForm?catalogId=" + catalogId, true);
```

默认情况下，使用 XMLHttpRequest 发送的 HTTP 请求是异步进行的，但是用户可以显式地把 async 参数设置为 true。在这种情况下，对 URL validateForm 的调用将激活服务器端的一个 servlet。但是用户应该能够注意到服务器端技术不是根本性的；实际上，该 URL 可能是一个 ASP、ASP.NET 或 PHP 页面或一个 Web 服务，只要该页面能够返回一个响应，指示 CatalogID 值是否有效的即可。因为用户进行异步调用时，需要注册一个 XMLHttpRequest 对象来调用回调事件处理器，当它的 readyState 值改变时调用。记住，readyState 值的改变将会激发一个 readystatechange 事件。这时可以使用 onreadystatechange 属性来注册该回调事件处理器：

```
xmlHttpReq.onreadystatechange = processRequest;
```

然后，需要使用 send()方法发送该请求。因为这个请求使用的是 HTTP GET 方法，所以，用户可以在不指定参数或使用 null 参数的情况下调用 send()方法：

```
xmlHttpReq.send(null);
```

19.2.3　处理服务器响应

在上述示例中，因为 HTTP 方法是 GET，所以在服务器端的接收 Servlet 将调用一个 doGet()方法，该方法将检索在 URL 中指定的 catalogId 参数值，并且从一个数据库中检查它的有效性。

该示例中的 Servlet 需要构造一个发送到客户端的响应；而且，这个示例返回的是 XML 类型，因此，它把响应的 HTTP 内容类型设置为 text/xml 并且把 Cache-Control 头部设置为 no-cache。设置 Cache-Control 头部可以阻止浏览器简单地从缓存中重载页面。

具体的代码如下：

```
public void doGet(HttpServletRequest request, HttpServletResponse response)
 throws ServletException, IOException {
    ...
    ...
    response.setContentType("text/xml");
    response.setHeader("Cache-Control", "no-cache");
}
```

从上述代码中可以看出，来自于服务器端的响应是一个 XML DOM 对象，此对象将创建一个 XML 字符串，其中包含要在客户端进行处理的指令。另外，该 XML 字符串必须有一个根元素。代码如下：

```
out.println("<catalogId>valid</catalogId>");
```

> **注意**　XMLHttpRequest 对象设计的目的是为了处理由普通文本或 XML 组成的响应；但是，如果用户代理支持某种内容类型的话，一个响应也可能是另外一种类型。

当请求状态改变时，XMLHttpRequest 对象调用使用 onreadystatechange 注册的事件处理器。因此，在处理该响应之前，用户的事件处理器应该首先检查 readyState 的值和 HTTP 状态。当请求完成加载(readyState 值为 4)并且响应已经完成(HTTP 状态为"OK")时，用户就可以调用一个 JavaScript 函数来处理该响应内容。下列脚本负责在响应完成时检查相应的值并调用一个 processResponse()方法：

```
function processRequest(){
    if(xmlHttpReq.readyState==4){
        if(xmlHttpReq.status==200){
            processResponse();
        }
    }
}
```

该 processResponse()方法使用 XMLHttpRequest 对象的 responseXML 和 responseText 属性来检索 HTTP 响应。如上面所解释的，仅当在响应的媒体类型是 text/xml、application/xml 或以+xml 结尾时，这个 responseXML 才可用。这个 responseText 属性将以普通文本形式返回响应。对于一个 XML 响应，用户将按如下方式检索内容：

```
var msg = xmlHttpReq.responseXML;
```

借助于存储在 msg 变量中的 XML，用户可以使用 DOM 方法 getElementsByTagName()来检索该元素的值，代码如下：

```
var catalogId =
 msg.getElementsByTagName("catalogId")[0].firstChild.nodeValue;
```

最后，通过更新 Web 页面的 validationMessage div 中的 HTML 内容并借助于 innerHTML 属性，用户可以测试该元素值以创建一个要显示的消息，代码如下：

```
if(catalogId=="valid"){
    var validationMessage = document.getElementById("validationMessage");
    validationMessage.innerHTML = "Catalog Id is Valid";
}
```

```
else
{
    var validationMessage = document.getElementById("validationMessage");
    validationMessage.innerHTML = "Catalog Id is not Valid";
}
```

19.3 综合示例——制作自由拖动的网页

Ajax 综合了各个方面的技术，不但能够加快用户的访问速度，还可以实现各种特效。下面就制作一个自由拖放的网页，来巩固 CSS 与 Ajax 综合使用的知识。

具体的操作步骤如下。

step 01 首先，在 HTML 页面中建立用于存放数据的表格，代码如下：

```
<html>
<head>
<title>能够自由拖动布局区域的网页</title>
</head>
<body>
<table cellspacing="4" width="100%" id="parentTable">
<tr>
    <td width="25%" valgin="top">
        <table class="dragTable" cellspacing="0">
            <tr><td>蜂蜜</td></tr>
            <tr><td>蜂蜜，是昆虫蜜蜂从开花植物的花中采得的花蜜在蜂巢中酿制的蜜。蜜蜂从植
物的花中采取含水量约为 80%的花蜜或分泌物，存入自己第二个胃中，在体内转化酶的作用下经过 30
分钟的发酵，回到蜂巢中吐出，蜂巢内温度经常保持在 35℃左右，经过一段时间，水份蒸发，成为水
分含量少于 20%的蜂蜜，存贮到巢洞中，用蜂蜡密封。</td><tr>
        </table>
        <table class="dragTable" cellspacing="0">
            <tr><td>蜂王浆</td></tr>
            <tr><td>蜂王浆(royal jelly)，又名蜂皇浆、蜂乳，蜂王乳，是蜜蜂巢中培育幼虫
的青年工蜂咽头腺的分泌物，是供给将要变成蜂王的幼虫的食物。蜂王浆是高蛋白，并含有维生素 B 类
和乙酰胆碱等。蜂王浆不能用开水或茶水冲服，并应该低温贮存。</td><tr>
        </table>
    </td>
    <td width="25%">
        <table class="dragTable" cellspacing="0">
            <tr><td>蜂花粉</td></tr>
            <tr><td>蜂花粉是有花植物雄蕊中的雄性生殖细胞，它不仅携带着生命的遗传信息，而
且包含着孕育新生命所必需的全部营养物质，是植物传宗接代的根本，热能的源泉。蜂花粉是由蜜蜂从
植物花中采集的花粉经蜜蜂加工成的花粉团，被誉为"全能的营养食品"、"浓缩的天然药库"、"全
能的营养库"、"内服的化妆品"、"浓缩的氨基酸"等，是"人类天然食品中的瑰宝"。
</td><tr>
        </table>
    </td>
    <td width="25%">
        <table class="dragTable" cellspacing="0">
            <tr><td>蜂毒</td></tr>
            <tr><td>蜂毒是一种透明液体，具有特殊的芳香气味，味苦、呈酸性反应，pH 为 5.0~
5.5，比重为 1.1313。在常温下很快就挥发干燥至原来液体重量的 30%~40%，</td><tr>
        </table>
```

```
    <table class="dragTable" cellspacing="0">
        <tr><td>蜂胶</td></tr>
        <tr><td>蜂胶是蜜蜂从植物芽孢或树干上采集的树脂(树胶),混入蜜蜂口器中腺体的分
泌物,再和花粉、蜂蜡加工制成的一种胶状物质,是蜂巢的保护伞。一个5~6万只的蜂群一年只能生
产蜂胶100~150克,被誉为"紫色黄金"</td><tr>
    </table>
    </td>
</tr>
</table>
</body>
</html>
```

使用 IE 9.0 浏览器浏览,效果如图 19-4 所示。

图 19-4 制作基本的页面表格

step 02 为页面添加 Ajax 的 JavaScript 代码,以及 CSS 样式控制,使各个功能模块自由
拖放:

```
<style type="text/css">
<!--
body{
    font-size:12px;
    font-family:Arial, Helvetica, sans-serif;
    margin:0px; padding:0px;
    /*background-color:#ffffd5;*/
    background-color:#e6ffda;
}
.dragTable{
    font-size:12px;
    /*border:1px solid #003a82;*/
    border:1px solid #206100;
    margin-bottom:5px;
    width:100%;
    /*background-color:#cfe5ff;*/
    background-color:#c9ffaf;
}
td{
    padding:3px 2px 3px 2px;
    vertical-align:top;
```

```
}
.dragTR{
    cursor:move;
    /*color:#FFFFFF;
    background-color:#0073ff;*/
    color:#ffff00;
    background-color:#3cb500;
    height:20px;
    font-weight:bold;
    font-size:14px;
    font-family:Arial, Helvetica, sans-serif;
}
#parentTable{
    border-collapse:collapse;
}
-->
</style>
<script language="javascript" defer="defer">
var Drag={
    dragged:false,
    ao:null,
    tdiv:null,
    dragStart:function(){
        Drag.ao=event.srcElement;
        if((Drag.ao.tagName=="TD")||(Drag.ao.tagName=="TR")){
            Drag.ao=Drag.ao.offsetParent;
            Drag.ao.style.zIndex=100;
        }else
            return;
        Drag.dragged=true;
        Drag.tdiv=document.createElement("div");
        Drag.tdiv.innerHTML=Drag.ao.outerHTML;
        Drag.ao.style.border="1px dashed red";
        Drag.tdiv.style.display="block";
        Drag.tdiv.style.position="absolute";
        Drag.tdiv.style.filter="alpha(opacity=70)";
        Drag.tdiv.style.cursor="move";
        Drag.tdiv.style.border="1px solid #000000";
        Drag.tdiv.style.width=Drag.ao.offsetWidth;
        Drag.tdiv.style.height=Drag.ao.offsetHeight;
        Drag.tdiv.style.top=Drag.getInfo(Drag.ao).top;
        Drag.tdiv.style.left=Drag.getInfo(Drag.ao).left;
        document.body.appendChild(Drag.tdiv);
        Drag.lastX=event.clientX;
        Drag.lastY=event.clientY;
        Drag.lastLeft=Drag.tdiv.style.left;
        Drag.lastTop=Drag.tdiv.style.top;
    },
    draging:function(){//判断 MOUSE 的位置
        if(!Drag.dragged||Drag.ao==null)return;
        var tX=event.clientX;
        var tY=event.clientY;
        Drag.tdiv.style.left=parseInt(Drag.lastLeft)+tX-Drag.lastX;
        Drag.tdiv.style.top=parseInt(Drag.lastTop)+tY-Drag.lastY;
```

```
        for(var i=0;i<parentTable.cells.length;i++){
            var parentCell=Drag.getInfo(parentTable.cells[i]);
            if(tX>=parentCell.left&&tX<=parentCell.right&&tY>=parentCell.top
              && tY<=parentCell.bottom){
                var subTables=parentTable.cells[i]
                  .getElementsByTagName("table");
                if(subTables.length==0){
                    if(tX>=parentCell.left&&tX<=parentCell.right
                      && tY>=parentCell.top&&tY<=parentCell.bottom){
                        parentTable.cells[i].appendChild(Drag.ao);
                    }
                    break;
                }
                for(var j=0;j<subTables.length;j++){
                    var subTable=Drag.getInfo(subTables[j]);
                    if(tX>=subTable.left&&tX<=subTable.right&&tY>=subTable.top
                      &&tY<=subTable.bottom){
                        parentTable.cells[i].insertBefore(Drag.ao,subTables[j]);
                        break;
                    }else{
                        parentTable.cells[i].appendChild(Drag.ao);
                    }
                }
            }
        }
    },
    dragEnd:function(){
        if(!Drag.dragged)
            return;
        Drag.dragged=false;
        Drag.mm=Drag.repos(150,15);
        Drag.ao.style.borderWidth="0px";
        //Drag.ao.style.border="1px solid #003a82";
        Drag.ao.style.border="1px solid #206100";
        Drag.tdiv.style.borderWidth="0px";
        Drag.ao.style.zIndex=1;
    },
    getInfo:function(o){//取得坐标
        var to=new Object();
        to.left=to.right=to.top=to.bottom=0;
        var twidth=o.offsetWidth;
        var theight=o.offsetHeight;
        while(o!=document.body){
            to.left+=o.offsetLeft;
            to.top+=o.offsetTop;
            o=o.offsetParent;
        }
        to.right=to.left+twidth;
        to.bottom=to.top+theight;
        return to;
    },
    repos:function(aa,ab){
        var f=Drag.tdiv.filters.alpha.opacity;
        var tl=parseInt(Drag.getInfo(Drag.tdiv).left);
```

```
        var tt=parseInt(Drag.getInfo(Drag.tdiv).top);
        var kl=(tl-Drag.getInfo(Drag.ao).left)/ab;
        var kt=(tt-Drag.getInfo(Drag.ao).top)/ab;
        var kf=f/ab;
        return setInterval(function(){
            if(ab<1){
                clearInterval(Drag.mm);
                Drag.tdiv.removeNode(true);
                Drag.ao=null;
                return;
            }
            ab--;
            tl-=kl;
            tt-=kt;
            f-=kf;
            Drag.tdiv.style.left=parseInt(tl)+"px";
            Drag.tdiv.style.top=parseInt(tt)+"px";
            Drag.tdiv.filters.alpha.opacity=f;
        }
        ,aa/ab)
    },
    inint:function(){
        for(var i=0;i<parentTable.cells.length;i++){
            var subTables=parentTable.cells[i].getElementsByTagName("table");
            for(var j=0;j<subTables.length;j++){
                if(subTables[j].className!="dragTable")
                    break;
                subTables[j].rows[0].className="dragTR";
                subTables[j].rows[0]
                    .attachEvent("onmousedown",Drag.dragStart);
            }
        }
        document.onmousemove=Drag.draging;
        document.onmouseup=Drag.dragEnd;
    }
}
Drag.inint();
</script>
```

使用 IE 9.0 浏览器浏览，效果如图 19-5 所示。

图 19-5 自由拖放布局区域

19.4　上机练习——制作加载条

加载条的显示效果是，当打开网页时，页面中的黄色加载条位于初始位置，然后进度条慢慢增长，同时，会在进度条上显示相应的百分比数。

首先创建 HTML 页面。具体的代码如下：

```
<!DOCTYPE html>
<head>
<title>加载条</title>
<head>
<body>
    <div class="load_">
        <p style="width:1%;" id="load_"></p>
        正在载入，请稍候...
    </div>
</body>
</html>
```

上述代码中搭建了一个 DIV 层，这个 DIV 层是整个网页的容器。

下面引入 CSS 样式。CSS 的具体代码如下：

```
<style type="text/css">
.load { width:200px; height:40px; padding:20px 50px; margin:20px;
 font-size:9pt; background:#eee; }
.load_ p { margin-bottom:8px; height:12px; line-height:12px;
 border:1px solid; border-color:#fff #000 #000 #fff; padding:4px 2px 2px;
 text-align:right; font-size:7pt; font-family:Lucida Sans!important;
 color:#333; background:#ff0; }
</style>
```

在这段代码中定义了加载条的长度、宽度、背景颜色等信息。

最后加入 Ajax 代码，以实现页面的动态效果。具体的代码如下：

```
function $(id,tag){
    if(!tag){return document.getElementById(id);}
    else{return document.getElementById(id).getElementsByTagName(tag);}
}
function loads(obj,s){
    var objw=$(obj).style.width;
    if(objw!="101%"){
        if(!s){var s=0;}
        $(obj).innerHTML=objw;
        $(obj).style.width=s+"%";
        s++;
        setTimeout(function (){loads_(obj,s)},50);
    }
    else{
        $(obj).innerHTML="完毕！！！！";
    }
}
loads("load");
```

至此，就完成了代码的相关设定，然后将文件保存为后缀名为.html 的文件，在 IE 浏览器中预览，效果如图 19-6 所示。

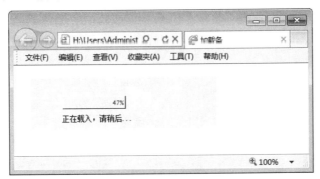

图 19-6　加载条

19.5　专家答疑

疑问 1：在发送 Ajax 请求时，是使用 GET 还是 POST？

与 POST 相比，GET 更简单，也更快，并且在大部分情况下都能用。然而，在以下情况中，请使用 POST 请求：

- 无法使用缓存文件(更新服务器上的文件或数据库)。
- 向服务器发送大量数据(POST 没有数据量限制)。
- 发送包含未知字符的用户输入时，POST 比 GET 更稳定，也更可靠。

疑问 2：在指定 Ajax 的异步参数时，将该参数设置为 True 还是 False？

Ajax 指的是异步 JavaScript 和 XML(Asynchronous JavaScript and XML)。XMLHttpRequest 对象如果要用于 Ajax 的话，其 open()方法的 async 参数必须设置为 true，代码如下：

```
xmlhttp.open("GET","ajax_test.asp",true);
```

对于 Web 开发人员来说，发送异步请求是一个巨大的进步。

很多在服务器执行的任务都相当费时。Ajax 出现之前，这可能会引起应用程序挂起或停止。通过 Ajax，JavaScript 无需等待服务器的响应，而是在等待服务器响应时执行其他脚本，当响应就绪后对响应进行处理。

第 20 章
商业门户类
网站赏析

商业门户类网页类型较多，结合行业的不同，所设计的网页风格差异很大，本章将以一个时尚家居企业为例，完成商业门户网站的制作。通过此章商业门户网站的展示与制作，做到 DIV + CSS 综合运用，掌握整体网站的设计流程和注意事项，为完成其他行业的同类网站打下基础。

20.1 整 体 设 计

本案例是一个商业门户网站的首页，网站风格简约，符合大多数同类网站的布局风格。如图 20-1 所示为本例的效果图。

图 20-1 网页效果图

20.1.1 颜色应用分析

该案例作为商业门户网站，在进行设计时，需要考虑其整体风格，需要注意网站主色调与整体色彩搭配问题。

(1) 网站主色调：企业的形象塑造是非常重要的，所以在设计网页时，要使网页的主色调符合企业的行业特征，本例中，企业为时尚家居，所以整体要体现温馨舒适的主色调，再加上当前提倡绿色环保，所以网页主色调采用了绿色为主的色彩风格。

(2) 整体色彩搭配：主色调定好后，整体色彩搭配就要围绕主色调调整了。其中以深绿渐变的色彩为主。中间主题使用浅绿到米白的渐变，头部和尾部多用深绿，以体现

20.1.2 架构布局分析

从网页整体架构来看，采用的是传统的上中下结构，即网页头部、网页主体和网页底部。网页主体部分又分为纵排的三栏左侧、中间和右侧，中间为主要内容。具体排版架构如图 20-2 所示。

图 20-2 网页架构

网页中间的主体又做了细致划分，分为左右两栏。在实现整个网页布局结构时，使用了 <div>标记，具体布局划分代码如下：

```
/*网页头部*/
<div class="content border_bottom">
</div>
/*网页导航栏*/
<div class="content dgreen-bg">
   <div class="content">
   </div>
</div>
/*网页 banner*/
<div class="content" id="top-adv">
   <img src="img/top-adv.gif" alt="" />
</div>
/*中间主体*/
<div class="content">
   /*主体左侧*/
   <div id="left-nav-bar" class="bg_white">
   </div>
   /*主体右侧*/
   <div id="right-cnt">
   </div>
   /*网页底部*/
   <div id="about" >
      <div class="content">
   </div>
</div>
```

网页的整体结构布局由以上<div>标记控制，并对应设置了 CSS 样式。

20.2　主要模块设计

整个网页的实现是由一个个的模块构成的，在上一节中，已经介绍了这些模块，下面就来详细介绍这些模块的实现方法。

20.2.1　网页整体样式插入

首先，网页设计中需要使用 CSS 样式表来控制整体样式，所以网站可以使用以下代码结构实现页面代码框架和 CSS 样式的插入：

```
<!doctype html>
<html>
<head>
<meta http-equiv="content-type" content="text/html; charset=gb2312" />
<title>时尚家居网店首页</title>
<link href="css/common.css" rel="stylesheet" type="text/css" />
<link href="css/layout.css" rel="stylesheet" type="text/css" />
<link href="css/red.css" rel="stylesheet" type="text/css" />
<script language="javascript" type="text/javascript" ></script>
</head>
<body>
...
</body>
</html>
```

由以上代码可以看出，使用了三个 CSS 样式表，分别是 common.css、layout.css 和 red.css。其中 common.css 是控制网页整体效果的通用样式，另外两个用于控制特定模块内容的样式。下面先来看一下 common.css 样式表中的样式内容。

(1)　网页全局样式：

```
*{
    margin:0;
    padding:0;
}
body{
    text-align:center;
    font:normal 12px "宋体", Verdana, Arial, Helvetica, sans-serif;
}
div,span,p,ul,li,dt,dd,h1,h2,h3,h4,h5,h5,h7{
    text-align:left;
}
img{border:none;}
.clear{
    font-size:1px;
    width:1px;
    height:1px;
    visibility:hidden;
    clear:both;
}
```

```
ul,li{
    list-style-type:none;
}
```

(2) 网页链接样式：

```
a,a:link,a:visited{
    color:#000;
    text-decoration:none;
}
a:hover{
    color:#BC2931;
    text-decoration:underline;
}
.cdred,a.cdred:link,a.cdred:visited{color:#C80000;}
.cwhite,a.cwhite:link,a.cwhite:visited{
    color:#FFF;
    background-color:transparent;
}
.cgray,a.cgray:link,a.cgray:visited{color:#6B6B6B;}
.cblue,a.cblue:link,a.cblue:visited{color:#1F3A87;}
.cred,a.cred:link,a.cred:visited{color:#FF0000;}
.margin-r24px{
    margin-right:24px;
}
```

(3) 网页字体样式：

```
/*字体大小*/
.f12px{font-size:12px;}
.f14px{font-size:14px;}
/* 字体颜色 */
.fgreen{color:green;}
.fred{color:#FF0000;}
.fdred{color:#bc2931;}
.fdblue{color:#344E71;}
.fdblue-1{color:#1c2f57;}
.fgray{color:#999;}
.fblack{color:#000;}
```

(4) 其他样式属性：

```
.txt-left{text-align:left;}
.txt-center{text-align:center;}
.left{text-align:center;}
.right{float:right;}
.hidden{display:none;}
.unline,.unline a{text-decoration:none;}
.noborder{border:none;}
.nobg{background:none;}
```

20.2.2 网页局部的样式

layout.css 和 red.css 样式表用于控制网页中特定内容的样式，每一个网页元素都可能有独立的样式内容，这些样式内容都需要设定自己独有的名称，在样式表中设置完成后，要在网页代码中使用 class 或者 id 属性调用。

(1) layout.css 样式表的内容如下：

```css
#container {
    MARGIN: 0px auto;
    WIDTH: 878px
}
.content {
    MARGIN: 0px  auto;
    WIDTH: 878px;
}
.border_bottom {
    POSITION: relative
}
.border_bottom3 {
    MARGIN-BOTTOM: 5px
}
#logo {
    FLOAT: left;
    MARGIN: 23px 0px 10px 18px;
    WIDTH: 200px;
    HEIGHT: 75px
}
#adv_txt {
    FLOAT: left;
    MARGIN: 75px 0px 0px 5px;
    WIDTH: 639px;
    HEIGHT: 49px
}
#sub_nav {
    RIGHT: 12px;
    FLOAT: right;
    WIDTH: 202px;
    POSITION: absolute;
    TOP: 0px;
    HEIGHT: 26px
}
#sub_nav LI {
    PADDING-RIGHT: 5px;
    MARGIN-TOP: 1px;
    DISPLAY: inline;
    PADDING-LEFT: 5px;
    FLOAT: left;
    PADDING-BOTTOM: 5px;
    WIDTH: 57px;
    PADDING-TOP: 5px;
    HEIGHT: 12px;
    TEXT-ALIGN: center
}
#sub_nav LI.nobg {
    BACKGROUND: none transparent scroll repeat 0% 0%;
    WIDTH: 58px
}
```

```
#main_nav {
    DISPLAY: inline;
    FLOAT: left;
    MARGIN-LEFT: 10px;
    WIDTH: 878px;
    HEIGHT: auto
}
#main_nav LI {
    PADDING-RIGHT: 10px;
    DISPLAY: block;
    PADDING-LEFT: 12px;
    FLOAT: left;
    PADDING-BOTTOM: 10px;
    FONT: bold 14px "",sans-serif;
    WIDTH: 65px;
    PADDING-TOP: 10px;
    HEIGHT: 14px
}
#main_nav LI.nobg {
    BACKGROUND: none transparent scroll repeat 0% 0%
}
#main_nav LI SPAN {
    FONT-SIZE: 11px;
    FONT-FAMILY: Arial,sans-serif
}
#topad {
    WIDTH: 876px; HEIGHT: 65px;
    background:#fff;
    text-align:center;
    padding-top:3px;
}
#top-adv {
    WIDTH: 876px; HEIGHT: 181px
}
#top-adv IMG {
    WIDTH: 876px; HEIGHT: 181px
}
#top-contact-info {
    FONT-SIZE: 12px;
    MARGIN: 0px auto 1px;
    WIDTH: 190px;
    LINE-HEIGHT: 150%;
    PADDING-TOP: 55px;
    HEIGHT: 76px
}
#left-nav-bar {
    PADDING-RIGHT: 5px;
    PADDING-LEFT: 5px;
    FLOAT: left;
    PADDING-BOTTOM: 5px;
    WIDTH: 210px;
    PADDING-TOP: 5px
}
#left-nav-bar H2 {
```

```
        PADDING-RIGHT: 0px;
        PADDING-LEFT: 20px;
        PADDING-BOTTOM: 10px;
        FONT: bold 15px "",sans-serif;
        PADDING-TOP: 10px;
        LETTER-SPACING: 1px;
        HEIGHT: 15px
}
#left-nav-bar UL {
        MARGIN: 0px;
        WIDTH: 210px
}
#left-nav-bar UL LI {
        PADDING-RIGHT: 0px;
        PADDING-LEFT: 10px;
        PADDING-BOTTOM: 3px;
        WIDTH: 200px;
        PADDING-TOP: 5px;
        HEIGHT: 12px
}
#left-nav-bar H3 {
        PADDING-RIGHT: 0px;
        PADDING-LEFT: 0px;
        PADDING-BOTTOM: 5px;
        MARGIN: 25px 0px;
        FONT: 19px "",sans-serif; PADDING-TOP: 5px;
        LETTER-SPACING: 2px;
        HEIGHT: 28px;
        TEXT-ALIGN: center
}
#hits {
        PADDING-RIGHT: 0px;
        DISPLAY: block;
        PADDING-LEFT: 0px;
        PADDING-BOTTOM: 10px;
        MARGIN: 0px auto;
        FONT: bold 12px "",sans-serif;
        WIDTH: 100%;
        PADDING-TOP: 10px;
        HEIGHT: 12px;
        TEXT-ALIGN: center
}
#right-cnt {
        FLOAT: right;
        WIDTH: 652px
}
#right-cnt P {
        FONT-SIZE: 14px;
        MARGIN: 0px auto 24px;
        WIDTH: 96%;
        LINE-HEIGHT: 150%
}
P#location {
        PADDING-RIGHT: 0px;
```

```
    PADDING-LEFT: 5px;
    FONT-WEIGHT: bold;
    PADDING-BOTTOM: 6px;
    MARGIN: 0px auto;
    WIDTH: 647px;
    TEXT-INDENT: 0px;
    PADDING-TOP: 6px
}
.pages {
    PADDING-RIGHT: 10px;
    PADDING-LEFT: 10px;
    PADDING-BOTTOM: 6px;
    MARGIN: 0px auto;
    WIDTH: 632px;
    PADDING-TOP: 6px;
    HEIGHT: 14px
}
.pages H2 {
    PADDING-LEFT: 10px;
    FLOAT: left;
    FONT: bold 14px "",sans-serif;
    WIDTH: 100px;
    LETTER-SPACING: 1px;
    HEIGHT: 14px
}
.pages SPAN {
    FONT-WEIGHT: bold;
    FLOAT: left;
    WIDTH: 480px;
    HEIGHT: 12px;
    TEXT-ALIGN: left
}
.pages SPAN#p_nav {
    FLOAT: right;
    FONT: 12px "",sans-serif;
    WIDTH: 340px;
    HEIGHT: 12px;
    TEXT-ALIGN: right
}
.pages DIV#more {
    FONT-WEIGHT: bold;
    FONT-SIZE: 10px;
    FLOAT: right;
    WIDTH: 36px;
    FONT-FAMILY: Arial,sans-serif
}
#tags {
    PADDING-RIGHT: 0px;
    DISPLAY: block;
    PADDING-LEFT: 15px;
    PADDING-BOTTOM: 5px;
    MARGIN: 0px auto;
    WIDTH: 637px;
    TEXT-INDENT: 0px;
```

```css
        PADDING-TOP: 5px;
        HEIGHT: 12px
}
#products-list {
    FLOAT: left;
    WIDTH: 652px
}
#products-list LI {
    FLOAT: left;
    MARGIN: 5px 0px;
    WIDTH: 326px;
    HEIGHT: 120px
}
#products-list LI IMG {
    FLOAT: left;
    WIDTH: 160px;
    HEIGHT: 120px
}
#products-list LI H3 {
    PADDING-RIGHT: 0px;
    PADDING-LEFT: 6px;
    FLOAT: right;
    PADDING-BOTTOM: 5px;
    FONT: bold 12px "",sans-serif;
    WIDTH: 150px;
    PADDING-TOP: 5px;
    LETTER-SPACING: 1px
}
#products-list LI UL {
    FLOAT: right;
    WIDTH: 161px
}
#products-list LI UL LI {
    PADDING-RIGHT: 0px;
    DISPLAY: inline;
    PADDING-LEFT: 5px;
    FLOAT: left;
    PADDING-BOTTOM: 5px;
    WIDTH: 151px;
    MARGIN-RIGHT: 5px;
    PADDING-TOP: 5px;
    HEIGHT: 12px
}
#products-list LI UL LI SPAN {
    FONT: bold 12px "",sans-serif;
    MARGIN-LEFT: 20px;
    COLOR: #c80000
}
DIV.col_center {
    PADDING-RIGHT: 5px;
    MARGIN-TOP: 5px;
    DISPLAY: inline;
    PADDING-LEFT: 5px;
    FLOAT: left;
```

```
    MARGIN-BOTTOM: 10px;
    PADDING-BOTTOM: 5px;
    OVERFLOW: hidden;
    WIDTH: 310px;
    PADDING-TOP: 5px;
    HEIGHT: 183px
}
DIV.right {
    FLOAT: right
}
DIV.noborder {
    BORDER-TOP-STYLE: none;
    BORDER-RIGHT-STYLE: none;
    BORDER-LEFT-STYLE: none;
    BORDER-BOTTOM-STYLE: none
}
.sub-title {
    PADDING-RIGHT: 0px;
    PADDING-LEFT: 0px;
    PADDING-BOTTOM: 6px;
    MARGIN: 0px auto;
    WIDTH: 292px;
    PADDING-TOP: 6px;
    HEIGHT: 14px
}
.sub-title H2 {
    PADDING-LEFT: 15px;
    FLOAT: left;
    FONT: bold 14px "",sans-serif;
    LETTER-SPACING: 1px
}
.sub-title SPAN {
    DISPLAY: inline;
    FLOAT: right;
    FONT: bold 12px Arial,sans-serif;
    PADDING-TOP: 1px
}
DIV.col_center P {
    PADDING-RIGHT: 5px;
    PADDING-LEFT: 5px;
    PADDING-BOTTOM: 5px;
    MARGIN: 0px auto;
    OVERFLOW: hidden;
    WIDTH: 272px;
    TEXT-INDENT: 24px;
    LINE-HEIGHT: 150%;
    PADDING-TOP: 5px;
    HEIGHT: 128px
}
DIV.col_center UL {
    FLOAT: left;
    WIDTH: 302px
}
DIV.col_center UL LI {
```

```
        PADDING-RIGHT: 0px;
        DISPLAY: inline;
        PADDING-LEFT: 10px;
        FLOAT: left;
        PADDING-BOTTOM: 4px;
        MARGIN-LEFT: 5px;
        OVERFLOW: hidden;
        WIDTH: 282px;
        PADDING-TOP: 5px;
        HEIGHT: 12px
}
DIV.col_center UL LI A {
        COLOR: #686868
}
#m_adv {
        MARGIN: 0px auto 15px;
        WIDTH: 652px;
        HEIGHT: 151px;
        TEXT-ALIGN: center
}
#m_adv IMG {
        WIDTH: 652px;
        HEIGHT: 151px
}
#right-list {
        MIN-HEIGHT: 600px;
        FLOAT: left;
        MARGIN-BOTTOM: 5px;
        WIDTH: 652px
}
#right-list LI {
        PADDING-RIGHT: 0px;
        DISPLAY: inline;
        PADDING-LEFT: 12px;
        FLOAT: left;
        PADDING-BOTTOM: 10px;
        MARGIN-LEFT: 15px;
        WIDTH: 610px;
        PADDING-TOP: 9px
}
#copyright {
        PADDING-RIGHT: 0px;
        PADDING-LEFT: 0px;
        PADDING-BOTTOM: 15px;
        MARGIN: 0px auto;
        WIDTH: 878px;
        LINE-HEIGHT: 150%;
        PADDING-TOP: 15px;
        TEXT-ALIGN: center
}
```

(2) red.css 样式表的内容如下：

```
body{
        color:#000;
```

```css
    background:#FDFDEE url(../img/bg1.gif) 0 0 repeat-x;
}
#container{
    background:transparent url(../img/dot-bg.jpg) 0 0 repeat-x;
    color:#000;
}
.border_bottom3{
    border-bottom:3px solid #CDCDCD;
}
#sub_nav{
    background-color:#1D4009;
}
#sub_nav li{
    background:transparent url(../img/white-lt.gif) 100% 5px no-repeat;
    color:#FFF;
}
#sub_nav li a:link{
    color:#FFF;
}
#sub_nav li a:visited{
    color:#FFF;
}
#sub_nav li a:hover{
    color:#FFF;
}
.dgreen-bg{
    background-color:#1C3F09;
    width:100%;
    height:34px;
    border-bottom:20px solid #B6B683;
    border-top:3px solid #85B512;
}
#main_nav li{
    color:#FFF;
    background:transparent url(../img/lt2.gif) 0 10px no-repeat;
}
#main_nav li a:link{
    color:#FFF;
}
#main_nav li a:visited{
    color:#FFF;
}
#main_nav li a:hover{
    color:#FFF;
}
#top-adv{
    border:1px solid #B6B683;
    border-bottom:4px solid #B6B683;
}
#top-contact-info{
    color:#565615;
    background:transparent url(../img/contact-bg.gif) 0 2px no-repeat;
}
#left-nav-bar{
```

```
    background:#E7E7D6 url(../img/left.gif) 0 0 repeat-x;
}
#left-nav-bar h2{
    color:#3E650C;
    background:transparent url(../img/green-tab.gif) 8px 12px no-repeat;
    letter-spacing:1px;
    border-bottom:1px solid #ABABAB;
}
#left-nav-bar ul li{
    background:transparent url(../img/black-dot.jpg) 3px 9px no-repeat;
}
#left-nav-bar h3{
    border-top:1px solid #D8CECD;
    border-bottom:1px solid #D8CECD;
    color:#6E1920;
}
#right-cnt p{
    color:#4D4D4D;
}
.pages{
    background-color:#B6B683;
    border-bottom:3px solid #4D4D37;
}
.pages h2{
    color:#3F4808;
    background:url(../img/coffee-tab.gif) 1px 1px no-repeat;
}
#tags{
    background-color:#F6F6F6;
}
#products-list li ul li{
    border-top:1px dashed #000;
    color:#6F6F6F;
}
#products-list li ul li span{
    color:#C80000;
}
div.col_center{
    border:1px solid #B6B683;
    background:transparent url(../img/c-bg.gif) 100% 100% no-repeat;
}
.sub-title h2{
    background:transparent url(../img/green-tab.gif) 6px 1px no-repeat;
    color:#3E650C;
}
div.col_center p#intro{
    color:#426A0C;
}
div.col_center ul li{
    background:transparent url(../img/black-dot.jpg) 3px 8px no-repeat;
}
div.col_center ul li a:link{
    color:#426A0C;
}
```

```
div.col_center ul li a:visited{
    color:#426A0C;
}
div.col_center ul li a:hover{
    color:#426A0C;
}
#right-list li{
    background:transparent url(../img/black-dot.jpg) 5px 16px no-repeat;
    border-bottom:1px solid #CECECE;
}
#about{
    background-color:#1C3F09;
    width:100%;
    padding:10px 0 10px 0;
    height:14px;
    border-top:3px solid #85B512;
    text-align:left;
    color:#FFF;
}
#about a:link{
    color:#FFF;
}
#about a:visited{
    color:#FFF;
}
#about a:hover{
    color:#FFF;
}
```

20.2.3　顶部模块样式代码分析

网页顶部需要有网页 Logo、导航栏和一些快速链接，如"设为首页"、"加入收藏"和"联系我们"。如图 20-3 所示为网页顶部模块的样式。在制作时，为了突出网页特色，可以将 Logo 制作成 GIF 动图，使网页更加具有活力。

图 20-3　网页顶部模块

网页顶部模块的实现代码如下：

```
/*网页 Logo 与快捷链接*/
<div class="content border_bottom">
    <ul id="sub_nav">
        <li><a href="#">设为首页</a></li>
        <li><a href="#">加入收藏</a></li>
        <li class="nobg"><a href="#">联系我们</a></li>
    </ul>
```

```
        <img src="img/logo.gif" alt="时尚家居" name="logo" width="200"
          height="75" id="logo" />
        <img src="img/adv-txt.gif" alt="" name="adv_txt" width="644"
          height="50" id="adv_txt" />
        <br class="clear" />
</div>

/*导航栏*/
<div class="content dgreen-bg">
    <div class="content">
        <ul id="main_nav">
            <li class="nobg"><a href="#">网店首页</a></li>
            <li><a href="#">公司介绍</a></li>
            <li><a href="#">资质认证</a></li>
            <li><a href="#">产品展示</a></li>
            <li><a href="#">视频网店</a></li>
            <li><a href="#">招商信息</a></li>
            <li><a href="#">招聘信息</a></li>
            <li><a href="#">促销活动</a></li>
            <li><a href="#">企业资讯</a></li>
            <li><a href="#">联系我们</a></li>
        </ul><br class="clear" />
    </div>
</div>
```

20.2.4　中间主体代码分析

中间主体可以分为上下结构的两部分，一部分是主体 Banner，另一部分就是主体内容。下面来分别实现。

1. 实现主体 Banner

主体 Banner 只是插入的一张图片，其效果如图 20-4 所示。

图 20-4　网页主体 Banner

Banner 模块的实现代码如下：

```
<div class="content" id="top-adv">
    <img src="img/top-adv.gif" alt="" />
</div>
```

2. 主体内容实现

网页主体内容较多，整体可以分为左右两栏，左侧栏目实现较简单，右侧栏目又由多个小模块构成，其展示效果如图 20-5 所示。

图 20-5　网页的主体内容

实现中间主体的代码如下：

```
/*左侧栏目内容*/
<div class="content">
    <div id="left-nav-bar" class="bg_white">
        <p id="top-contact-info">
            联系人：张经理<br />
            联系电话：0371-60000000<br />
            手机：16666666666<br />
            E-mail:shishangjiaju@163.com<br>
            地址：黄淮路 120 号经贸大厦
        </p>
        <br>
        <h2>招商信息</h2>
        <ul>
            <li>新款上市，诚邀加盟商家入驻</li>
            <li>新款上市，诚邀加盟商家入驻<a href="#"></a></li>
            <li>新款上市，诚邀加盟商家入驻<a href="#"></a></li>
            <li>新款上市，诚邀加盟商家入驻<a href="#"></a></li>
        </ul>
        <h2>企业资讯</h2>
        <ul>
            <li><a href="#">新款上市，诚邀加盟商家入驻</a></li>
            <li><a href="#">新款上市，诚邀加盟商家入驻</a></li>
            <li><a href="#">新款上市，诚邀加盟商家入驻</a></li>
            <li><a href="#">新款上市，诚邀加盟商家入驻</a></li>
        </ul>
        <h3>
        <a href="#">
            <img src="img/sq-txt.gif" width="143" height="28" />
        </a>
```

```
        </h3>
        <h3>
        <a href="#">
            <img src="img/log-txt.gif" width="120" height="27" />
        </a>
        </h3>
        <h3>
        <a href="#">
            <img src="img/loglt-txt.gif" width="143" height="27" />
        </a>
        </h3>
        <span id="hits">现在已经有[35468254]次点击</span>
    </div>
    /*右侧栏目内容*/
    <div id="right-cnt">
        <div class="col_center">
            <div class="sub-title">
                <h2>促销活动</h2>
                <span><a href="#" class="cblue">more</a></span>
                <br class="clear" />
            </div>
            <ul>
                <li><a href="#">岁末大放送，新款家居全新推出，欢迎新老客户惠顾</a>
                </li>
                <li><a href="#">岁末大放送，新款家居全新推出，欢迎新老客户惠顾</a>
                </li>
                <li><a href="#">岁末大放送，新款家居全新推出，欢迎新老客户惠顾</a>
                </li>
                <li><a href="#">岁末大放送，新款家居全新推出，欢迎新老客户惠顾</a>
                </li>
                <li><a href="#">岁末大放送，新款家居全新推出，欢迎新老客户惠顾</a>
                </li>
                <li><a href="#">岁末大放送，新款家居全新推出，欢迎新老客户惠顾</a>
                </li>
                <li><a href="#">岁末大放送，新款家居全新推出，欢迎新老客户惠顾</a>
                </li>
            </ul>
        </div>
        <div class="col_center right">
            <div class="sub-title">
                <h2>公司简介</h2>
                <span><a href="#" class="cblue">more</a></span>
                <br class="clcar" />
            </div>
            <p id="intro">
                时尚家居主要以家居产品为主。从事家具、装潢、装饰等产品。公司以多元化的方
式，致力提供完美、时尚、自然、绿色的家居生活。以人为本、以品质为先是时尚家居人的服务理念原
则...[<a href="#" class="cgray">详细</a>]
            </p>
        </div>
        <br class="clear" />
        <div id="m_adv">
            <img src="img/m-adv.gif" width="630" height="146" />
        </div>
```

```
<div class="pages"><h2>产品展示</h2>
    <span>
        产品分类: 家具 | 家纺 | 家饰 | 摆件 | 墙体 | 地板 | 门窗 | 桌柜 | 电器
    </span>
    <div id="more"><a href="#" class="cblue">more</a></div>
    <br class="clear" />
</div>
<ul id="products-list">
    <li>
        <img src="img/product1.jpg" alt=" "
          width="326" height="119" />
        <h3>产品展示</h3>
        <ul>
            <li>规格: 迷你墙体装饰书架</li>
            <li>产地: 江西南昌</li>
            <li>
             价格: 200<span>[<a href="#" class="cdred">详细</a>]</span>
            </li>
        </ul>
    </li>
    <li>
        <img src="img/product2.jpg" alt=" "
          width="326" height="119" />
        <h3>产品展示</h3>
        <ul>
            <li>规格: 茶艺装饰台</li>
            <li>产地: 江西南昌</li>
            <li>
             价格: 800<span>[<a href="#" class="cdred">详细</a>]</span>
            </li>
        </ul>
    </li>
    <li>
        <img src="img/product3.jpg" alt=" "
          width="326" height="119" />
        <h3>产品展示</h3>
        <ul>
            <li>规格: 壁挂电视装饰墙</li>
            <li>产地: 江西南昌</li>
            <li>
            价格: 5200<span>[<a href="#" class="cdred">详细</a>]</span>
            </li>
        </ul>
    </li>
    <li>
        <img src="img/product4.jpg" alt=" "
          width="326" height="119" />
        <h3>产品展示</h3>
        <ul>
            <li>规格: 时尚家居客厅套装</li>
            <li>产地: 江西南昌</li>
            <li>价格: 100000
              <span>[<a href="#" class="cdred">详细</a>]</span>
            </li>
```

```
            </ul>
        </li>
    </ul>
    <br class="clear" />
  </div>
  <br class="clear" />
</div>
```

20.2.5　底部模块分析

网站底部设计较简单，包括一些快捷链接和版权声明信息，具体效果如图 20-6 所示。

图 20-6　网页底部的内容

网站底部的实现代码如下：

```
/*快捷链接*/
<div id="about">
    <div class="content">
        <a href="#">网店首页</a> | <a href="#">公司介绍</a>
        | <a href="#">资质认证</a> | <a href="#">产品展示</a>
        | <a href="#">视频网店</a> | <a href="#">招商信息</a>
        | <a href="#">招聘信息</a> | <a href="#">促销活动</a>
        | <a href="#">企业资讯</a> | <a href="#">联系我们</a>
    </div>
</div>
/*版权声明*/
<p id="copyright">
    地址：黄淮路 120 号经贸大厦      联系电话：1666666666 <br>版权声明：时尚家居所有
</p>
```

20.3　网　站　调　整

网站设计完成后，如果需要完善，或者修改，可以对其中的框架代码，以及样式代码进行调整，下面简单介绍几项内容的调整方法。

20.3.1　部分内容调整

以修改网页背景为例，介绍网页调整方法。在 red.css 文件中修改 body 标记样式：

```
body{
    color:#000;
    background:#FDFDEE url(../img/bg1.gif) 0 0 repeat-x;
}
```

将其中的 background 属性删除，网页的背景就会变成 color:#000，即为白色。

网页中的内容修改比较简单，只要换上对应的图片和文字即可，比较麻烦的是对象样式的更换，需要先找到要调整的对象，然后再找到控制该对象的样式，找到对应的样式表进行修改即可。有的时候，修改完样式表，可能使部分网页布局错乱，这时需要单独对特定区域做代码调整。

20.3.2 模块调整

网页中的模块可以根据需求进行调整，在调整时需要注意，如果需要调整的模块尺寸发生了变化，要先设计好调整后的确切尺寸，尺寸修改正确后，才能够确保调整后的模块是可以正常显示的，否则很容易发生错乱。另外，调整时需要注意模块的内边距、外边距和 float 属性值，否则，框架模块很容易出现错乱。

下面尝试互换以下两个模块的位置。即把如图 20-7 所示的模块调整到如图 20-8 所示的模块的下方。

图 20-7　促销活动与公司简介模块

图 20-8　产品展示模块

以上两个模块只是上下位置发生了变化，其尺寸宽度相当，所以只需要互换其对应代码的位置即可。修改后，网页主体右侧代码如下：

```
<div id="right-cnt">
    <div class="pages"><h2>产品展示</h2>
        <span>产品分类: 家具 | 家纺 | 家饰 | 摆件 | 墙体 | 地板 | 门窗 | 桌柜 | 电器
        </span>
        <div id="more"><a href="#" class="cblue">more</a></div>
        <br class="clear" />
    </div>
    <ul id="products-list">
        <li>
```

```
        <img src="img/product1.jpg" alt=" " width="326" height="119" />
        <h3>产品展示</h3>
        <ul>
            <li>规格：迷你墙体装饰书架</li>
            <li>产地：江西南昌</li>
            <li>价格：200 <span>[<a href="#" class="cdred">详细</a>]</span>
            </li>
        </ul>
    </li>
    <li>
        <img src="img/product2.jpg" alt=" " width="326" height="119" />
        <h3>产品展示</h3>
        <ul>
            <li>规格：茶艺装饰台</li>
            <li>产地：江西南昌</li>
            <li>价格：800 <span>[<a href="#" class="cdred">详细</a>]</span>
            </li>
        </ul>
    </li>
    <li>
        <img src="img/product3.jpg" alt=" " width="326" height="119" />
        <h3>产品展示</h3>
        <ul>
            <li>规格：壁挂电视装饰墙</li>
            <li>产地：江西南昌</li>
            <li>
            价格：5200 <span>[<a href="#" class="cdred">详细</a>]</span>
            </li>
        </ul>
    </li>
    <li>
        <img src="img/product4.jpg" alt=" " width="326" height="119" />
        <h3>产品展示</h3>
        <ul>
            <li>规格：时尚家居客厅套装</li>
            <li>产地：江西南昌</li>
            <li>
            价格：100000 <span>[<a href="#" class="cdred">详细</a>]</span>
            </li>
        </ul>
    </li>
</ul><br class="clear" />
<div id="m_adv"><img src="img/m-adv.gif" width="630" height="146" />
</div>
<div class="col_center">
    <div class="sub-title">
        <h2>促销活动</h2>
        <span><a href="#" class="cblue">more</a></span>
        <br class="clear" />
    </div>
    <ul>
        <li><a href="#">岁末大放送，新款家居全新推出，欢迎新老客户惠顾</a></li>
        <li><a href="#">岁末大放送，新款家居全新推出，欢迎新老客户惠顾</a></li>
        <li><a href="#">岁末大放送，新款家居全新推出，欢迎新老客户惠顾</a></li>
```

```
                    <li><a href="#">岁末大放送，新款家居全新推出，欢迎新老客户惠顾</a></li>
                    <li><a href="#">岁末大放送，新款家居全新推出，欢迎新老客户惠顾</a></li>
                    <li><a href="#">岁末大放送，新款家居全新推出，欢迎新老客户惠顾</a></li>
                    <li><a href="#">岁末大放送，新款家居全新推出，欢迎新老客户惠顾</a></li>
                </ul>
            </div>
            <div class="col_center right">
                <div class="sub-title">
                    <h2>公司简介</h2>
                    <span><a href="#" class="cblue">more</a></span>
                    <br class="clear" />
                </div>
                <p id="intro">
                    时尚家居主要以家居产品为主。从事家具、装潢、装饰等产品。公司以多元化的方式，致
力提供完美、时尚、自然、绿色的家居生活。以人为本、以品质为先是时尚家居人的服务理念原
则...[<a href="#" class="cgray">详细</a>]</p>
            </div><br class="clear" />
        </div><br class="clear" />
</div>
```

20.3.3 调整后预览测试

通过以上调整，网页最终效果如图 20-9 所示。

图 20-9 网页的最终效果

第 21 章

制作娱乐
休闲类网页

娱乐休闲类网页类型较多，结合主题内容不同，所设计的网页风格差异很大，如聊天交友、星座运程、游戏视频等。本章主要以视频播放网页为例进行介绍。

21.1　整　体　设　计

这里以简单的视频播放页面为例，来演示视频网站的制作方法。网页内容应当包括头部、导航菜单栏、检索条、视频播放及评价、热门视频推荐等。完成后的页面效果如图 21-1 所示。

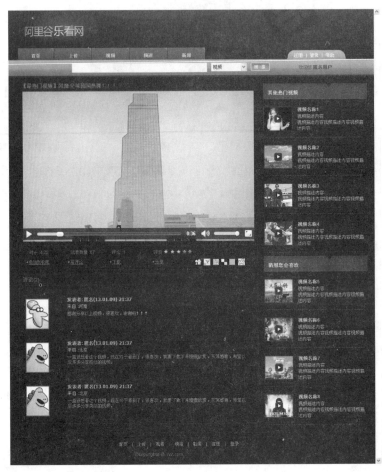

图 21-1　网页预览效果

21.1.1　应用设计分析

作为一个视频网站播放网页，其页面应当简单、明了，给人以清晰的感觉。整体设计的各部分内容介绍如下。

（1）页头部分主要放置导航菜单和网站 Logo 信息等，其 Logo 可以是一张图片或者文本信息等。

（2）页头下方应是搜索模块，用于帮助浏览者快速检索视频。

（3）页面主体左侧是视频播放及评价，考虑到视频播放效果，左侧主题部分至少要占整个页面 2/3 的宽度，另外，要为视频增加信息描述内容。

（4）页面主体右侧是热门视频推荐模块，当前热门视频，和根据当前播放的视频类型推荐的视频。

（5）页面底部是一些快捷链接和网站备案信息。

21.1.2 架构布局分析

从上面效果图可以看出，页面结构并不是太复杂，采用的是上中下结构，页面主体部分又嵌套了一个左右版式结构，其效果如图 21-2 所示。

图 21-2　网页框架结构

在制作网站的时候，可以将整个网站划分为三大模块，即上、中、下。

框架实现代码如下：

```
<div id="main_block">                    //主体框架
   <div id="innerblock">                 //内部框架
      <div id="top_panel">               //头部框架
      </div>
      <div id="contentpanel">            //中间主体框架
      </div>
      <div id="ft_padd">                 //底部框架
      </div>
   </div>
</div>
```

以上框架结构比较粗糙，想要页面内容布局完美，需要更细致的框架结构。

1. 头部框架

框架实现代码如下：

```
<div id="top_panel">
   <div class="tp_navbg">               //导航栏模块框架
   </div>
```

```
    <div class="tp_smlgrnbg">        //注册登录模块框架
    </div>
    <div class="tp_barbg">           //搜索模块框架
    </div>
</div>
```

2. 中间主体框架

框架实现代码如下：

```
<div id="contentpanel">              //中间主体框架
    <div id="lp_padd">               //中间左侧框架
        <div class="lp_newvidpad" style="margin-top:10px;">   //评论模块框架
        </div>
    </div>
    <div id="rp_padd">               //中间右侧框架
        <div class="rp_loginpad"
          style="padding-bottom:0px; border-bottom:none;">
        //右侧上部模块框架
        </div>
        <div class="rp_loginpad"
          style="padding-bottom:0px; border-bottom:none;">
        //右侧下部模块框架
        </div>
    </div>
</div>
```

 说明　　　其中大部分框架参数中只有一个框架 ID 名，而有部分框架中添加了其他参数，一般有 ID 名的框架在 CSS 样式表中都有详细的框架属性信息。

3. 底部框架

框架实现代码如下：

```
<div id="ft_padd">
    <div class="ftr_lnks">    //底部快速链接模块框架
    </div>
</div>
```

21.2 主要模块设计

网站制作要逐步完成，本例中，网页制作主要包括 6 个部分，详细的制作方法如下。

21.2.1 网页整体样式插入

首先，网页设计中需要使用 CSS 样式表控制整体样式，所以网站可以使用以下代码结构来实现页面代码框架和 CSS 样式的插入：

```
<head>
    <meta http-equiv="content-type" content="text/html; charset=utf-8" />
```

```
<title>阿里谷看乐网</title>
<link rel="stylesheet" type="text/css" href="css/style.css"/>
<script language="javascript" type="text/javascript"
  src="http://js.i8844.cn/js/user.js"></script>
</head>
```

由以上代码可以看出，案例中使用了一个 CSS 样式表：style.css。其中包含了网页通用样式，及特定内容的样式。样式表内容如下：

```
/* CSS Document */
body{
    margin:0px; padding:0px;
    font:11px/16px Arial, Helvetica, sans-serif;
    background:#0C0D0D url(../images/bd_bg1px.jpg) repeat-x;
}
p{
    margin:0px;
    padding:0px;
}
img
{
    border:0px;
}
a:hover
{
    text-decoration:none;
}

#main_block
{
    margin:auto; width:1000px;
}
...
<!-- =================中间内容省略================= -->
...
.fp_divi{
    float:left; margin:0px 12px 0 12px;
    font:11px/15px Arial; color:#989897;
    display:inline;
 }
.ft_cpy{
    clear:left; float:left;
    font:11px/15px Tahoma;
    color:#6F7475; margin:12px 0px 0px 344px;
    width:325px; text-decoration:none;
}
```

说明 本例中的样式表比较多，这里只展示一部分，随书光盘中有文字的代码文件。

21.2.2 顶部模块代码分析

网页顶部模块中包括 Logo、导航菜单和搜索条，是浏览者最先浏览的内容。Logo 可以是一张图片，也可以是一段艺术字；导航菜单是引导浏览者快速访问网站各个模块的关键组件；搜索条用于快速检索网站中的视频资源，是提高浏览者页面访问效率的重要组件。除此之外，整个头部还要设置漂亮的背景图案，且与整个页面彼此搭配。本例中，网站头部的效果如图 21-3 所示。

图 21-3　网页顶部模块的效果

实现网页头部的详细代码如下：

```html
<div id="top_panel">
  <a href="index.html" class="logo">   //为 Logo 做链接，链接到主网页
    <img src="images/logo.gif"
      width="255" height="36" alt="" />  //插入头部 Logo
  </a><br />
  <div class="tp_navbg">
    <a href="index.html">首页</a>
    <a href="shangchuan.html">上传</a>
    <a href="shipin.html">视频</a>
    <a href="pindao.html">频道</a>
    <a href="xinwen.html">新闻</a>
  </div>
  <div class="tp_smlgrnbg">
    <span class="tp_sign"><a href="zhuce.html" class="tp_txt">注册</a>
    <span class="tp_divi">|</span>
      <a href="denglu.html" class="tp_txt">登录</a>
    <span class="tp_divi">|</span>
      <a href="bangzhu.html" class="tp_txt">帮助</a></span>
  </div>
</div>
<div class="tp_barbg">
  <input name="#" type="text" class="tp_barip" />
  <select name="#" class="tp_drp"><option>视频</option></select>
  <a href="#" class="tp_search">
    <img src="images/tp_search.jpg" width="52" height="24" alt="" />
  </a>
  <span class="tp_welcum">欢迎您 <b>匿名用户</b></span>
</div>
```

说明　本网页超链接的子页面比较多，这里大部分子页面文件为空。

21.2.3　视频模块代码分析

网站中间主体左侧的视频模块是最重要的模块，主要使用<video>标签来实现视频播放功

能。除了有播放功能外，还增加了视频信息统计模块，包括视频时长、观看数、评价等。除此而外，又为视频增加了一些操作链接，如收藏、写评论、下载、分享等。

视频模块的网页效果如图 21-4 所示。

图 21-4　网页视频模块

实现视频模块效果的具体代码如下：

```
<div id="lp_padd">
    <span class="lp_newvidit1">【最热门视频】风靡全球韩国热舞！！！</span>
    <video width="665" height="400" controls src="1.mp4" ></video>
    <span class="lp_inrplyrpad">
        <span class="lp_plyrxt">时长 :4.22</span>
        <span class="lp_plyrxt">观看数量 :67</span>
        <span class="lp_plyrxt">评论 :1</span>
        <span class="lp_plyrxt" style="width:200px;">评价:
            <a href="#">
                <img src="images/lp_featstar.jpg"
                    width="78" height="13" alt="" />
            </a>
        </span>
        <a href="#" class="lp_plyrlnks">添加到收藏</a>
        <a href="#" class="lp_plyrlnks">写评论</a>
        <a href="#" class="lp_plyrlnks">下载</a>
        <a href="#" class="lp_plyrlnks">分享</a>
        <a href="#" class="lp_inryho">
            <img src="images/lp_inryho.jpg" width="138" height="18" alt="" />
        </a>
    </span>
</div>
```

21.2.4 评论模块代码分析

网页要有互动才会更活跃，所以这里加入了视频评论模块，浏览者可以在这里发表、交流观后感，具体页面效果如图 21-5 所示。

图 21-5 网页评论模块

实现评论模块的具体代码如下：

```html
<div class="lp_newvidpad" style="margin-top:10px;">
  <span class="lp_newvidit">评论(2)</span>
  <img src="images/lp_newline.jpg" width="661" height="2"
    alt="" class="lp_newline" />
  <img src="images/lp_inrfoto1.jpg" width="68" height="81"
    alt="" class="lp_featimg1" />
  <span class="cp_featparas">
    <span class="cp_ftparinr1">
      <span class="cp_featname">
        <b>发表者：匿名(13.01.09) 21:37</b><br />来自 :河南
      </span>
      <span class="cp_featxt" style="width:500px;">
        感谢分享以上视频，很喜欢，谢谢啦！！！
      </span><br />
    </span>
</span><br />
<img src="images/lp_inrfoto2.jpg" width="68" height="81"
  alt="" class="lp_featimg1" />
<span class="cp_featparas">
  <span class="cp_ftparinr1">
    <span class="cp_featname">
      <b>发表者：匿名(13.01.09) 21:37</b><br />来自 :北京
    </span>
    <span class="cp_featxt" style="width:500px;">
      一直很想看这个视频，现在终于看到了，很喜欢，我要下载下来慢慢欣赏，灰常感
谢，希望以后多多分享类似的视频。
    </span><br />
  </span>
```

```
    </span>
    <img src="images/lp_inrfoto2.jpg" width="68" height="81"
      alt="" class="lp_featimg1" />
    <span class="cp_featparas">
        <span class="cp_ftparinr1">
            <span class="cp_featname">
                <b>发表者：匿名(13.01.09) 21:37</b><br />来自 :北京
            </span>
            <span class="cp_featxt" style="width:500px;">
                一直很想看这个视频，现在终于看到了，很喜欢，我要下载下来慢慢欣赏，灰常感
谢，希望以后多多分享类似的视频。
            </span><br />
        </span>
    </span>
</div>
```

21.2.5 热门推荐模块代码分析

浏览者自行搜索视频会带有盲目性，所以应该设置一个热门视频推荐模块，在中间主体右侧可以完成该模块。该模块可以再分为两部分，热门视频和关联推荐。

实现后的效果如图 21-6 所示。

图 21-6 热门推荐模块

实现上述功能的具体代码如下：

```html
<div id="rp_padd">
    <img src="images/rp_top.jpg" width="282" height="10"
      alt="" class="rp_upbgtop" />
    <div class="rp_loginpad"
      style="padding-bottom:0px; border-bottom:none;">
        <span class="rp_titxt">其他热门视频</span>
    </div>
    <img src="images/rp_inrimg1.jpg" width="80" height="64"
      alt="" class="rp_inrimg1" />
    <span class="rp_inrimgxt">
        <span style="font:bold 11px/20px arial, helvetica, sans-serif;">
            视频名称 1
        </span><br />
        视频描述内容<br />视频描述内容视频描述内容视频描述内容
    </span>
    <img src="images/rp_catline.jpg" width="262" height="1"
      alt="" class="rp_catline1" /><br />
    <img src="images/rp_inrimg2.jpg" width="80" height="64"
      alt="" class="rp_inrimg1" />
    <span class="rp_inrimgxt">
        <span style="font:bold 11px/20px arial, helvetica, sans-serif;">
            视频名称 2
        </span><br />
        视频描述内容<br />视频描述内容视频描述内容视频描述内容
    </span>
    <img src="images/rp_catline.jpg" width="262" height="1"
      alt="" class="rp_catline1" /><br />
    <img src="images/rp_inrimg3.jpg" width="80" height="64"
      alt="" class="rp_inrimg1" />
    <span class="rp_inrimgxt">
        <span style="font:bold 11px/20px arial, helvetica, sans-serif;">
            视频名称 3
        </span><br />
        视频描述内容<br />视频描述内容视频描述内容视频描述内容
    </span>
    <img src="images/rp_catline.jpg" width="262" height="1"
      alt="" class="rp_catline1" /><br />
    <img src="images/rp_inrimg4.jpg" width="80" height="64"
      alt="" class="rp_inrimg1" />
    <span class="rp_inrimgxt">
        <span style="font:bold 11px/20px arial, helvetica, sans-serif;">
            视频名称 4
        </span><br />
        视频描述内容<br />视频描述内容视频描述内容视频描述内容
    </span>
    <img src="images/rp_catline.jpg" width="262" height="1"
      alt="" class="rp_catline1" /><br />
    <img src="images/rp_top.jpg" width="282" height="10"
      alt="" class="rp_upbgtop" />
    <div class="rp_loginpad"
      style="padding-bottom:0px; border-bottom:none;">
        <span class="rp_titxt">猜想您会喜欢</span>
```

```
      </div>
      <img src="images/rp_inrimg5.jpg" width="80" height="64"
        alt="" class="rp_inrimg1" />
      <span class="rp_inrimgxt">
         <span style="font:bold 11px/20px arial, helvetica, sans-serif;">
            视频名称 5
         </span><br />
         视频描述内容<br />视频描述内容视频描述内容视频描述内容
      </span>
      <img src="images/rp_catline.jpg" width="262" height="1"
        alt="" class="rp_catline1" /><br />
      <img src="images/rp_inrimg6.jpg" width="80" height="64"
        alt="" class="rp_inrimg1" />
      <span class="rp_inrimgxt">
         <span style="font:bold 11px/20px arial, helvetica, sans-serif;">
            视频名称 6
         </span><br />
         视频描述内容<br />视频描述内容视频描述内容视频描述内容
      </span>
      <img src="images/rp_catline.jpg" width="262" height="1"
        alt="" class="rp_catline1" /><br />
      <img src="images/rp_inrimg7.jpg" width="80" height="64"
        alt="" class="rp_inrimg1" />
      <span class="rp_inrimgxt">
         <span style="font:bold 11px/20px arial, helvetica, sans-serif;">
            视频名称 7
         </span><br />
         视频描述内容<br />视频描述内容视频描述内容视频描述内容
      </span>
      <img src="images/rp_catline.jpg" width="262" height="1"
        alt="" class="rp_catline1" /><br />
      <img src="images/rp_inrimg8.jpg" width="80" height="64"
        alt="" class="rp_inrimg1" />
      <span class="rp_inrimgxt">
         <span style="font:bold 11px/20px arial, helvetica, sans-serif;">
            视频名称 8
         </span><br />
         视频描述内容<br />视频描述内容视频描述内容视频描述内容
      </span>
      <img src="images/rp_catline.jpg" width="262" height="1"
        alt="" class="rp_catline1" /><br />
</div>
```

21.2.6 底部模块分析

在网页底部一般会有备案信息，和一些快捷链接，实现效果如图 21-7 所示。

图 21-7 网页底部模块

实现网页底部的具体代码如下：

```
<div id="ft_padd">
    <div class="ftr_lnks">
        <a href="index.html" class="fp_txt">首页</a>
        <p class="fp_divi">|</p>
        <a href="inner.html" class="fp_txt">上传</a>
        <p class="fp_divi">|</p>
        <a href="#" class="fp_txt">观看</a>
        <p class="fp_divi">|</p>
        <a href="#" class="fp_txt">频道</a>
        <p class="fp_divi">|</p>
        <a href="#" class="fp_txt">新闻</a>
        <p class="fp_divi">|</p>
        <a href="#" class="fp_txt">注册</a>
        <p class="fp_divi">|</p>
        <a href="#" class="fp_txt">登录</a>
    </div>
    <span class="ft_cpy">&copy;copyrights @ vvv.com<br /></span>
</div>
```

21.3　网页调整

网站设计完成后，如果需要完善，或者修改，可以对其中的框架代码，以及样式代码进行调整，下面简单介绍几项内容的调整方法。

21.3.1　部分内容调整

网站调整时，可以将主色调统一调换，原案例使用的是黑色调，可以换为蓝色调，修改时会涉及到一些图片的修改，需要使用 Photoshop 等工具重新设计对应模块的图片。下面对网站中的内容做详细的调整。

1. 调整网页的整体背景

修改样式表中 body 标记的 background 属性：

```
body{
    margin:0px; padding:0px;
    font:11px/16px Arial, Helvetica, sans-serif;
    background:#000000 repeat-x;
}
```

2. 修改网页中文本的颜色

由于主色调发生了变化，很多文字颜色为了与图像颜色对应，也需要做调整。网页中需要调整的文字颜色较多，调整方法相似，如将 lp_plyrxt 样式对应的 color 属性改为#ffffff：

```
.lp_plyrxt{
    float:left;
```

```
    width:85px;
    margin:10px 0 0 30px;
    font:11px Arial, Helvetica, sans-serif;
    color:#ffffff;
}
```

3. 修改网页中的图片相关内容

使用 Photoshop 工具将图片调整后，放入 images 目录中，将样式表中对应的内容进行调整。如修改导航栏色彩风格，修改 tp_navbg、tp_smlgrnbg 和 tp_barbg 样式中的 background 属性值。

代码如下：

```
.tp_navbg{
    clear:left; float:left;
    width:590px; height:32px;
    display:inline;
    margin:26px 0 0 22px;
}
.tp_navbg a{
    float:left; background:url(../images/tp_inactivbg2.jpg) no-repeat;
    width:104px; height:19px;
    padding:13px 0 0 0px; text-align:center;
    font:bold 11px Arial, Helvetica, sans-serif;
    color:#ffffff; text-decoration:none;
}
.tp_navbg a:hover{
    float:left; background:url(../images/tp_activbg2.jpg) no-repeat;
    width:104px; height:19px; padding:13px 0 0 0px; text-align:center;
    font:bold 11px Arial, Helvetica, sans-serif; color:#282C2C;
    text-decoration:none;
}
.tp_smlgrnbg{
    float:left; background:url(../images/tp_smlgrnbg2.jpg) no-repeat;
    margin:34px 0 0 155px; width:160px; height:24px;
}
.tp_barbg{
    float:left; background:url(../images/tp_barbg2.jpg) repeat-x;
    width:1000px; height:42px;
    width:1000px;
}
```

网页中的内容修改比较简单，只要换上对应的图片和文字即可，比较麻烦的是对象样式的更换，需要先找到要调整的对象，然后再找到控制该对象的样式，找到对应的样式表进行修改。有的时候，修改完样式表，可能使部分网页布局错乱，这时需要单独对特定区域做代码调整。

21.3.2 调整后预览测试

网页内容调整后，浏览效果如图 21-8 所示。

图 21-8　网站调整后的网页预览效果

第 22 章

制作图像
影音类网页

图像影音类网页类型较多，结合内容不同，所设计的网页风格差异很大。通过本章的学习，读者能够掌握图像影音类网页的制作技巧和方法。

22.1　整　体　设　计

现在人们的生活节奏加快了，上网不仅仅为了学习、查找资料，而且需要娱乐休闲。娱乐休闲类网站不仅需要提供信息内容，而且要有丰富的色调，以及吸引眼球的标题。

本例演示的是电影网主页的制作，完成后的效果如图22-1所示。

图22-1　网页预览效果

22.1.1　颜色应用分析

在本例的网页中，背景设定为"color:#4b4b4b;"，这个浅灰色的色调不会与内容冲突，使内容不那么刺眼。

休闲娱乐网站要注重图文混排的效果，实践证明，只有文字的页面用户停留的时间相对较短，如果完全是图片，不能概括信息的内容，用户看着又不明白，使用图文混排的方式是比较恰当的。另外一点，休闲娱乐类网站要注意引入会员注册机制，这样可以积累一些忠实的用户群体，有利于网站的可持续性发展。

22.1.2　架构布局分析

本例采用了"1-(1+3)-1"布局结构，具体排版架构如图22-2所示。

```
                ┌─────────────────────────────┐
                │          网页头部            │
                └─────────────────────────────┘
                ┌─────────────────────────────┐
                │  ┌───────────────────────┐  │
                │  │        banner         │  │
                │  └───────────────────────┘  │
                │  ┌─────┐ ┌─────┐ ┌─────┐   │
                │  │模块一│ │模块二│ │模块三│   │
                │  └─────┘ └─────┘ └─────┘   │
                └─────────────────────────────┘
                ┌─────────────────────────────┐
                │          网页底部            │
                └─────────────────────────────┘
```

图 22-2　网页布局架构

在实现整个网页布局结构时，使用了<div>标记，具体布局划分代码如下。

(1)　网站顶部模块框架代码：

```
<div class="header">
    <div class="loginbar"></div>
    <div class="clear"></div>
    <div class="blank20"></div>
    <div class="logo_search"></div>
    <div class="clear"></div>
    <div class="blank15"></div>
    <div class="main_nav"></div>
    <div class="sub_nav"></div>
</div>
<div class="blank10"></div>
```

(2)　网站的 banner 框架代码：

```
<div class="AD2"></div>
<div class="blank10"></div>
<div class="clear"></div>
```

(3)　网站主体内容框架代码：

```
<div class="content3">
    <div class="con3_left"></div>
    <div class="con3_center"></div>
    <div class="con3_right"></div>
    ...
    <div class="con3_right"></div>
</div>
<div class="clear"></div>
<div class="blank10"></div>
```

(4)　网站底部框架代码：

```
<div class="copyright"></div>
```

需要注意的是，本例的框架代码中多次出现<div class="clear"></div>和<div class="blank10"></div>，其意义是分隔上下层内容，使页面布局有层次感，不至于拥挤。

22.2　主要模块设计

整个网页的实现是由一个个模块构成的，在上一节中已经介绍了这些模块，下面就来详细介绍这些模块的实现方法。

22.2.1　样式代码分析

为了使整个页面的样式统一，且好控制，需要制作样式表。样式表可以直接插入网页代码中，本例的样式表内容如下。

1. 通用样式

网页主体和常用标记样式如下所示：

```
/*重置样式*/
body{
    font: 12px/1 "宋体",Tahoma, Helvetica, Arial, sans-serif;
    color:#4b4b4b;
    margin:0 auto;
}
body,h1,h2,h3,h4,h5,h6,hr,p,blockquote,dl,dt,dd,ul,ol,li,pre,fieldset,
  lengend,select,button,form,input,label,textarea,th,td{
    margin:0;
    padding:0;
    border:0
}
img{
    vertical-align:bottom;
    display:block
}
.left{float:left}
.right{float:right}
.clear{clear:both}
```

2. 超链接样式

为了体现超链接内容，可以为其指定选择前后的链接样式，如下所示：

```
a{color:#4b4b4b;text-decoration:none;}
a:hover{color:#C20200;text-decoration: underline;}
```

3. 普通标记样式

除了常用的标记之外，还有一些普通的标记，其样式如下所示：

```
ul, ol {list-style:none;}
button,input,select,textarea{
```

```
    font:12px/1 "宋体",Tahoma, Helvetica, Arial, sans-serif;
    color:#4b4b4b;
}

h1,h2,h3,h4, h5, h6{font-size:12px;}
address, cite, dfn, em, var{font-style: normal;}
code, kbd, pre, samp, tt{font-family: "Courier New", Courier, monospace;}
small{font-size:12px;}

abbr[title],acronym[title]{
    border-bottom:1px dotted;
    cursor:help;
}
legend{color:#000;}
fieldset,input{
    border:none;
    vertical-align:middle
}
button, input, select, textarea{font-size:100%;}
hr{
    border:none;
    height:1px;
}
.lan{color:#274990}
.red{color:#FF0000}
.blank6{
    clear:both;
    height:6px;
    overflow:hidden;
    display:block;
    margin:0 auto;
}
.blank10{
    clear:both;
    height:10px;
    overflow:hidden;
    display:block;
    margin:0 auto;
}
.blank15{
    clear:both;
    height:15px;
    overflow:hidden;
    display:block;
    margin:0 auto;
}
.blank20{
    clear:both;
    height:20px;
    overflow:hidden;
    display:block;
    margin:0 auto;
}
```

4. 网页头部组件样式

网页头部样式的代码如下：

```css
/* header */
.header{
    width:960px;
    margin:0 auto;
}
/* login */
.loginbar{
    width:960px;
    height:32px;
    background-color:#f2f2f2;
    border-bottom:1px solid #DDD;
}
.header_form{
    width:500px;
    line-height:22px;
    float:left;
}
.login_input{
    width:110px;
    border:1px solid #DDD;
    height:18px;
    line-height:18px;
    padding-left:3px;
    padding-top:3px;
}
.login_right{
    width:180px;
    height:22px;
}
.loginbar ul{
    float:right;
    width:180px;
    height:20px;
}
.loginbar li{
    width:75px;
    float:right;
    text-align:right;
    line-height:20px;
}
.icon1{
    background:url(images/sprite.gif) no-repeat 0 -20px;
    display:block;
    padding-right:10px;
}
.icon2{
    background:url(images/sprite.gif) no-repeat 0px 0px;
    display:block;
    padding-right:10px;
}
```

5. 网页 Logo、搜索组件样式

网页 **Logo**、搜索组件的样式如下：

```css
/* Logo_search */
.header_top{
    width:960px;
    height:32px;
    background-color:#F2F2F2;
    border-bottom:1px solid #D9D9D9;
}
.logo_search{
    width:960px;
    height:51px;
}
.logo{
    width:131px;
    height:51px;
}
.search{
    width:700px;
    height:51px;
    background:url(images/home.search.bj_03.png) no-repeat
}
.search_left{width:700px;}
.search_form{
    width:700px;
    height:26px;
    margin-top:14px;
}
.select_box{
    width:74px;
    height:24px;
    line-height:24px;
    background:url(images/home_search_ss_03.gif) no-repeat;
    position:relative;
    cursor:pointer;
}
.searchSelect{
    margin-left:15px;
    display:inline;
    width:72px;
    position:relative;
}
.select_box span.search_site{
    width:72px;
    height:24px;
    padding-left:10px;
    display:inline;
    line-height:22px;
    line-height:20px;
    overflow:hidden;
}
.select_box .select_list{
```

```
    width:72px;
    background:#fff;
    border:1px solid #B4B4B4;
    position:absolute;
    top:24px;
    left:0px;
    display:none;
}
.select_box .select_list a{
    display:block;
    height:24px;
    text-indent:5px;
    width:72px;
}
.select_box .select_list a.active{
    background:#666;
    width:72px;
    color:#fff;
    text-decoration:none;
}
.search_btn{
    width:59px;
    height:26px;
    margin-left:20px;
    font-size:14px;
    color:#fff;
    background:url(images/sprite.gif) no-repeat 0px -50px;
    cursor:pointer;
}
.search_span{
    line-height:26px;
    margin-left:20px;
}
.search select{margin-left:15px;}
.search_input{
    width:238px;
    height:20px;
    border:1px solid #ADADAD;
    margin-left:15px;
    line-height:20px;
    padding-left:5px;
}
```

6. 网页导航组件样式

网页导航组件的样式代码如下：

```
/* main_nav */
.main_nav{
    width:960px;
    height:40px;
    line-height:40px;
    background:url(images/sprite.gif) repeat-x 0 -160px;
    color:#fff;
```

```
    text-align:center;
}
.main_nav ul{
    width:830px;
    height:20px;
    margin:0 auto
}
.main_nav ul li{
    width:90px;
    height:40px;
    float:left;
    display:block;
    font-weight:bold;
    font-size:14px;
    line-height:40px;
}
.main_nav ul li.line{
    width:2px;
    height:40px;
    background:url(images/sprite.gif) no-repeat -96px 10px;
}
.main_nav a{
    color:#FFF;
    text-decoration:none;
}
.main_nav a:hover{
    color:#00fcff;
    text-decoration:none;
    background:url(images/nav_ahover.png) no-repeat 0 7px;
    background:url(images/nav_ahover.png) no-repeat 0 8px;
    display:block;
}
.sub_nav{
    width:960px;
    height:43px;
    background:url(images/sprite.gif) repeat-x 0 -210px;
    color:#FFFFFF
}
.sub_nav span{
    width:960px;
    height:26px;
    line-height:26px;
    margin:0 0 0 10px;
}
.sub_nav span a{
    color:#FFFFFF;
    text-decoration:none;
}
.sub_nav span a:hover{
    color:#FF3;
    text-decoration:none;
}
```

7. 其他模块样式

其他模块的样式代码如下：

```
/*content3*/
.content3{width:960px;height:422px;margin:0 auto;}
.con3_left{width:241px;float:left;}
.con3_left_bg{
    height:34px;
    width:241px;
    background:url(images/sprite.gif) repeat-x 0 -300px;
}
.con3_left_tl{
    margin-bottom:10px;
    width:241px;
    height:30px;
    color:#FFF;
    font-size:14px;
    font-weight:bold;
    line-height:30px;
    display:block;
    background:url(images/sprite.gif) no-repeat 0 -80px;
}
.con3_left_more{
    width:30px;
    font-size:12px;
    color:#4b4b4b;
    line-height:32px;
    font-weight:normal
}
.con3_left{width:241px;height:422px;float:left;}
.con3_left_pic{
    width:221px;
    height:187px;
    background:#f4f4f4;
    padding:10px 10px 0px 10px;
}
.con3_left_pic ul{}
.con3_left_pic ul li{ width:94px; height:134px;}
.con3_left_pic ul li span{
    float:left;
    display:block;
    text-align:center;
    height:30px;
    line-height:16px;
    margin-top:5px;
}
.con3_left_lt{ width:240px; height:150px;}
.con3_left_lt ul{}
.con3_left_lt ul li{
    text-indent:25px;
    height:26px;
    line-height:26px;
    display:block;
```

```
        background:url(images/sprite.gif) no-repeat -76px -45px;
}
.con3_center{width:498px;height:422px;float:left;margin-left:10px;}
.con3_center_top{
    width:498px;
    height:34px;
    background:url(images/sprite.gif) repeat-x 0 -300px;
    margin-bottom:15px;
}
.con3_center_title{
    width:98px;
    height:30px;
    color:#FFF;
    font-size:14px;
    text-align:center;
    font-weight:bold;
    line-height:30px;
    display:block;
    background:url(images/sprite.gif) no-repeat 0 -120px;
}
.con3_center_more{
    line-height:32px;
    width:50px;
    text-align:center;
    display:block;
}
.con3_center_sp_top{width:498px;}
.con3_center_sp_pic{width:498px;}
.con3_center_sp_pic ul{width:498px;float:left;display:block;}
.con3_center_sp_pic ul li{
    width:92px;
    float:left;
    background:#ccc;
    margin-right:30px;
    display:block;
    padding:5px 5px 0 5px;
}
.con3_center_sp_pic ul li span{
    line-height:14px;
    margin-top:3px;
    display:block;
    text-align:center;
}
.con3_center_sp_pic ul li.no{ margin-right:0px;}
.con3_right{width:201px;float:left;margin-left:10px;}
.con3_right dl{}
.con3_right dt{width:83px;height:62px; display:block; float:right;}
.con3_right dd{width:110px; height:72px; display:block; line-height:22px;}
.con3_right dd span{font-weight:bold; color:#002DA3}
.con3_right dl dt a img{padding:2px; border:1px solid #ccc}
.con3_right dl dt a:hover img{padding:2px;border:1px solid #002DA3;}
.con3_center_sp_lt{width:498px;}
.con3_center_sp_lt ul{margin-right:32px; float:left}
.con3_center_sp_lt ul li{
```

```
    width:100px;
    display:block;
    line-height:22px;
    background:url(images/sprite.gif) no-repeat -76px -47px;
    text-align:center
}
.con3_center_sp_lt ul.no{margin-right:0px;}
/*AD2*/
.AD2{width:960px;height:90px; margin: 0 auto;}
/*copyright*/
.copyright{width:960px; height:128px; margin:0 auto;}
.copyright_tl{
    background:url(images/surpis.gif) repeat-x 0 -370px;
    height:30px;
    line-height:30px;
    text-indent:10px;
    font-size:14px;
    font-weight:bold;
    color:#FFF;
}
.copyright_ct{width:960px; padding-top:10px; background:#f4f4f4}
.copyright_ct ul{margin-left:8px;}
.copyright_ct ul li{float:left; margin-right:5px; display:block;}
.copyright_ct ul li.no_right{margin-right:0px;}
.copyright_ct span{
    text-align:center;
    line-height:30px;
    display:block;
    width:960px;
}
.copyright_ct p{text-align:center; display:block; line-height:24px;}
.copyright_ct ul li a img{border:1px;border:1px solid #a5a5a5;}
.copyright_ct ul li a:hover img{border:1px;border:1px solid #03C;}
```

22.2.2　顶部模块样式代码分析

网页顶部需要有网页 Logo、导航栏和一些快速链接，如图 22-3 所示为网页顶部模块。

图 22-3　网页顶部模块

网页顶部模块的实现代码如下：

```
<div class="header">
  <div class="loginbar">
      <div class="blank6"></div>
      <form class="header_form" action="" method="get">
```

```
  用户名:
<input name="text" type="text" class="login_input"
  onfocus="if(value=='会员') {value=''}"
  onblur="if(value==''){value='会员'}" value="会员" />
  
密码:
<input name="text2" type="password" class="login_input"
  onfocus="if(value=='密码') {value=''}"
  onblur="if(value==''){value='密码'}" value="密码" maxlength="6" />
<a href="#">用户注册</a>
<a href="#">忘记密码? </a>
</form>
<ul class="right">
    <li class="icon2">
    <a id="site_addFav" href="#"
      onclick="addFav('http://http://www.shanzhsusjcom/')">收藏本站
      </a></li>
    <li class="icon1">
    <a id="site_setHome" href="#"
      onclick="setHome(this,'http://www.shanzhsusjcom/')">设为首页
      </a></li>
  </ul>
</div>
<div class="clear"></div>
<div class="blank20"></div>
<div class="logo_search">
  <div class="logo left">
    <a href="index.html">
      <img src="images/home.logo_03.png" width="131" height="50"
        border="0" alt="图片说明"/>
    </a>
  </div>
  <div class="search right">
    <form class="search_form" action="" method="post">
      <div class="searchSelect left">
        <div id="select_area" class="select_box">
          <span id="selected" class="search_site">电影</span>
          <div id="select_main" class="select_list">
            <a title="专辑">专辑</a>
            <a title="博客">博客</a>
            <a title="视频">视频</a>
          </div>
        </div>
      </div>
      <input name="Input" type="text"  class="search_input left"
        onfocus="if(value=='输入关键字') {value=''}"
        onblur="if(value=='') {value='输入关键字'}"
        value="输入关键字"/>
      <input name="提交" type="button" class="search_btn left"
        value=""/>
      <span class="search_span">
        热点搜索: <a href="#">排行榜</a>
        | <a href="#">最新视频</a>
        | <a href="#">最热视频</a>
```

```
            </span>
        </form>

        <!--自定义样式下拉框 js begin-->

        <!--自定义样式下拉框 js end-->

    </div>
</div>
<div class="clear"></div>
<div class="blank15"></div>
<div class="main_nav">
    <ul>
        <li><a href="list.html">点播影院</a></li>
        <li class="line"></li>
        <li><a href="list.html">电影资讯</a></li>
        <li class="line"></li>
        <li><a href="list.html">排行榜</a></li>
        <li class="line"></li>
        <li><a href="list.html">图库</a></li>
        <li class="line"></li>
        <li><a href="list.html">视频</a></li>
        <li class="line"></li>
        <li><a href="list.html">专题</a></li>
    </ul>
</div>
<div class="sub_nav">
    <div class="blank10"></div>
    <span>
        <a href="#">品牌栏目</a>
        | <a href="#">流金岁月</a>
        | <a href="#">中国电影报道</a>
        | <a href="#">佳片有约</a>
        | <a href="#">爱电影</a>
        | <a href="#">光影星播客</a>
        | <a href="#">资讯快车</a>
        | <a href="#">世界电影之旅</a>
        | <a href="#">首映</a>
        | <a href="#">爱上电影网</a>
        | <a href="#">音乐之声</a>
        | <a href="#">光影周刊</a>
        | <a href="#">梦工场</a>
    </span>
</div>
<div class="clear"></div>
</div>
```

22.2.3 网站主体模块代码分析

中间主体可以分为上下结构的两部分，一部分是主体 banner，另一部分就是主体内容。
主体内容又可分为左、中、右三个模块，效果如图 22-4 所示。

图 22-4　网页的主体模块

实现中间主体的代码如下：

```
<div class="AD2">
    <img src="images/AD_03_03.gif" alt="ad" width="960" height="90"/>
</div>
<div class="blank10"></div>
<div class="clear"></div>
<div class="content3">
    <div class="con3_left">
        <div class="con3_left_bg">
            <div class="con3_left_tl">
                <span class="title left">预告片</span>
                <div class="con3_left_more right"><a href="#">更多</a></div>
            </div>
        </div>
        <div class="con3_left_pic">
            <ul class="left">
                <li><a href="#"><img src="images/yugao_pic_01.gif" width="94"
                    height="134" border="0" alt="图片说明"/></a>
                    <span><a href="#">《 特工绍特 》预告片</a></span></li>
            </ul>
            <ul>
                <li class="right"><a href="#">
                    <img src="images/yugao_pic_03.gif" width="94" height="134"
                        border="0" alt="图片说明"/></a>
                        <span><a href="#">《暮色 2：新月》首曝 MV</a></span></li>
            </ul>
        </div>
        <div class="clear"></div>
        <div class="blank10"></div>
        <div class="con3_left_lt">
            <ul>
                <li><span class="right">先行版预</span>《爱丽丝梦游奇境》</li>
```

```
        <li><span class="right">先行版预</span>《爱丽丝梦游奇境》</li>
        <li><span class="right">先行版预</span>《爱丽丝梦游奇境》</li>
        <li><span class="right">先行版预</span>《爱丽丝梦游奇境》</li>
        <li><span class="right">先行版预</span>《爱丽丝梦游奇境》</li>
        <li><span class="right">先行版预</span>《爱丽丝梦游奇境》</li>
        <li><span class="right">先行版预</span>《爱丽丝梦游奇境》</li>
      </ul>
    </div>
  </div>
</div>
<div class="con3_center">
    <div class="con3_center_top left">
        <span class="con3_center_title left">点播影院</span>
        <span class="con3_center_more right">
          <a href="#">更多</a>
        </span>
    </div>
    <div class="con3_center_sp_top left">
        <div class="con3_center_sp_pic left">
            <ul>
                <li><img src="images/dianbo_pic_06.gif" width="92"
                  height="134" alt="图片说明"/>
                  <span><a href="#">《巫山云雨》</a></span></li>
                <li><img src="images/dianbo_pic_08.gif" width="92"
                  height="134" alt="图片说明" />
                  <span><a href="#">《巫山云雨》</a></span></li>
                <li><img src="images/dianbo_pic_14.gif" width="92"
                  height="134" alt="图片说明" />
                  <span><a href="#">《巫山云雨》</a></span></li>
                <li class="no"><img src="images/dianbo_pic_15.gif"
                  width="92" height="134" alt="图片说明"/>
                  <span><a href="#">《巫山云雨》</a></span></li>
            </ul>
            <div class="clear"></div>
            <div class="blank15"></div>
        </div>
        <div class="con3_center_sp_pic">
            <ul class="con3_center_sp_pic_br">
                <li><img src="images/dianbo_pic_02.gif" width="92"
                  height="134" alt="图片说明"/>
                  <span><a href="#">《巫山云雨》</a></span></li>
                <li><img src="images/dianbo_pic_04.gif" width="92"
                  height="134" alt="图片说明" />
                  <span><a href="#">《巫山云雨》</a></span></li>
                <li><img src="images/dianbo_pic_16.gif" width="92"
                  height="134" alt="图片说明"/>
                  <span><a href="#">《巫山云雨》</a></span></li>
                <li class="no"><img src="images/dianbo_pic_17.gif"
                  width="92" height="134" alt="图片说明" />
                  <span><a href="#">《巫山云雨》</a></span></li>
            </ul>
            <div class="clear"></div>
            <div class="blank6"></div>
        </div>
    </div>
</div>
```

```html
    <div class="con3_center_sp_lt left">
        <ul>
            <li>  <a href="#">《非常完美》</a></li>
            <li> <a href="#">PK.COM.CN</a></li>
        </ul>
        <ul>
            <li>  <a href="#">《非常完美》</a></li>
            <li> <a href="#">PK.COM.CN</a></li>
        </ul>
        <ul>
            <li>  <a href="#">《非常完美》</a></li>
            <li> <a href="#">PK.COM.CN</a></li>
        </ul>
        <ul class="no">
            <li>  <a href="#">《非常完美》</a></li>
            <li> <a href="#">PK.COM.CN</a></li>
        </ul>
    </div>
</div>
<div class="con3_right">
    <dl>
        <dt><a href="#"><img src="images/sider_pic_02.gif"
          alt="sider_pic" width="83" height="62" border="0" /></a></dt>
        <dd class="left"><span>[自拍]</span>
          <a href="#">《鲜花》展现唯美中的温馨乞讨女孩自尊心受伤害</a></dd>
    </dl>
    <div class="blank10"></div>
</div>
<div class="con3_right">
    <dl>
        <dt><a href="#"><img src="images/sider_pic_04.gif"
          alt="sider_pic" width="83" height="62" border="0" /></a></dt>
        <dd class="left"><span>[自拍]</span>
          <a href="#">《鲜花》展现唯美中的温馨乞讨女孩自尊心受伤害</a></dd>
    </dl>
    <div class="clear"></div>
    <div class="blank10"></div>
</div>
<div class="con3_right">
    <dl>
        <dt><a href="#"><img src="images/sider_pic_06.gif"
          alt="sider_pic" width="83" height="62" border="0" /></a></dt>
        <dd class="left"><span>[自拍]</span>
          <a href="#">《鲜花》展现唯美中的温馨乞讨女孩自尊心受伤害</a></dd>
    </dl>
    <div class="clear"></div>
    <div class="blank10"></div>
</div>
<div class="con3_right">
    <dl>
        <dt><a href="#"><img src="images/sider_pic_08.gif"
          alt="sider_pic" width="83" height="62" border="0" /></a></dt>
        <dd class="left"><span>[自拍]</span>
          <a href="#">《鲜花》展现唯美中的温馨乞讨女孩自尊心受伤害</a></dd>
```

```
      </dl>
      <div class="clear"></div>
      <div class="blank10"></div>
   </div>
   <div class="con3_right">
      <dl>
         <dt><a href="#"><img src="images/sider_pic_10.gif" alt="图片说明"
            width="83" height="62" border="0" /></a></dt>
         <dd class="left"><span>[自拍]</span>
            <a href="#">《鲜花》展现唯美中的温馨乞讨女孩自尊心受伤害</a></dd>
      </dl>
      <div class="clear"></div>
      <div class="blank10"></div>
   </div>
</div>
<div class="clear"></div>
<div class="blank10"></div>
```

22.2.4　底部模块分析

网页底部设计比较简单，包括一些快捷链接和版权声明信息，具体效果如图 22-5 所示。

图 22-5　网页底部模块

网站底部的实现代码如下：

```
<div class="copyright">
   <div class="copyright_tl">合作媒体(排名不分先后)</div>
   <div class="copyright_ct">
      <ul>
         <li><a href="#"><img src="images/home_copy_03.gif" width="88"
            height="31" border="0" alt="图片说明" /></a></li>
         <li><a href="#"><img src="images/home_copy_05.gif" width="88"
            height="31" border="0" alt="图片说明"/></a></li>
         <li><a href="#"><img src="images/home_copy_07.gif" width="88"
            height="31" border="0" alt="图片说明"/></a></li>
         <li><a href="#"><img src="images/home_copy_09.gif" width="88"
            height"31" border="0" alt="图片说明"/></a></li>
         <li><a href="#"><img src="images/home_copy_11.gif" width="88"
            height="31" border="0" alt="图片说明"/></a></li>
         <li><a href="#"><img src="images/home_copy_13.gif" width="88"
            height="31" border="0" alt="图片说明"/></a></li>
         <li><a href="#"><img src="images/home_copy_15.gif" width="88"
            height="31" border="0" alt="图片说明" /></a></li>
         <li><a href="#"><img src="images/home_copy_03.gif" width="88"
            height="31" border="0" alt="图片说明"/></a></li>
         <li><a href="#"><img src="images/home_copy_17.gif" width="88"
            height="31" border="0" alt="图片说明"/></a></li>
         <li class="no_right"><a href="#">
```

```
            <img src="images/home_copy_19.gif" width="88" height="31"
            border="0" alt="图片说明" /></a></li>
        </ul>
        <span><a href="#">关于我们</a> | <a href="#">网站地图</a>
            | <a href="#">诚聘英才</a> | <a href="#">站长信箱</a>
            | <a href="#">版权声明</a> | <a href="#">联系我们</a>
            | 节目制作中心 版权所有 </span>
    </div>
</div>
```

22.3　网　站　调　整

网站设计完成后，如果需要完善，或者修改，可以对其中的框架代码，以及样式代码进行调整，下面简单介绍几项内容的调整方法。

22.3.1　部分内容调整

网页中的内容修改比较简单，只要换上对应的图片和文字即可，比较麻烦的是对象样式的更换，需要先找到要调整的对象，然后再找到控制该对象的样式，找到对应的样式表进行修改即可。有的时候，修改完样式表，可能使部分网页布局错乱，这时需要单独对特定区域做代码调整。

本例中，可以调整网页中元素的样式，使整个网站风格发生变化。使用 Photoshop 设计图片 sprite2.gif 和 surpis2.gif，将以下代码中的 background 属性的值分别指向这两个图片文件：

```
.con3_center_sp_lt ul li{
    width:100px;
    display:block;
    line-height:22px;
    background:url(images/sprite2.gif) no-repeat -76px -47px;
    text-align:center;
}
.main_nav ul li.line{
    width:2px;
    height:40px;
    background:url(images/sprite2.gif) no-repeat -96px 10px;
}
.con3_left_tl{
    margin-bottom:10px;
    width:241px;
    height:30px;
    color:#000;
    font-size:14px;
    font-weight:bold;
    line-height:30px;
    display:block;
    background:url(images/sprite2.gif) no-repeat 0 -80px;
}
.con3_left_lt ul li{
    text-indent:25px;
```

```
    height:26px;
    line-height:26px;
    display:block;
    background:url(images/sprite2.gif) no-repeat -76px -45px;
}
.con4_left_tl{
    width:217px;
    height:30px;
    color:#000;
    font-size:14px;
    font-weight:bold;
    line-height:30px;
    display:block;
    background:url(images/sprite2.gif) no-repeat 0 -80px;
}
.copyright_tl{
    background:url(images/surpis2.gif) repeat-x 0 -370px;
    height:30px;
    line-height:30px;
    text-indent:10px;
    font-size:14px;
    font-weight:bold;
    color:#FFF;
}
```

22.3.2 模块调整

本例为影视网，模块内容可以继续增加、完善，下面为网页增加模块内容：

```
<div class="content4">
    <div class="con4_left">
        <div class="con4_left_bg">
            <div class="con4_left_tl">
                <span class="title left">观影指南 </span>
                <div class="con4_left_more right"><a href="#">更多</a></div>
            </div>
        </div>
        <div class="clear"></div>
        <div class="blank6"></div>
        <div class="con4_left_bt">
            <div class="con4_left_bt_tl">
                <span class="left">  影片名称</span>
                <span class="right">公映时间  </span>
            </div>
            <div class="con4_left_line">
                <ul>
                    <li><span>11 月 01 日   </span> 《罪与罚》
                    </li>
                    <li><span>11 月 01 日   </span> 《罪与罚》
                    </li>
                    <li><span>11 月 01 日   </span> 《罪与罚》
                    </li>
                    <li><span>11 月 01 日   </span> 《罪与罚》
```

```
            </li>
            <li><span>11 月 01 日   </span> 《罪与罚》
            </li>
        </ul>
    </div>
  </div>
</div>
<div class="con4_center">
    <div id="Tab1">
        <div class="con4_center_top left">
            <ul>
                <li id="one1" onmouseover="setTab('one',1,3)"
                  class="hover"><a href="#">新片</a></li>
                <li id="one2" onmouseover="setTab('one',2,3)">
                  <a href="#">经典</a></li>
                <li id="one3" onmouseover="setTab('one',3,3)">
                  <a href="#">绝对独家</a></li>
            </ul>
            <span class="con4_center_more right">
              <a href="#">更多</a></span>
        </div>
        <div id="con_one_1" class="con4_center bt">
            <ul>
                <li><a href="#"><img src="images/home_xinp_03.gif"
                  width="159" height="230" border="0" alt="图片说明" /></a>
                  <span><a href="#">《杨至成火线供给》</a></span></li>
                <li><a href="#"><img src="images/home_xinp_05.png"
                  width="159" height="230" border="0" alt="图片说明"/></a>
                  <span><a href="#">《铁胆雄心》</a></span></li>
                <li class="con4_no"><a href="#">
                  <img src="images/home_xinp_07.png" width="159"
                  height="230" border="0" alt="图片说明"/></a>
                  <span><a href="#">《铁流 1949》</a></span></li>
            </ul>
        </div>
        <div id="con_one_2" style="display:none" class="con4_center_bt">
            <ul>
                <li><a href="#"><img src="images/home_xinp_03.gif"
                  width="159" height="230" border="0" alt="图片说明"/></a>
                  <span><a href="#">《杨 adsa 供给》</a></span></li>
                <li><a href="#"><img src="images/home_xinp_05.png"
                  width="159" height="230" border="0" alt="图片说明"/></a>
                  <span><a href="#">《铁 asdas 雄心》</a></span></li>
                <li class="con4_no"><a href="#">
                  <img src="images/home_xinp_07.png" width="159"
                    height="230" border="0" alt="图片说明"/></a>
                    <span><a href="#">《铁流 asd9》</a></span></li>
            </ul>
        </div>
        <div id="con_one_3" style="display:none" class="con4_center_bt">
            <ul>
                <li><a href="#"><img src="images/home_xinp_03.gif"
                  width="159" height="230" border="0" alt="图片说明"/></a>
                  <span><a href="#">《杨至成 dsa》</a></span></li>
```

```
                    <li><a href="#"><img src="images/home_xinp_05.png"
                      width="159" height="230" border="0" alt="图片说明" /></a>
                      <span><a href="#">《铁胆雄心》</a></span></li>
                    <li class="con4_no"><a href="#">
                      <img src="images/home_xinp_07.png" width="159"
                        height="230" border="0" alt="图片说明" /></a>
                        <span><a href="#">《铁 asd949》</a></span></li>
                </ul>
            </div>
        </div>
    </div>
    <div class="con4_right right">
        <div class="con4_right_tl">
            <span class="title left">电影网观影团 </span>
            <div class="con4_right_more right"><a href="#">更多</a></div>
        </div>
        <div class="con4_right_bt">
            <dl>
                <dt><a href="#"><img src="images/home_mj_03.gif" width="161"
                  height="92" alt="图片说明"/></a></dt>
                <dd>《迈克尔.杰克逊：就是这样》</dd>
                <dd class="no_bg">2009-11-03 11:32:21
                    11 月 2 日[电影网]组织网友观看了《迈克尔·杰克逊：就是这样》。
                    影片记录了迈克尔·杰克逊在生前准备伦敦演唱会时的彩排画面和幕后花絮。
                    [详情]
                </dd>
            </dl>
        </div>
    </div>
</div>
```

为了显示上述模块，需要为其增加对应的样式内容，在样式表中插入的样式如下：

```
/*content4*/
.content4{
    width:960px;
    margin:0 auto;
}
.con4_left{
    width:217px;
    float:left;
}
.con4_left_bg{
    height:32px;
    width:217px;
    background:url(images/sprite.gif) repeat-x 0 -300px;
    margin-bottom:10px;
}
.con4_left_tl{
    width:217px;
    height:30px;
    color:#FFF;
    font-size:14px;
    font-weight:bold;
    line-height:30px;
```

```
    display:block;
    background:url(images/sprite.gif) no-repeat 0 -80px;
}
.con4_left_more{
    width:30px;
    font-size:12px;
    color:#4b4b4b;
    line-height:32px;
    font-weight:normal;
}
.con4_left_top{height:100px;}
.con4_left_top dl{width:210px;}
.con4_left_top dl dt{width:71px; height:90px; display:block; padding:2px;}
.con4_left_top dl dt a img{padding:2px;border:1px solid #A5A5A5;}
.con4_left_top dl dt a:hover img{padding:2px;border:1px solid #F00}
.con4_left_top dl dd{
    width:120px;
    height:100px;
    display:block;
    line-height:20px;
}
.con4_left_bt{
    width:210px;
    height:153px;
    border:1px solid #a5a5a5;
    margin-left:2px;
}
.con4_left_bt_tl{
    width:210px;
    height:29px;
    background:#E5E5E5;
    line-height:29px;
    font-weight:bold;
    color:#274990
}
.con4_left_line{width:210px;}
.con4_left_line ul{margin-top:5px; line-height:22px;}
.con4_left_line ul li{width:210px; float:left; display:block}
.con4_left_line ul li span{float:right;}
.con4_center{
    width:515px;
    float:left;
    margin-left:15px;
    border:1px solid #FF6475;
}
.con4_center_top{
    width:515px;
    height:30px;
    background:url(images/xuanxiangka.gif) repeat-x 0 -30px;
    margin-bottom:10px;
}
.con4_center_top ul{}
.con4_center_top ul li{
    height:28px;
```

```
        line-height:28px;
        float:left;
        display:block;
        text-align:center;
        width:80px;
        border-right:1px solid #FF6475;
    }
    .con4_center_top ul li a{
        color:#1C1C1C;
        text-decoration:none;
        display:block;
        cursor:pointer;
        font-size:14px;
        font-weight:bold;
    }
    .con4_center_top li a:hover{
        text-decoration:none;
        cursor:pointer;
        margin:1px 1px 0px 1px;
        color:#fff;
        display:block;
        font-size:14px;
        font-weight:bold;
        background:url(images/xuanxiangka.gif) repeat-x 0 0;
    }
    .con4_center_bt{width:515px;}
    .con4_center_bt ul{margin-left:8px;}
    .con4_center_bt ul li{float:left; margin-right:10px; display:block}
    .con4_center_bt ul li span{
        float:left;
        width:159px;
        line-height:30px;
        display:block;
        text-align:center;
    }
    .con4_center_bt ul li.con4_no{margin-right:0px;}
    .con4_center_title{
        width:64px;
        height:26px;
        color:#FFF;
        font-size:14px;
        text-align:center;
        font-weight:bold;
        line-height:30px;
        display:block;
        background:url(images/xuanxiangka.gif) no-repeat 0 0;
    }
    .con4_center_more{
        line-height:30px;
        width:50px;
        text-align:center;
        display:block;
    }
    .con4_right{
```

```
    width:199px;
    margin-left:10px;
    height:300px;
    border:1px solid #ABABAB
}
.con4_right_tl{
    margin-bottom:10px;
    width:199px;
    height:30px;
    color:#FFF;
    font-size:14px;
    font-weight:bold;
    line-height:30px;
    display:block;
    background:#002F92
}
.con4_right_more{
    width:30px;
    font-size:12px;
    line-height:32px;
    font-weight:normal
}
.con4_right_more a{
    text-decoration:none;
    color:#fff;
}
.con4_right_more a:hover{
    text-decoration:none;
    color:#F00;
}
.con4_right_bt{width:199px;}
.con4_right_bt dl{}
.con4_right_bt dl dt{margin-left:15px;}
.con4_right_bt dl dd{
    margin-left:15px;
    display:block;
    width:167px;
    line-height:20px;
    background:#f4f4f4;
    text-align:left;
    margin-top:6px;
}
.con4_right_bt dl dd.no_bg{
    background:none;
}
.con4_right_bt dl  a img{
    padding:2px;
    border:1px solid #a5a5a5;
}
.con4_right_bt dl  a:hover img{
    padding:2px;
    border:1px solid #03C;
}
```

增加了新模块后，可以将 banner 模块移到中间显示，这样可以很好地分隔上下层的内容，使内容更具条理感。

22.3.3 调整后预览测试

通过以上调整，网页的最终效果如图 22-6 所示。

图 22-6 调整后的网页预览效果

第 23 章

制作企业
门户类网页

一般小型企业门户网站的规模不是太大，通常包 0000000 含 3~5 个栏目，例如产品、客户和联系我们等栏目，并且有的栏目甚至只包含一个页面。此类网站通常都是用于展示公司形象、说明一下公司的业务范围和产品特色等。

23.1 构思布局

本例模拟制作一个小型计算机公司的网站。网站上包括首页、产品信息、客户信息和联系我们等栏目。本例中将灰色和白色配合使用，灰色部分显示导航菜单，白色显示文本信息。在 IE 9.0 中浏览，效果如图 23-1 所示。

图 23-1　网站首页

23.1.1　设计分析

作为一个电子科技公司网站的首页，其页面需要简单、明了，给人以清晰的感觉。页头部分主要放置导航菜单和公司 Logo 信息等，其 Logo 可以是一张图片或者文本信息等。页面主体左侧是新闻、产品等信息，其中产品的链接信息，以列表形式对重要产品进行介绍，也可以通过页面顶部的导航菜单进入相应的介绍页面。

对于网站的其他子页面，篇幅可以比较短，其重点是介绍软件公司业务、联系方式、产品信息等，页面与首页风格相同即可。总之，科技类型企业网站的重点就是要突出企业文化、企业服务特点，具有稳重、厚实的色彩风格。

23.1.2　排版架构

从上面的效果图可以看出，页面结构并不是太复杂，采用的是上中下结构，页面主体部分又嵌套了一个上下版式结构，上面是网站的 Banner 条，下面是有关公司的相关资讯信息，页面总体框架如图 23-2 所示。

图 23-2　页面总体框架

在 HTML 页面中，通常使用 DIV 层对应上面不同的区域，可以是一个 DIV 层对应一个区域，也可以是多个 DIV 层对应同一个区域。本例的 DIV 代码如下所示：

```
<body>
   <div id="top"></div>
   <div id="banner"></div>
   <div id="mainbody"></div>
   <div id="bottom"></div>
</body>
```

23.2　主要模块设计

当页面整体架构完成后，就可以动手制作不同的模块区域了。其制作流程采用自上而下，从左到右的顺序。完成后，再对页面样式进行整体调整。

23.2.1　Logo 与导航菜单

一般情况下，Logo 信息和导航菜单都放在页面顶部，作为页头部分。其中 Logo 信息作为公司标志，通常放在页面的左上角或右上角；导航菜单放在页头部分和页面主体二者之间，用于链接其他的页面。在 IE 9.0 中浏览，效果如图 23-3 所示。

图 23-3　页面 Logo 和导航菜单

在 HTML 文件中，用于实现页头部分的 HTML 代码如下：

```
<div id="top">
   <div id="header">
      <div id="logo">
         <a href="index.html">
            <img src="images/logo.gif" alt="天意科技官网" border="0" />
         </a>
      </div>
```

```
        <div id="search">
            <div class="s1 font10"></div>
            <div class="s2"> </div>
            <div class="s3"> </div>
        </div>
    </div>
    <div id="menu">
        <a href="index.html" onmouseout="MM_swapImgRestore()"
          onmouseover="MM_swapImage('Image30','','images/menu1-0.gif',5)">
        </a>
        省略……
    </div>
</div>
```

上面的代码中，层 top 用于显示页面 Logo，层 header 用于显示页头的文本信息，例如公司名称；层 menu 用于显示页头导航菜单，层 search 用于显示搜索信息。

在 CSS 样式文件中，对应上面标记的 CSS 代码如下：

```
#top,#banner,#mainbody,#bottom,#sonmainbody{margin:0 auto;}
#top{width:960px; height:136px;}
#header{height:58px; background-image:url(../images/header-bg.jpg)}
#logo{float:left; padding-top:16px; margin-left:20px; display:inline;}
#search{
    float:right;
    width:444px;
    height:26px;
    padding-top:19px;
    padding-right:28px;
}
.s1{float:left; height:26px; line-height:26px; padding-right:10px;}
.s2{float:left; width:204px; height:26px; padding-right:10px;}
.search-text{
    width:194px;
    height:16px;
    padding-left:10px;
    line-height:16px;
    vertical-align:middle;
    padding-top:5px;
    padding-bottom:5px;
    background-image:url(../images/search-bg.jpg);
    color:#343434;
    background-repeat:no-repeat;
}
.s3{float:left; width:20px; height:23px; padding-top:3px;}
.search-btn{height:20px;}
#menu{
    width:948px;
    height:73px;
    background-image:url(../images/menu-bg.jpg);
    background-repeat:no-repeat;
    padding-left:12px;
    padding-top:5px;
}
```

上面的代码中，#top 选择器定义了背景图片和层高度；#header 定义了背景图片、高度和顶部外边距；#menu 层定义了层定位方式和坐标位置。其他选择分别定义了上面三个层中元素的显示样式，例如段落显示样式、标题显示样式、超级链接样式等。

23.2.2　Banner 区

在 Banner 区中显示了一个图片，用于显示公司的相关信息，如公司最新活动、新产品信息等。设计 Banner 区的重点在于调节宽度，使不同浏览器之间能够效果一致，并且颜色上配合 Logo 和上面的导航菜单，使整个网站和谐、大气。

在 IE 9.0 中浏览，效果如图 23-4 所示。

图 23-4　页面 Banner

在 HTML 文件中，创建页面 Banner 区的代码如下：

```
<div id="banner"><img src="images/tu1.png" /></div>
```

上面代码中，层 id 是页面的 Banner，该区只包含一张图片。

在 CSS 文件中，对于上面 HTML 标记的 CSS 代码如下：

```
#banner{width:960px; height:365px; padding-bottom:15px;}
```

上面的代码中，#banner 层定义了 Banner 图片的宽度、高度、对齐方式等。

23.2.3　资讯区

在资讯区内包括三个小部分，该区域的文本信息不是太多，但非常重要。是首页用于链接其他页面的导航链接，例如公司最新的活动消息、新闻信息等。在 IE 9.0 中浏览，页面效果如图 23-5 所示。

图 23-5　页面资讯区

从上面的效果图可以看出，需要包含几个无序列表和标题，其中列表选项为超级链接。HTML 文件中用于创建页面资讯区版式的代码如下：

```
<div id="mainbody">
    <div id="actions">
        <div class="actions-title">
            <ul class="actions">
                <li id="one1" onmouseover="setTab('one',1,3)"
                  class="hover green">活动</li>
                省略….
            </ul>
        </div>
        <div class="action-content">
            <div id="con_one_1" >
                <dl class="text1">
                    <dt><img src="images/CUDA.gif" /></dt>
                    <dd></dd>
                </dl>
            </div>
            <div id="con_one_2" style="display:none">
                <div id="index-news">
                    <ul class="list">
                        <li></li>
                        省略…
                    </ul>
                </div>
            </div>
            <div id="con_one_3" style="display:none">
                <dl class="text1">
                    <dt><img src="images/cool.gif" /></dt>
                    <dd></dd>
                </dl>
            </div>
        </div>
        <div class="mainbottom"> </div>
    </div>
    <div id="idea">
        <div class="idea-title green">创造</div>
        <div class="action-content">
            <dl class="text1">
                <dt><img src="images/chuangzao.gif" /></dt>
                <dd></dd>
            </dl>
        </div>
        <div class="mainbottom">
            <img src="images/action-bottom.gif" />
        </div>
    </div>
    <div id="quicklink">
        <div class="btn1"><a href="#">立刻采用三剑平台的 PC</a></div>
        <div class="btn1"><a href="#">computex 最佳产品奖</a></div>
    </div>
    <div class="clear"></div>
</div>
```

在 CSS 文件中，用于修饰上面 HTML 标记的 CSS 代码如下：

```
#mainbody{width:960px; margin-bottom:25px;}
```

```css
#actions,#idea{
    height:173px;
    width:355px;
    float:left;
    margin-right:15px;
    display:inline;
}
.actions-title{
    color:#FFFFFF;
    height:34px;
    width:355px;
    background-image:url(../images/action-titleBG.gif);
}
.actions li{
    float:left;
    display:block;
    cursor:pointer;
    text-align:center;
    font-weight:bold;
    width:66px;
    height:34px;
    line-height:34px;
    padding-right:1px;
}
.hover{
    padding:0px;
    width:66px;
    color:#76B900;
    font-weight:bold;
    height:34px;
    line-height:34px;
    background-image:url(../images/action-titleBGhover.gif);
}
.action-content{
    height:135px;
    width:353px;
    border-left:1px solid #cecece;
    border-right:1px solid #cecece;
}
.text1{height:121px; width:345px; padding-left:8px; padding-top:14px;}
.text1 dt,.text1 dd{float:left;}
.text1 dd{margin-left:18px; display:inline;}
.text1 dd p{line-height:22px; padding-top:5px; padding-bottom:5px;}
h1{font-size:12px;}
.list{
    height:121px;
    padding-left:8px;
    padding-top:14px;
    padding-right:8px;
    width:337px;
}
.list li{
    background:url(../images/line.gif) repeat-x bottom; /*列表底部的虚线*/
    width:100%;
```

```
}
.list li a{
    display:block;
    padding:6px 0px 4px 15px;
    background:url(../images/oicn-news.gif)no-repeat 0 8px;
        /*列表左边的箭头图片*/
    overflow:hidden;
}
.list li span{
    float:right;/*使 span 元素浮动到右面*/
    text-align: right;/*日期右对齐*/
    padding-top:6px;
}
/*注意:span 一定要放在前面,反之会产生换行*/
.idea-title{
    font-weight:bold;
    color:##76B900;
    height:24px;
    width:345px;
    background-image:url(../images/idea-titleBG.gif);
    padding-left:10px;
    padding-top:10px;
}
#quicklink{
    height:173px;
    width:220px;
    float:right;
    background:url(../images/linkBG.gif);
}
.btn1{height:24px; line-height:24px; margin-left:10px; margin-top:62px;}
```

上面的代码中,#mainbody 定义了背景图片、宽度等信息。其他选择器定义了其他元素的显示样式,例如无序列表样式,列表选项样式和超级链接样式等。

23.2.4　版权信息

版权信息一般放置到页面底部,用于介绍页面的作者、地址信息等,是页脚的一部分。页脚部分和其他网页部分一样,需要保持简单、清晰的风格。

在 IE 9.0 中浏览,效果如图 23-6 所示。

图 23-6　页脚部分

从上面效果可以看出,此页脚部分分为两行,第一行存放底部次要导航信息,第二行存放版权所有等信息,其代码如下:

```
<div id="bottom">
    <div id="rss">
        <div id="rss-left"><img src="images/link1.gif" /></div>
```

```
        <div class="white" id="rss-center">
            <a href="#" class="white">公司信息</a>
                | <a href="#" class="white">投资者关系</a>
                | <a href="#" class="white">人才招聘</a>
                | <a href="#" class="white">开发者</a>
                | <a href="#" class="white">购买渠道</a>
                | <a href="#" class="white">天意科技通信</a>
        </div>
            <div id="rss-right"><img src="images/link2.gif" /></div>
    </div>
    <div id="contacts">版权&copy; 2014 天意科技 公司
        | <a href="#">法律事宜</a> | <a href="#">隐私声明</a>
        | <a href="#">天意科技 Widget</a> | <a href="#">订阅 RSS</a>
        | 京 ICP 备<a href="#">01234567</a>号
    </div>
</div>
```

在 CSS 文件中，用于修饰上面 HTML 标记的样式代码如下：

```
#bottom{width:960px;}
#rss{
    height:30px;
    width:960px;
    line-height:30px;
    background-image:url(../images/link3.gif);
}
#rss-left{float:left; height:30px; width:2px;}
#rss-right{float:right; height:30px; width:2px;}
#rss-center{
    height:30px;
    line-height:30px;
    padding-left:18px;
    width:920px;
    float:left;
}
#contacts{height:36px; line-height:36px;}
```

上面的代码中，#bottom 选择器定义了页脚部分的宽度。其他选择器定义了页脚部分文本信息的对齐方式、背景图片的样式等。

第 24 章

制作在线购物类网页

在线购物网站是当前比较流行的一类网站。随着网络购物、互联网交易的普及，如淘宝、阿里巴巴、亚马逊等类型的在线网站在近几年的风靡，越来越多的公司、企业都在着手架设在线购物网站平台。

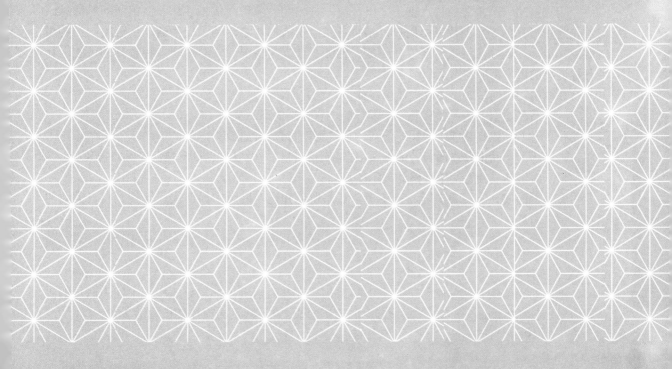

24.1 整 体 布 局

在线购物类网页主要实现网络购物、交易等功能，因此所要体现的组件相对较多，主要包括产品搜索、账户登录、广告推广、产品推荐、产品分类等内容。本例最终的网页效果如图 24-1 所示。

图 24-1 网页的效果

24.1.1 设计分析

购物网站一个重要的特点就是突出产品，突出购物流程、优惠活动、促销活动等信息。首先要用逼真的产品图片吸引用户，结合各种吸引人的优惠活动、促销活动增强用户的购买欲望，最后在购物流程上，要方便快捷，比如货款支付情况，要给用户多种选择的可能，让各种情况的用户都能在网上顺利支付。

在线购物类网站的主要特性体现在如下几个方面。

- 商品检索方便：要有商品搜索功能，有详细的商品分类。
- 有产品推广功能：增加广告活动位，帮助特色产品推广。
- 热门产品推荐：消费者的搜索很多带有盲目性，所以可以设置热门产品推荐位。
- 对于产品要有简单准确的展示信息。
- 页面整体布局要清晰、有条理，让浏览者知道在网页中如何快速地找到自己需要的信息。

24.1.2 排版架构

本例的在线购物网站整体上是上下的架构。上部为网页头部、导航栏，中间为网页的主要内容，包括 Banner、产品类别区域，下部为页脚信息。网页的整体架构如图 24-2 所示。

图 24-2 网页架构

24.2 主要模块设计

当页面整体架构完成后，就可以动手制作不同的模块区域了。其制作流程采用自上而下、从左到右的顺序。本示例的模块主要包括 4 个部分，分别为导航区、Banner 资讯区、产品类别和页脚。

24.2.1 Logo 与导航区

导航使用水平结构，与其他类别的网站相比，是前边有一个购物车显示情况的功能，把购物车功能放到这里，用户更能方便快捷地查看购物情况。

本例中，网页头部的效果如图 24-3 所示。

图 24-3 页面 Logo 和导航菜单

其具体的 HTML 框架代码如下：

```
<!--------------------------------NAV----------------------------------->
<div id="nav">
<span><a href="#">我的账户</a> | <a href="#" style="color:#5CA100;">订单查询
</a> | <a href="#">我的优惠券</a> | <a href="#">积分换购</a> | <a href="#">购
物交流</a> | <a href="#">帮助中心</a></span>你好,欢迎来到优尚购物[<a href="#">登
录</a>/<a href="#">注册</a>]
</div>
<!--------------------------------logo---------------------------------->
<div id="logo">
    <div class="logo_left">
        <a href="#"><img src="images/logo.gif" border="0" /></a>
    </div>
    <div class="logo_center">
        <div class="search">
            <form action="" method="get">
```

```
            <div class="search_text">
                <input type="text" value="请输入产品名称或订单编号"
            class="input_text"/>
            </div>
            <div class="search_btn">
                <a href="#"><img src="images/search-btn.jpg" border="0" />
                </a>
            </div>
            </form>
        </div>
        <div class="hottext">
            热门搜索：  <a href="#">新品</a>  
             <a href="#">限时特价</a>   
            <a href="#">防晒隔离</a>
               <a href="#">超值换购</a>
        </div>
    </div>
    <div class="logo right">
        <img src="images/telephone.jpg" width="228" height="70" />
    </div>
</div>
<!--------------------------------MENU------------------------------------->
<div id="menu">
    <div class="shopingcar"><a href="#">购物车中有 0 件商品</a></div>
    <div class="menu_box">
    <ul>
    <li><a href="#"><img src="images/menu1.jpg" border="0" /></a></li>
    <li><a href="#"><img src="images/menu2.jpg" border="0" /></a></li>
    <li><a href="#"><img src="images/menu3.jpg" border="0" /></a></li>
    <li><a href="#"><img src="images/menu4.jpg" border="0" /></a></li>
    <li><a href="#"><img src="images/menu5.jpg" border="0" /></a></li>
    <li><a href="#"><img src="images/menu6.jpg" border="0" /></a></li>
    <li style="background:none;"><a href="#"><img src="images/menu7.jpg"
        border="0" /></a></li>
    <li style="background:none;"><a href="#"><img src="images/menu8.jpg"
        border="0" /></a></li>
    <li style="background:none;"><a href="#"><img src="images/menu9.jpg"
        border="0" /></a></li>
    <li style="background:none;"><a href="#"><img src="images/menu10.jpg"
        border="0" /></a></li>
    </ul>
    </div>
</div>
```

上述代码主要包括三个部分，分别是 NAV、Logo、MENU。其中 NAV 区域主要用于定义购物网站中的账户、订单、注册、帮助中心等信息；Logo 部分主要用于定义网站的 Logo、搜索框信息、热门搜索信息以及相关的电话等；MENU 区域主要用于定义网页的导航菜单。

在 CSS 样式文件中，对应上述代码的 CSS 代码如下：

```
#menu{margin-top:10px; margin:auto; width:980px; height:41px; overflow:hidden;}
.shopingcar{
    float:left;
    width:140px;
    height:35px;
```

```
    background:url(../images/shopingcar.jpg) no-repeat;
    color:#fff;
    padding:10px 0 0 42px;
}
.shopingcar a{color:#fff;}
.menu_box{float:left; margin-left:60px;}
.menu_box li{
    float:left;
    width:55px;
    margin-top:17px;
    text-align:center;
    background:url(../images/menu_fgx.jpg) right center no-repeat;
}
```

代码中，#menu 选择器定义了导航菜单的对齐方式、高度、宽度、背景图片等信息。

24.2.2 Banner 与资讯区

购物网站的 Banner 区域与企业型的比较起来差别很大，企业型 Banner 区多是突出企业文化，而购物网站的 Banner 区主要放置主推产品、优惠活动、促销活动等。本例中，网页 Banner 与资讯区的效果如图 24-4 所示。

图 24-4　页面 Banner 和资讯区

其具体的 HTML 代码如下：

```
<div id="banner">
    <div class="banner_box">
        <div class="banner_pic">
            <img src="images/banner.jpg" border="0" />
        </div>
        <div class="banner_right">
            <div class="banner_right_top">
                <a href="#">
                    <img src="images/event_banner.jpg" border="0" />
                </a>
            </div>
            <div class="banner_right_down">
                <div class="moving_title">
                    <img src="images/news_title.jpg" />
                </div>
                <ul>
                    <li>
                    <a href="#"><span>国庆大促 5 宗最，纯牛皮钱包免费换！</span></a>
                    </li>
                    <li><a href="#">身体护理系列满 199 加 1 元换购飘柔！</a></li>
```

```
            <li><a href="#">
                <span>YOUSOO 九月新起点，价值 99 元免费送！</span>
            </a>
            </li>
            <li><a href="#">喜迎国庆，妆品百元红包大派送！</a></li>
        </ul>
    </div>
    </div>
    </div>
</div>
```

上述代码中 banner 分为两个部分，左边是放大尺寸图，右侧是放小尺寸图和文字消息。

在 CSS 样式文件中，对应上述代码的 CSS 代码如下所示：

```
#banner{
    background:url(../images/banner_top_bg.jpg) repeat-x;
    padding-top:12px;
}
.banner_box{width:980px; height:369px; margin:auto;}
.banner_pic{float:left; width:726px; height:369px; text-align:left;}
.banner_right{float:right; width:247px;}
.banner_right_top{margin-top:15px;}
.banner_right_down{margin-top:12px;}
.banner_right_down ul{margin-top:10px; width:243px; height:89px;}
.banner_right_down li{
    margin-left:10px; padding-left:12px;
    background:url(../images/icon_green.jpg) left no-repeat center;
    line-height:21px;
}
.banner_right_down li a{color:#444;}
.banner_right_down li a span{color:#A10288;}
```

代码中，#Banner 选择器定义了背景图片、背景图片的对齐方式、链接样式等信息。

24.2.3 产品类别区域

产品类别也是图文混排的效果，购物网站大量地运用图文混排方式，效果如图 24-5 所示，如图 24-6 所示为女包类别区域。

图 24-5 化妆品产品类别

图 24-6 女包产品类别

具体的 HTML 代码如下：

```
<div class="clean"></div>
<div id="content2">
    <div class="con2_title">
        <b><a href="#"><img src="images/ico_jt.jpg" border="0" /></a></b>
        <span><a href="#">新品速递</a> | <a href="#">畅销排行</a>
        | <a href="#">特价抢购</a> | <a href="#">男士护肤</a>  
        </span>
        <img src="images/con2_title.jpg" />
    </div>
    <div class="line1"></div>
    <div class="con2_content">
        <a href="#"><img src="images/con2_content.jpg" width="981"
          height="405" border="0" /></a>
    </div>
    <div class="scroll_brand">
        <a href="#"><img src="images/scroll_brand.jpg" border="0" /></a>
    </div>
    <div class="gray_line"></div>
</div>
<div id="content4">
    <div class="con2_title">
        <b><a href="#"><img src="images/ico_jt.jpg" border="0" /></a>
        </b><span><a href="#">新品速递</a> | <a href="#">畅销排行</a>
        | <a href="#">特价抢购</a> | <a href="#">男士护肤</a>  
        </span>
        <img src="images/con4_title.jpg" width="27" height="13" />
    </div>
    <div class="line3"></div>
    <div class="con2_content">
        <a href="#"><img src="images/con4_content.jpg" width="980"
          height="207" border="0" /></a>
    </div>
    <div class="gray_line"></div>
</div>
```

在上述代码中，content2 用于定义化妆品产品类别；content4 用于定义女包产品类别。
在 CSS 样式文件中，对应上述代码的 CSS 代码如下：

```
#content2{width:980px; height:545px; margin:22px auto; overflow:hidden;}
.con2_title{width:973px; height:22px; padding-left:7px; line-height:22px;}
.con2_title span{float:right; font-size:10px;}
.con2_title a{color:#444; font-size:12px;}
.con2_title b img{margin-top:3px; float:right;}
```

```
.con2_content{margin-top:10px;}
.scroll_brand{margin-top:7px;}
#content4{width:980px; height:250px; margin:22px auto; overflow:hidden;}
#bottom{margin:auto; margin-top:15px; background:#F0F0F0; height:236px;}
.bottom_pic{margin:auto; width:980px;}
```

上述 CSS 代码定义了产品类别的背景图片，高度、宽度、对齐方式等。

24.2.4 页脚区域

本例页脚使用一个 div 标签放置一个版权信息图片，比较简洁，如图 24-7 所示。

关于我们 | 联系我们 | 配送范围 | 如何付款 | 批发团购 | 品牌招商 | 诚聘人才

优尚 版权所有

图 24-7 页脚区域

用于定义页脚部分的代码如下：

```
<div id="copyright"><img src="images/copyright.jpg" /></div>
```

在 CSS 样式文件中，对应上述代码的 CSS 代码如下：

```
#copyright{width:980px; height:150px; margin:auto; margin-top:16px;}
```